编译委员会

主 译：卢 江　刘兆平　宋 雁　张 磊

译 者（按姓氏笔画排序）：

王 茵　王彝白纳　毛伟峰　卞 倩　包汇慧

吕中明　杜宏举　李子南　李国君　肖 潇

吴 静　陈东亚　周萍萍　俞 萍　凌 敏

黄 娇　隋海霞　敬海明　楼敏涵　雍 凌

谭壮生　魏 晟

主 审：陈君石　吴永宁

USING
21ST CENTURY
SCIENCE
TO IMPROVE
RISK-RELATED
EVALUATIONS

21世纪科学：
在促进风险评估中的应用

[美国] 国家科学院　国家工程院　国家医学科学研究院　著

卢江　刘兆平　宋雁　张磊　主译

陈君石　吴永宁　主审

中国质量标准出版传媒有限公司
中国标准出版社
北京

图书在版编目（CIP）数据

21世纪科学：在促进风险评估中的应用/美国国家科学院，美国国家工程院，美国国家医学科学研究院著；卢江等主译. —北京：中国质量标准出版传媒有限公司，2021.6

书名原文：Using 21st Century Science to Improve Risk-Related Evaluations

ISBN 978-7-5026-4772-8

Ⅰ.①2… Ⅱ.①美…②美…③美…④卢… Ⅲ.①风险评估—研究 Ⅳ.①X820.4

中国版本图书馆CIP数据核字（2020）第062237号

著作权合同登记号：01-2019-2754号

美国国家学术出版社

华盛顿哥伦比亚特区，西北区域，第五街500号，邮编20001

美国国家科学院和美国环保署就此签订了EP-C-14-005，TO#0002号保护合约。本专著中所有观点、结果、结论或建议并不代表项目资助方的意见。

国 际 标 准 书 号 - 13：978-0-309-45348-6
国 际 标 准 书 号 - 10：0-309-45348-8
数 字 对 象 标 识 符：10.17226/24635
国家图书馆控制编号：2017930534

版权2017属于美国国家科学院所有。保留所有相关权利。

中国质量标准出版传媒有限公司
中 国 标 准 出 版 社 出版发行
北京市朝阳区和平里西街甲2号（100029）
北京市西城区三里河北街16号（100045）
网址 www.spc.net.cn
总编室：（010）68533533 发行中心：（010）51780238
读者服务部：（010）68523946
中国标准出版社秦皇岛印刷厂印刷
各地新华书店经销

*

开本 787×1092 1/16 印张 18.25 字数 345 千字
2021年6月第一版 2021年6月第一次印刷

*

定价：116.00元

如有印装差错 由本社发行中心调换
版权专有 侵权必究
举报电话：（010）68510107

21 世纪科学与风险评估委员会

委员

南加利福尼亚大学，洛杉矶	JONATHAN M. SAMET（主席）
ScitoVation，三角研究园，北卡罗来纳州	MELVIN E. ANDERSEN
ARC Arnot 研究与咨询公司，多伦多	JON A. ARNOT
加利福尼亚大学，旧金山	ESTEBAN BURCHARD
宝洁公司，梅森，俄亥俄州	GEORGE P. DASTON
杜克大学，北卡罗来纳州，达勒姆	DAVID B. DUNSON
阿斯利康，马萨诸塞州，沃尔瑟姆	NIGEL GREENE
北卡罗来纳州立大学，罗利	HEATHER B. PATISAUL
自然资源保护委员会，华盛顿特区	KRISTI PULLEN FEDINICK
加利福尼亚大学，洛杉矶	BEATE R. RITZ
德克萨斯 A&M 大学，大学城	IVAN RUSYN
俄勒冈州立大学，科瓦里斯	ROBERT L. TANGUAY
太平洋西北国家实验室，里奇兰，华盛顿州	JUSTIN G. TEEGUARDEN
密歇根州立大学，东兰辛	JAMES M. TIEDJE
伦敦帝国理工学院，英国	PAOLO VINEIS
哈佛大学公共卫生学院，马萨诸塞州，波士顿	MICHELLE WILLIAMS
北卡罗来纳州立大学，罗利	FRED WRIGHT
加州环境保护局，奥克兰	LAUREN ZEISE

职员

项目总监	ELLEN K. MANTUS
高级项目主管	MARILEE SHELTON-DAVENPORT
高级编辑	NORMAN GROSSBLATT
技术信息中心经理	MIRSADA KARALIC-LONCAREVIC
项目编辑主管	RADIAH ROSE-CRAWFORD
研究助理	IVORY CLARKE

赞助机构

美国环境保护署
美国食品药品管理局
国家转化科学推进中心
国家环境健康科学研究所

环境研究和毒理学委员会

委员

科罗拉多州立大学，柯林斯堡	WILLIAM H. FARLAND（主席）
列克星敦，马萨诸塞州	PRAVEEN AMAR（独立顾问）
美国化学协会，华盛顿特区	RICHARD A. BECKER
美国科学促进协会，华盛顿特区	E. WILLIAM COLGLAZIER
特拉华大学，纽瓦克	DOMINIC M. DITORO
北卡罗莱纳州立大学，罗利	DAVID C. DORMAN
锡拉丘兹大学，纽约州，锡拉丘兹	CHARLES T. DRISCOLL，JR.
Exponent 公司，俄勒冈州，发洛马斯	ANNE FAIRBROTHER（退休）
美国自然资源保护委员会，华盛顿特区	LINDA E. GREER
新泽西医学和牙科大学，纽瓦克	WILLIAM E. HALPERIN
环境保护基金，纽约	STEVEN P. HAMBURG
加利福尼亚大学，旧金山	ROBERT A. HIATT
克拉克森大学，波茨坦，纽约	PHILIP K. HOPKE
渥太华大学，安大略	SAM EULKACEW
卡内基梅隆大学，宾夕法尼亚，匹兹堡	H. SCOTT MATTHEWS
加利福尼亚大学，伯克利	THOMAS E. McKONE
气候与能源管理中心，弗吉尼亚州，阿灵顿	ROBERT PERCIASEPE
西北大学，伊利诺伊州，埃文斯顿	MARK A. RATNER
密歇根州立大学，东兰辛	JOAN B. ROSE
加州环境保护局，萨克拉门托	GINA M. SOLOMON
苏斯曼联合公司，华盛顿特区	ROBERT M. SUSSMAN
明尼苏达大学，圣保罗	DEBORAH L. SWACKHAMMER
爱荷华大学，爱荷华	PETER S. THORNE
Exponent 公司，华盛顿州，贝尔维尤	JOYCE S. TSUJI

高级职员

高级总监	JAMES J. REISA
风险评估主任，专家	ELLEN K. MANTUS
环境研究主任，专家	RAYMOND A. WASSEL
毒理学高级项目主管	SUSAN N. J. MARTEL
技术信息中心经理	MIRSADA KARALIC-LONCAREVIC
编辑项目经理	RADIAH ROSE-CRAWFORD

序一

在快速发展的当今社会，生态文明、环境友好、公共卫生和生命健康是政府管理、工业生产以及公众行为的共同目标。为了实现这个目标，除了系统有效的法规保障和科学规范的程序管理之外，科学研究也是必不可少的要素之一。任何科学技术都应服务于国家需求、社会发展和人类进步。进入21世纪，科学技术的进步日新月异，不断改变着我们赖以生存的环境，更新着人类对整个世界以及生命本身的认知，将21世纪科技成果应用到环境保护和健康促进，是体现科学研究实际价值的重要方面。

风险管理是现代化学品研发以及环境和人类健康保障的基本理念，而风险评估是该理念形成和实施的科学基础。风险评估从最初的经济学概念，逐步应用到生命科学领域，至今已发展成为具有固定程序框架的方法学。它是通过系统整合危害和暴露领域的现有科学证据和试验数据，评估环境和人类健康的风险程度并提出管理建议。作为一门应用科学和实用工具，风险评估具有明显的专业交叉和学科融合特点，其发展程度和方向需要建立在其他相关学科理论更新和技术发展之上，与其他相关科学技术进步相辅相成。21世纪的科学技术进步与风险评估发展恰恰印证了这一点。在生命科学领域，生物技术的进步奠定了人类深入认识疾病的生物学基础，计算技术的突破大幅提升了数据的储存和整合分析能力，分子流行病学则打开了危害因素与人类疾病之间的"黑匣子"，为疾病归因提供了直接证据。以《21世纪毒性测试：愿景与策略》和《21世纪暴露科学：愿景与策略》为代表的毒理学和暴露科学的策略性发展，推动了毒性测试、危害识别、暴露评估等专业领域和技术方法向纵深发展，再加上分子流行病学的推动，近20年来的理论积累和技术成果推动了风险评估的快速发展，为我们快速识别化学物质毒性特征、准确计算人体暴露状况并制定基于风险的管理政策提供了科学基础和实施路径。

因此，21世纪科学技术的快速发展和全球化进程为风险评估技术应用和全球协调带来了机会。将暴露科学、毒理学、流行病和其他学科紧密结合，可以充分挖掘21世纪科学的全部潜能，推动风险评估发展并发挥其决策制定的支撑作用，从而解决当前社会所面临的复杂的环境健康和公共卫生问题。美国国家科学院、美国国家工程院和美国国家医学科学研究院走在了这个领域的前列，率先组织以美国为主的毒理学、暴露科学、流行病学及相关学科的科学家，全面分析21世纪科学的进展、应用及其存在的挑战和需求，发布了极具学术价值的研究报告 *Using 21st Century Science to Improve Risk-Related Evaluations*。这份报告中的大部分科学观点和建议将成为毒理学、暴露科学、流行病学等学科以应用为目标的发展指引和未来方向，为将来风险评估的整体发展和作用发挥奠定基础。

我国于 20 世纪 90 年代开始在风险评估相关领域进行初步探索和实践。我国环境和人体健康风险评估工作起步较晚，21 世纪在公共卫生、食品安全、环境健康等相关立法推动下，才进入系统建设和快速发展阶段，但风险评估体系建设和技术能力仍与国际先进国家存在差距，尤其在技术创新和应用、基础数据生产和整合等方面与国际先进国家差距较大。当前，一方面，我国社会转型加速，经济发展加快，人民对环境和健康等美好生活的需求日益增加；另一方面，国家急需应用风险评估的理念和技术对医药用品、农业投入品、个人护理用品、新型材料等各类化学品的研发、审批、生产、释放进行科学管控。随着 21 世纪科学技术的快速发展，以及我国对环境保护、食品安全、疾病控制等国家战略的重视，在构架基于风险管理的现代化治理体系过程中，如何整合应用现代技术和数据以提高风险评估质量，如何参与推进风险评估方法学的全球协调和发展，将成为我国风险评估及其相关学科建设的主要挑战和发展方向。

国家食品安全风险评估中心和国内其他科研院所长期从事风险评估、毒理学、流行病学、化学分析的一批专家学者，充分了解国际风险评估发展趋势以及我国风险评估发展现状，认识到这份研究报告的对策建议与我国风险评估未来需求十分契合，遂通力合作，以强烈的社会责任感和科学的专业精神，结合十多年来在食品安全风险评估领域的工作实践，翻译出版了《21 世纪科学：在促进风险评估中的应用》，以促进相关学科发展和风险评估在政策制定中的应用。

希望这本专著能成为一幅描绘未来风险评估相关学科整体发展策略和框架的蓝图，与《21 世纪毒性测试：愿景与策略》和《21 世纪暴露科学：愿景与策略》一样，对公共卫生、环境健康等诸多风险评估相关领域的科学研究及其应用产生重要影响，推动我国不断研发和建立风险评估新方法，指引我国风险评估及其基础科学更快发展，让中国在 21 世纪科学进步以及风险评估的应用和全球协调中做出应有贡献。

中国工程院院士
2021 年 6 月于北京

序二

2007年，美国国家研究咨询委员会根据生命科学和生物技术的发展成果以及化学物毒性评价的未来需求，提出了毒性测试的未来发展方向和新框架，发布了对毒理学领域具有深远影响的研究报告 Toxicity Testing in the 21st Century: A Vision and a Strategy。5年后（2012年），美国国家研究咨询委员会为了解决健康研究中暴露科学所面临的问题与挑战，提出了暴露科学的未来发展方向和框架理念，发布了另一份具有里程碑意义的研究报告 Exposure Science in the 21st Century: A Vision and a Strategy。中国科学家及时发现了这两份报告的科学价值，相继翻译出版了《21世纪毒性测试：愿景与策略》和《21世纪暴露科学：愿景与策略》，这两部以战略性愿景为主题的学术专著，已经在推进我国公共卫生、环境健康等诸多领域的科学研究与国际接轨方面发挥了重要的引领作用，也对我国相关领域的科学研究和发展方向产生了深远影响。

在21世纪暴露科学研究报告发布5年之后（2017年），美国国家科学院、美国国家工程院和美国国家医学科学研究院共同组建的21世纪科学与风险评估委员会发布了另一份具有重要科学价值的研究报告 Using 21st Century Science to Improve Risk-Related Evaluations。这份报告是21世纪科学与风险评估委员会组织了毒理学、暴露科学、流行病学及相关学科的科学家，全面分析了21世纪毒性测试和21世纪暴露科学研究报告发布后科学领域所取得的进展，系统评估了可为化学物引起人类健康不良效应提供重要证据的流行病学研究进展，并在此基础上评价了上述科学进展在推动风险评估发展中的整合应用，重点阐述了风险评估各领域的进展、挑战及需求，并对面临的挑战提出了针对性的意见和对策建议。

该报告一经发布，立即成为全世界风险评估相关领域关注的焦点，受到全球学术界和管理机构的好评，已受邀在世界卫生组织等国际权威机构的会议上进行介绍和展示。国家食品安全风险评估中心的译者意识到，这份报告与《21世纪毒性测试：愿景与策略》和《21世纪暴露科学：愿景与策略》具有同等重要的学术地位，尤其对推动我国风险评估及其相关学科发展具有重要价值。译者在获得美国国家学术出版社授予的著作权后，迅速组织翻译出版《21世纪科学：在促进风险评估中的应用》，以期为中国风险评估科学及其相关领域未来的发展和框架设计提供借鉴。

该专著全面评议了暴露科学、毒理学、流行病学的新进展，开创性地提出了三大科学领域之间的相互关系，阐述了未来风险评估及其相关科学的发展方向以及21世纪科学技术在风险评估中的应用前景。比如，在暴露科学方面，遥感技术、高通量暴露组学技术、靶向和非靶向分析、计算机暴露工具的开发以及内外暴露的量化关联、不同系统间暴露转换模型的构建等，这些新兴技术和多维数据丰富了暴露评估的方法和手段。在毒理学方面，基于细胞系、细胞组分、器官模型、器官芯片模型和仿生组织模型等体外测试系统，以及基于化学结构的计算机预测系统等新兴毒理学测试方法将被用于化学物质的危害评估，从而建立一种不依赖传统动物试验结果的风险评估新模式。在流行病学方面，分子流行病学可将暴露、易感性和疾病的生物标志物进行整合，打开化学物质暴露到疾病结局之间的黑匣子；并通过大数据分析获取健康结局与组学数据之间的关系。三大学科的新愿景、新技术和新策略将有力推动化学物质风险评估策略的变革。

本专著博采众长，汇集了国际上众多权威专家的思想和理念，融入了新兴科学技术的实践经验和发展趋势，如实地描绘了21世纪科学技术对风险评估发展的推动作用，科学地指出风险评估的发展愿景以及实现学科融合的对策。本专著共分为七章，由引言、暴露科学进展、毒理学进展、流行病学进展、风险评估新方向与21世纪科学应用、模型和试验的验证和认可、风险决策中数据与证据的解释与整合等内容组成。鉴于本专著的专业性较强，我们充分考虑了译者的研究背景和工作经历，以确保翻译的质量。每一位译者和编校者都为本书的完成付出了辛勤劳动和心血精力。他们是：国家食品安全风险评估中心陈君石院士、卢江主任医师、吴永宁研究员、刘兆平研究员、宋雁研究员、张磊研究员、隋海霞研究员、周萍萍研究员、雍凌副研究员、毛伟峰副研究员、包汇慧副研究员、王彝白纳副研究员、肖潇助理研究员；北京市疾病预防控制中心李国君研究员、谭壮生主任技师、李子南助理研究员、杜宏举主管医师、敬海明主管医师；江苏省疾病预防控制中心卞倩主任医师、吕中明主任医师、俞萍主任医师、陈东亚副主任技师、凌敏主管医师；华中科技大学魏晟教授、黄娇副教授、吴静教授；浙江省医学科学院王茵教授、楼敏涵硕士研究生。

特别感谢北京市疾病预防控制中心李国君研究员、江苏省疾病预防控制中心卞倩主任医师、华中科技大学魏晟教授的鼎力支持，为本专著的顺利出版做了细致的策划、精心的组织协调，还承担了若干章节的翻译和校对工作，为保证本专著的质量做出了重要贡献。

本专著的编译出版得到了国家重点研发计划"食品污染物风险评估关键技术研究"（2018YFC1603100）和"混合污染联合风险评估整合模型及总风险概率评估研究"（2018YFC1603003）的资助，项目的研究目标也体现了书中所介绍的21世纪风险评估发展方向。中国质量标准出版传媒有限公司（中国标准出版社）负责后期编辑、文字校对、图表制作和排版，使本专著在有限时间内得以付梓出版、发行，在此表示衷心的感谢。

本专著出版之际，正值新型冠状病毒肺炎疫情在全球迅速蔓延的特殊时期，世界各国在对抗新冠病毒上通力合作，充分体现了信息互通、数据共享、知识共用和全球协调的重要作用，尤其在科技领域，学习和借鉴先进理念、成熟经验和共性技术，是达成科学共识、提升技术能力和实现同步发展的关键。中国在这次抗击新冠肺炎疫情中做出巨大贡献，取得积极成效。习近平总书记在2020年2月中央全面深化改革委员会第十二次会议上的讲话指出，要坚决贯彻预防为主的卫生与健康工作方针，坚持常备不懈，将预防关口前移，避免小病酿成大疫。习近平总书记在《求是》2020年第5期《全面提高依法防控依法治理能力　健全国家公共卫生应急管理体系》中指出，要强化风险意识，完善公共卫生重大风险研判、评估、决策、防控协同机制。因此，选择性引入国际权威机构的卓越经验和权威专家观点，充分利用全球科技进步取得的成果，做好以风险评估和风险管理为核心的公共卫生体系建设的顶层设计，可快速构建我国风险评估框架并推动其科学发展，为风险预警、风险管理提供政策建议，这是实现我国预防为主工作方针的有效路径。

本专著原著虽是一份研究报告，但也展现了风险评估的实施框架以及风险评估所涵盖的理论体系，因此也是一本全面了解风险评估及其支撑科学和技术的参考读物，对于从事风险评估、毒理学、化学分析、流行病学、生物学、计算机科学、模型构建等研究的专业人员来说，是一本具有很强指导性和通识性的工具书。本专著主要涉及化学物质的风险评估相关内容，化学品安全、公共卫生、环境健康、职业卫生、食品安全等各个领域的专业技术人员都可以从中获得风险评估的相关知识，不但可以丰富和扩展读者在暴露科学、毒理学和流行病学方面原有的知识结构，还可以在提升原有科学认知和知识能力的基础上，拓展读者的知识体系，帮助读者形成专业融合、学科交叉的科研和工作思路。

在编译过程中，我们几经讨论和修改，尽量使译文忠实于原著的内容与精神，在避免专业术语晦涩不明的基础上，力求做到表达清晰、文字流畅，以便读者能清晰理解原专著的思想和细节。虽然所有译者和编校者为本专著的编译倾尽全力，但是奈于能力有限，书中难免存在错漏瑕疵之处，敬请广大读者批评、指正。

卢　江

2021年6月于国家食品安全风险评估中心

原著致谢

本专著初稿经不同学科和技术领域的专家进行独立审议，其目的是为了提供公正和关键的意见，从而有助于完善本专著，确保其符合所在机构客观、准确和可靠的标准。审议意见和文本初稿予以保密，以保证审议过程的公正性和完整性。感谢以下专家对本专著的审议：

辉瑞公司	Hugh Barton
布朗大学	Kim Boekelheide
德克萨斯 A&M 大学	Weihsueh Chiu
华盛顿大学	Graham Colditz
利物浦约翰摩尔大学	Mark Cronin
先正达公司	Richard Currie
约翰霍普金斯大学	Margaret Daniele Fallin
罗格斯大学	Charles Gallistel
国际癌症研究所	Kathryn Guyton
LaKind 联合公司	Judy LaKind
加利福尼亚大学伯克利分校	Thomas McKone
哈佛大学	Giovanni Parmigiani
北卡罗莱纳州立大学	David Reif
UL 公司	Craig Rowlands
DG 联合研究中心	Maurice Whelan

上述审议专家对本专著提供了很多建设性的意见和建议，但未要求其进一步确认书稿的结论或意见，也未邀请其在本专著正式发布前进行预览。本专著由乔治华盛顿大学的 Joseph Rodricks、Ramboll Environ 和 Lynn Goldman 负责终审，以确保本专著按照机构程序独立审修，所有意见均予以慎重考虑。本专著最终内容由编委会和机构全权负责。

编委会对以下人员在开放性讨论中提供的信息表示感谢：美国国家转化科学促进中心 ChristopherAustin、Anton Simeonov；美国国家环境健康科学研究所 David Balshaw、Linda Birnbaum、WarrenCasey；美国食品药品管理局 Suzanne Fitzpatrick、

MichaelLanda、David White；美国环保署 James Jones、Robert Kavlock、Russell Thomas；渥太华大学 Daniel Krewski；哈佛医学院 Chirag Patel。编委会也非常感谢南加利福尼亚大学 Tara Chu 编写了空气污染对神经发育影响的流行病学研究相关内容。

缩略词

ACToR	计算毒理学数据库
ADME	吸收、分布、代谢、排泄
AHR	芳香烃受体
AOP	不良结局通路
B[a]P	苯并[a]芘
BPA	双酚A
Cas9	CRISPR相关蛋白9
CC	协作性交叉品系
CCS	碰撞截面
CDC	美国疾病预防控制中心
ChEMBL	欧洲化学物质分子生物学实验室
CPT	连续性能测试
CRISPR	短回折重复定期间隙丛
DNT	神经发育毒性
DO	多样性杂交
DSSTox	分布性结构-可检索的毒性数据库
ECHA	欧洲化学品管理局
ECVAM	欧洲替代方法验证中心
EFSA	欧洲食品安全局
EPA	美国环境保护署
ES21	《21世纪暴露科学：愿景与策略》
ESCAPE	欧洲空气污染影响队列研究
EURL	欧盟动物替代试验参考实验室
EWAS	暴露组学联合研究
ExpoCast	暴露预测
FBS	胎牛血清
FDA	美国食品药品管理局
FIFRA	联邦杀虫剂、杀菌剂和灭鼠剂法案

GC	气相色谱法
GPCR	G蛋白偶联受体
GWAS	基因组学联合研究
HELIX	人类早期暴露组学
HERCULES	健康和暴露组学研究中心：终生暴露研究
HMD	人类代谢组数据库
HTS	高通量筛选
IARC	国际癌症研究机构
ICCVAM	替代方法验证多部门协调委员会
IMS	离子迁移谱
IOM	美国医学研究所
iPSC	诱导多能干细胞
IRIS	综合风险信息系统
IVIVE	体外-体内外推法
LC	液相色谱
LDL	低密度脂蛋白
LUR	土地利用回归
MCMH	4-甲基-1-环己烷甲醇
MS/MS	串联质谱
NASA	美国国家航空航天局
NCATS	美国国家转化科学促进中心
NHANES	美国国家健康和营养调查
NHGRI	美国国家人类基因组研究所
NICEATM	美国国家毒理学计划替代毒理学评价联合验证中心
NIEHS	美国国家环境健康科学研究所
NIH	美国国立卫生研究院
NMR	核磁共振
NOAEL	未观察到不良作用水平
NOEL	未观察到作用水平
NRC	美国国家研究委员会
NTP	美国国家毒理学计划
OECD	经济合作与发展组织

OED	口服等效剂量
PAH	多环芳烃
PBPK	生理药代动力学
PD	药效学
PhenX Toolkit	表型和暴露工具包
PM	颗粒物质
PPAR-γ	过氧化物酶体增殖物激活受体-γ
PPRTV	暂定同行评审毒性参考值
PXR	孕烷 X 受体
QSAR	定量结构-效应关系
QSPR	定量结构-性质关系
RCPM	瑞文高级推理测验
REACH	化学品注册、评估、授权和限制法规
RIX	重组近交系
rTK	逆向毒代动力学
RXR	视黄酸 X 受体
SAP	科学咨询小组
SAR	构效关系
SEEM	系统经验评估模型
SES	社会经济状况
SEURAT	替代动物测试安全性评估项目
SHEDS-HT	高通量随机人体暴露和剂量模拟模型
SHEDS-MM	多媒介多途径随机人体暴露和剂量模拟模型
STROBE	加强流行病学观测研究报告
TCDD	四氯二苯并-p-二噁英
TCE	三氯乙烯
Tox21	《21 世纪毒性测试：愿景与策略》
ToxCast	毒性预测
TTC	毒理学关注阈值
WHO	世界卫生组织
WPPSI	韦氏学龄前儿童智力量

目 录

摘要 ·· 1

第一章　引言 ·· 11
　第一节　21 世纪毒理学 ··· 11
　第二节　21 世纪暴露科学 ·· 13
　第三节　术语 ··· 15
　第四节　委员会及其任务 ·· 16
　第五节　委员会的工作流程 ··· 17
　第六节　专著的组织构架 ·· 18
　参考文献 ·· 19

第二章　暴露科学进展 ·· 24
　第一节　暴露科学的主要进展 ·· 26
　第二节　暴露信息和暴露评估的可信度 ································ 38
　第三节　暴露科学的应用 ·· 42
　第四节　关于暴露科学发展的挑战和对策 ····························· 52
　参考文献 ·· 55

第三章　毒理学进展 ··· 74
　第一节　预测并研究化学物质与细胞成分的相互作用 ············· 76
　第二节　细胞反应 ··· 79
　第三节　组织水平和器官水平的反应 ··································· 85
　第四节　机体水平和群体水平的反应 ··································· 87
　第五节　数据流合并 ·· 98
　第六节　毒理学发展的挑战和对策 ······································ 98
　参考文献 ·· 101

第四章　流行病学进展 ·· 119
　第一节　风险评估和流行病学 ·· 119
　第二节　流行病学和组学数据 ·· 124

         第三节　促进流行病学发展的挑战和对策·································· 131
      参考文献·· 133
第五章　风险评估新方向与 21 世纪科学应用 ································ 139
      第一节　风险评估新方向·· 139
      第二节　应用·· 143
      第三节　交流新方法·· 155
      第四节　挑战和对策·· 157
      参考文献·· 158
第六章　模型和试验的验证与认可·· 162
      第一节　体外和其他新测试方法的验证指导·································· 163
      第二节　挑战和对策·· 166
      参考文献·· 171
第七章　风险决策中数据和证据的解释与整合·································· 175
      第一节　数据解释和关键推理·· 176
      第二节　数据和证据的评估及整合方法······································ 186
      第三节　不确定性·· 195
      第四节　挑战和对策·· 196
      参考文献·· 199
附录 A　委员会成员个人信息·· 206
附录 B　化学评估案例研究·· 211
附录 C　特定场所评估的案例研究·· 242
附录 D　关于新的化学物质评估的案例研究···································· 257
附录 E　贝叶斯案例：通过高通量数据和化学结构预测剂量 - 反应关系·········· 269

摘要

21世纪初，许多美国联邦机构和组织开始认识到，生物学及相关领域的科学技术发展有助于更好地理解疾病的生物学基础，并可促进化学物风险评估的发展。计算能力的大幅提高以及分析和整合方法的进步，使得在风险评估中应用新研究证据成为可以实现的愿景。目前，已经建立利用科学技术发展推动影响人类健康的化学物质或其他因素的风险评估策略已经建立。基于此，美国国家研究委员会（NRC）发布了《21世纪毒性测试：愿景与策略》[1]，提出未来的毒理学将主要依靠高通量体外测试及人类生物学计算模型来评估化学物质暴露的潜在不良影响。NRC也发布了《21世纪暴露科学：愿景与策略》[2]，提出暴露科学发展的长远愿景，阐述了分析方法、传感系统、分子技术、信息学和计算模型的发展对暴露科学产生的促进作用。该愿景旨在激发暴露评估在广度和深度上的转型变革，从而促进暴露科学与毒理学和流行病学的整合，促进三者的互动发展。

自上述两部专著发布后，政府层面的合作已经形成，大量美国和国际间合作项目已经启动，政府、工业界和学术界正在积累大量试验数据，将有助于公共健康和环境风险评估的开展以及相关决策的制定。但同时也面临一些问题，如能否或如何应用现有数据促进风险决策的制定。美国环境保护署（EPA）、美国食品药品管理局（FDA）、美国国家转化科学促进中心（NCATS）、美国国家环境健康科学研究所（NIEHS）等美国联邦机构，已经认识到这些数据在解决现实挑战方面的潜在价值，遂请求美国国家科学院、美国国家工程院和美国国家医学科学研究院推荐最佳方法，将新兴科学融入风险评估[3]。为此，上述三个国家科学院共同组建了21世纪科学与风险评估委员会，编写本专著。

一、科学进展

为完成本项工作，委员会评价了暴露科学和毒理学中可以整合并应用于促进风险评估四大要素（危害识别、剂量-反应评估、暴露评估、风险特征描述）的科学

---

[1] 本专著简称为Tox21。
[2] 本专著简称为ES21。
[3] 关于任务的详细介绍见本专著第一章。

技术进展。尽管美国国家科学院还未发布与Tox21和ES21专著相匹配的流行病学报告，但流行病学研究也正处于变革中。鉴于流行病学能够提供化学物质及其他因素引起人类不良健康效应的证据，从而在风险评估中发挥关键作用，委员会也评价了流行病学的最新进展。委员会在本专著中重点阐述了风险评估各领域的进展、挑战及需求，并对面临的挑战提出了针对性的意见和建议。总体来看，科学发展的一个共同主题就是对多学科交叉方法的需求。暴露科学家、毒理学家、流行病学家和其他学科的科学家需要密切合作，以充分挖掘21世纪科学的全部潜能，从而有助于解决当前社会所面临的复杂的环境和公众健康问题。

二、暴露科学

暴露科学发展的主要目标是，通过提高质量、扩大覆盖面和降低不确定性来提高暴露评估的可信度，为制定风险决策提供技术支撑。许多科学技术的进展对暴露科学有深远的影响，有助于实现其发展目标。委员会认为，以下一些重要内容在促进上述目标的实现中极具前景，并且自ES21专著发布以来已经取得了一定的进展。

- 遥感技术、个人传感器和其他采样技术。遥感技术可以弥补传统地面监测系统的时空缺陷，提高对人类和生态暴露评估的能力。被动采样技术和个人传感器的发展，为个体特别是敏感人群的暴露表征提供了无可比拟的机会。如果将遥感技术及个人传感器与全球定位系统相结合，能够将暴露和人类活动数据进行关联，从而更全面地了解人类暴露情况。

- 计算暴露工具。目前，许多因素的暴露测量数据缺乏，所以暴露科学中计算工具的发展，不仅可应用于高通量研究，而且在风险评估的暴露评估中会发挥重要作用。然而，对于开发计算工具参数所依赖的数据，拓展其范围并提高其质量是十分关键的，否则会增加这些计算工具的不确定性和不适用性。需要比较暴露量的模拟计算值和实测值，以描述计算工具及其输入参数的不确定性。

- 靶向和非靶向分析。这是分析化学中的两种互补方法，其发展提高了人类和生态暴露表征的准确性和覆盖面，并在暴露-疾病关系研究中发挥重要作用。首先，靶向分析是识别已有标准品和检测方法的特定化学物质。分析方法的发展和化学物质鉴定数据库的扩展为靶向分析提供了更多机会。其次，无论化学物质是否有标准品或检测方法，非靶向分析拓宽了环境和生物样本中所有化学物质的识别能力。非靶向分析揭示了许多物质的存在，通过化学信息学或先进的新型分析技术的初步分析，可确定这些物质的特性。

- 组学技术。组学技术可以直接测量化学物质或生物暴露，识别暴露标志物或效应标志物，使人们可以根据生物学反应机理来推断暴露情况。这些新兴技术和数据流可配合其他技术，如靶向和非靶向分析，从而更全面地了解暴露-结局之间的关联。但是，对于此类工具，从人群的复杂暴露中识别出单个化学物质或一类化学物质的生物标志物仍具有很大的挑战。

- 用于生命周期研究的暴露基质。为了提高胎儿化学物质暴露的特征描述，研究人员开始应用新的生物基质，如牙齿、头发、指甲、胎盘组织和胎便等。生长特性（与化学物质蓄积相关的组织连续沉积或叠加）和可获取的生物样本为研究暴露情况提供了信息。现在需要解决的问题是，生物基质中的化学物质的浓度如何与传统风险评估中的毒性或暴露量进行关联，或如何整合到暴露评估中。

- 生理药代动力学（PBPK）模型。PBPK模型更广泛地用于开展集聚（多途径）暴露评估、基于生物监测数据的再评估、建立不同试验体系间的暴露转换、探明化学物质的理化变异与人群的效应变异之间的关系。建立试验系统和人体暴露情形之间暴露转换的PBPK模型，已成为一个重要的研究方向。通过快速推广应用高通量体外测试技术来表征化学物质和其他物质的生物活性，推动了PBPK模型的发展。由于监管机构、工业界和其他组织越来越依赖体外试验系统，此项研究将至关重要。

新兴技术和数据流为促进暴露科学发展、改进和完善暴露评估提供了美好前景，但仍存在诸多挑战，主要包括以下几个方面。

- 扩展和协调暴露科学的基础框架。很多学科和机构正在参与暴露方法、检测技术和模型的研究与发展。如果暴露科学参与者众多且存在分歧，那么暴露信息多是碎片化的、无序的甚至不易获取的或无法使用的。因此，需要建立一个暴露科学的基础框架，以加强现有和未来暴露科学内容的配置和协调，最终完善暴露评估。这个基础框架包括创建或扩展用于识别化学物质信息的数据库，如产品或材料中的化学物质数量和释放速率，化学物质属性及加工、分析特征等。

- 校准环境暴露和试验体系暴露。校准环境暴露信息与试验体系信息是风险评估的关键点之一。试验系统中的物质浓度需要通过检测进行定量（首选），或者采用可靠的估算方法。另外也需要进一步了解物质的物理过程（如与塑料结合和挥发）和生物过程（如代谢）。

- 整合暴露信息。对环境介质、生物监测样本、常规样本和新型基质暴露数据的整合与合理运用，是科学、工程和大数据方面所面临的挑战。委员会强调，对于一项暴露评估而言，无论是形成连贯的暴露描述、一致性的评价数据，还是最终确定其可信度，检测数据和模拟数据的整合均为关键步骤。目前，需要开展新的多学科项目来整合暴露数据，并获取用于指导数据（传统与新型）收集和整合的经验。

三、毒理学

Tox21 专著发表近十年来，用以探索人类生物学和疾病分子机制的大量现代技术不断发展，可以对转录组、表观基因组、蛋白质组和代谢组进行分析。目前，已有大量来源于不同人群的永生化细胞库用于毒理学研究，也可通过深度挖掘公开的生物数据库建立化学物质、基因和疾病的关联性假说，另外基因多样性小鼠品系和其他替代动物也可用于毒理学研究。过去十年，一些可用于预测生物学反应的重要试验、模型和方法得到快速发展，以下按照生物学层次逐一介绍。

● 探测生物分子的相互作用。众所周知，化学物质可与特定受体、酶或其他分离蛋白和核酸发生相互作用，从而对生物系统产生不良影响。探索化学物质与细胞组分相互作用的体外试验发展迅速，部分原因是受到药物研发过程中需要降低高失败率需求的影响。这些体外试验可在不同实验室间得到一致、可靠、有效的结果，并适用于低、中、高通量三种形式。现已开发出可预测化学物质与目标蛋白质相互作用大小的计算模型，下一步将继续研究如何提高蛋白质-化学物质相互作用的预测能力。

● 测定细胞效应。细胞培养可用于评价很多细胞功能和细胞效应，包括受体结合、基因激活、细胞增殖、线粒体功能障碍、形态或表型变化、细胞应激、基因毒性和细胞毒性等。高内涵成像和其他新技术可同时检测多种毒性效应。此外，可以采用高通量技术进行细胞培养，细胞可来源于具有遗传差异的种群，进而可以研究遗传差异导致的化学物质的暴露效应变异。除体外细胞测试方法外，目前已建立了许多数学模型和系统生物学工具，可用于测定细胞功能和效应。

● 研究更高层次的生物组织效应。近十年来，工程化的三维（3D）组织模型取得了巨大进展。3D 器官模型或器官芯片模型可结合两种及以上细胞类型，可模拟体内组织，并反映体内组织或器官的部分生理反应。例如，美国国家转化科学促进中心（NCATS）在此领域开展了大量工作。尽管此类模型很有前景，但目前尚未被应用于风险评估中。除细胞培养外，还建立了计算机生物模型来模拟组织反应，如美国 EPA 开发了胚胎和肝脏的虚拟组织模型。仿生组织模型有助于了解激活人体组织的早中期反应过程中关键通路被干扰的程度，以及将影响这些关键通路的因素的已有信息进行汇总整合和概念化，该模型在进一步完善后可被应用于风险评估。

● 预测机体水平和群体水平的反应。动物试验研究仍是风险评估的重要工具，但科学的进步提高了整体动物试验的有效利用。例如，基因编辑技术建立了转基因啮齿动物，可用于敏感个体或基因-环境相互作用方面的特殊研究。基因多态性的啮齿动物为研究有毒物质的个体敏感性提供了新的方法。将转基因啮齿动物或基因多态性啮齿动物与组学和其他新兴技术相结合，可获得比传统动物试验更多的信息。有针对性/靶向的研究有助于填补风险评估中的空白，并可将体外试验观察结果与整体动物的分子、细胞或生理效应相关联。除哺乳动物外，替代物种（如线虫、果蝇、黑腹果蝇、斑马鱼等）动物模型也可用于危害识别和生物机制研究。

上述试验、模型和工具在毒理学评价中具有广阔前景，但仍面临一些技术和研究方面的挑战，具体如下：

- 代谢能力分析。现有的体外测试系统基本不具备代谢能力，在对化学物质可代谢为毒性物质的暴露评估中存在一定的应用局限性。需优先研究并解决代谢能力问题，开发能表征代谢能力的有效方法，确定试验方法和代谢物的毒性。

- 细胞培养系统的其他限制。细胞培养对环境条件极为敏感，细胞反应取决于使用细胞的类型，目前的细胞试验只能评估具有特殊性质的化学物质。还需进一步研究细胞试验对化学物质毒性的表征，需要在试验前后对细胞批次进行描述，并依据细胞系的适用性和试验结果的不确定性来建立试验操作方法。

- 生物覆盖问题。化学物质暴露可引起多种不良健康效应，开发一套可完全覆盖这些重要生物反应的体外试验体系是一个巨大的挑战。此外，在美国联邦政府高通量测试项目中，多数测试方法是制药行业开发的，未涵盖所有的生物反应。正如Tox21中所强调的，需要研究明确人体不良反应的产生机制，建立能完全覆盖这些机制的试验模型。利用转基因和基因多态性的啮齿动物及替代物种，结合组学技术和靶向测试方法，将会填补该领域的空白。

应当注意，为实现Tox21愿景和应对当前挑战，目前许多测试方法、模型和工具的开发并不是主要针对风险评估。因此，需要了解上述方法、模型的最佳适用性及正确解释其数据。体外测试方法的适用性需要通过产生的连续数据和精确的分析来确定，某些测试方法可能对于特定研究（如药物开发）很有效，但对于某些化学物质或环境污染物的风险评估可能作用不大。因此，可能需要基于已有的测试方法，并针对风险评估的特定目标去开发新的方法。

四、流行病学

科学的发展促进暴露科学和毒理学进入新的阶段，同时也深刻影响着流行病学的研究方向。发展21世纪流行病学需要考虑一些重要因素，包括：交叉学科的扩展，科学研究的复杂性增加，新数据源和数据生成技术的出现（如新的医疗和环境数据源以及组学技术），暴露表征的发展，基础、临床和人类科学相关新知识的整合需求的增加。同时，目前相关机构正在整理和记录现有的数据库，特定科学问题的数据库可能被识别和合并。

当前，最重要的进展是组学技术在流行病学中的应用。组学技术促进了流行病学研究的发展，推动了分子流行病学的研究模式，即更加侧重于基础生物学（发病机制），而不仅仅是经验观察。组学技术已广泛应用于流行病学研究，并在很多重要研究中得到验证。例如，全基因组关联研究可探索疾病的遗传基础，可比较某种疾病或其他情况下基因组标志物与健康人群的差异。流行病学研究中的组学技术不仅仅是基因组学，还包括表观基因组学、蛋白质组学、转录组学和代谢组学。正在进行的一些新研究也将为当前和未来的组学技术积累样本。因此，通过人群研究可以获得与体外/体内试验数据相同的数据，可有助于促进暴露和剂量比对的一致性。此外，组学技术可能为危害识别和风险评估提供新的生物标志物。

与暴露科学和毒理学相同，流行病学也面临着将21世纪科学融入实践的挑战。组学技术可以生成大数据库，可方便进行查询和分析。因此，需要开发可容纳大量数据的数据库，支持多用途分析和促进数据共享。而且，大数据分析也需要强有力的统计技术，并需要对数据描述进行标准化，以便在各研究团队和国际间实现统一。

流行病学研究正在迅速转变，从研究特定人群（如护士健康研究）转变为卫生健康组织或其他资源招募的大样本人群，这样可以整合生物样本库，并利用卫生健康记录来描述和跟踪被调查人员相关信息。此类研究提供了大量样本，但需要与之相符的新的暴露评估方法。因此，需要进一步与暴露科学家密切合作，确保以尽可能最佳和最全面的方法生成暴露数据。此外，收集和储存的多种生物标本可用于将来的研究，相关领域的研究人员应与建立新分析方法的技术人员合作，以合适的方式收集和储存生物样本，以便其在未来研究中发挥更大作用。上述挑战主要是需要进一步拓展多学科在流行病学研究中的参与度。

五、21世纪科学的应用

上述科学和技术的新进展，将在本专著中进一步详细阐述。这些新进展为以改进环境和公共健康决策为目的的风险评估或风险特征描述提供了机会。21世纪科学与风险评估委员会认为，化学物质的分级和评估、特定现场的评估以及新化学物质的评估等均得益于21世纪科学的融入。附录B~附录D提供了应用案例。

最早应用21世纪科学的是化学物质分级。高通量筛选技术已生成数千种化学物质的毒性数据，也可为暴露评估提供数据。现有的分级技术包括基于风险的方法，即将高通量暴露和危害信息结合来计算暴露边界（暴露剂量与产生毒性效应的剂量的比值），如果暴露边界较小，则化学物质的风险优先级别较高。

21世纪科学在化学物质风险评估中具有巨大的应用潜力。化学物质风险评估包含多种情况：一是，一些化学物质已有大量可用于决策的数据，此时结合最新科学技术进行风险评估，可减少某些关键问题的不确定性。二是，许多化学物质评估缺乏可用于决策的数据，此时也可应用21世纪科学来提供重要信息。例如，可采用化学结构、代谢、生物活性相似的已知化学物质（类似物）的毒性数据进行交叉参照评估（见图S-1）。支持这种做法的理论基础是，未知化学物质及类似物可以代谢为共同的或生物学相似的代谢产物，或者它们因化学结构非常相似而具有相同或相似的生物活性。可通过综合毒性数据库搜索相关的化学结构，并使用一致性决策来选择合适的类似物。图S-1所示方法可与高通量体外试验（如基因表达分析）或体内靶向研究相结合，以便更好地选择类似物，确保未知化学物质与其类似物的生物活性具有可比性。委员会指出，计算模型是上述暴露评估方法的重要补充，可提供暴露可能性、环境持续性和生物蓄积性等方面的信息。

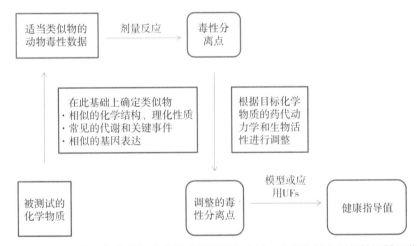

图S-1　利用化学物质的类似物数据推导健康指导值的方法。化学物质的相似性可基于化学结构、理化性质、代谢、生物通路的关键事件或基因表达等特征进行判定，这些特征的增加可增强类比的可信度。目标化学物质与类似物关键作用的毒性分离点（POD）可根据药代动力学差异和重要的生物学事件（如受体激活）进行调整。同时考虑不确定系数或模型来推导健康指导值。不确定系数也包括交叉参照引起的不确定性，如类似物的数量及其数据量大小以及与目标化学物质的相似性。

21世纪科学的另一项重要应用是特定场地的评估。了解与化学物质泄漏有关的风险以及有害废弃物场所的治理程度，需要有化学物质毒性和暴露情况的信息。这种情况下的评估问题包含三个方面——特定场地或现场的化学物质的识别和定量、单一化学物质毒性表征、化学混合物的毒性表征。本专著所描述的新科学技术发展可解决上述问题。首先，化学物质的靶向分析方法可以识别和量化已有标准品的化学物质，而非靶向分析方法可标注出未识别的化学物质。其次，高通量筛选方法和模拟方法相结合，可描述数据缺乏的化学物质的毒性表征。高通量筛选方法也可提供作用机制的信息，有助于判断混合物是否具有共同的作用机制、相同的靶器官和危害结局，由此判断这些化学物质是否具有交互作用。高通量方法不仅可评估单个化学物质的毒性，也可用于评估特定现场混合物的毒性。

一般情况下，新化学物质的评估与上述化学物质的评估相似，但对于毒性不明且可能没有类似物的化学物质（有新的化学结构），其评估方法则有所不同。针对后者，现代体外毒理学试验方法可以发挥较大作用，可提供与毒性相关的分子结构特征，并通过生物通路识别出不产生毒性作用的化学物质。现代暴露科学方法也有助于识别环境和人体中高生物蓄积性的化学物质。

六、验证

依据法规要求，新的测试方法、模型或检测体系在用于监管决策前，必须收集并记录其与特定目标的相关性、可靠性和适用性的相关数据，具体步骤是验证替代方法的标准操作程序。但当前的关键问题在于，已有的验证方法无法与上述新体系的研发速度相匹配，因此需要大力改善验证方法的有效性。验证过程需要考虑一些重要因素，包括：找到适合于新方法验证的参照物、明确适合的测试方法和数据解释方法、建立试验结果和测试条件的报告标准、建立验证测试组合（测试方案）代替现有毒理学试验的有效性方法。这些挑战及相关建议将在第六章详细阐述。

七、风险评估的新方向及挑战

本专著论述的暴露科学、毒理学和流行病学发展为风险评估发展提供了新方向：一是，基于生物通路，而非观察反应；二是，更全面地整合了暴露科学新工具和新方法所获得的综合性暴露信息。暴露科学的发展方向更侧重于评估或预测多种化学物质或应激源的内暴露和外暴露，表征人群暴露的多样性，提供毒性试验需要的暴露数据，使测试体系的暴露剂量与人群的暴露剂量具有关联性和可预测性。毒理学和流行病学的发展方向更侧重于疾病因果关系的多因素及非特异性因素分析，即不同来源的应激源可能导致某一疾病，单一应激源可能导致多种不良结局，研究的问题也从 A 是否导致 B，转变成了 A 是否增加 B 的风险。委员会发现，图 S-2 中所示的充分病因模型是一个有效的工具，指出了毒理学和流行病学发展的新方向，相同结局可能由多个因果关系或机制产生，每种机制通常涉及多种因素的联合作用。

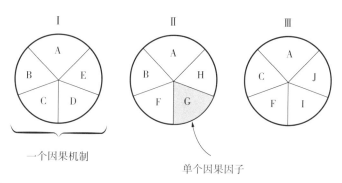

图 S-2 充分病因模型展示了疾病的多因素特性。疾病的不同因果机制（Ⅰ、Ⅱ、和Ⅲ）由不同因子（A~J）病因饼图来代表。委员会认为通路是机制的组成部分。

风险评估关注的多数疾病的病因都由多因素构成，可来自内源性过程，也可来源于人类的经历，如基本健康状况、多种化学物质暴露、食物和营养以及社会心理应激因素等。此外，有些因素可能与正在研究的环境应激因素无关，但仍会影响疾病的总体发生风险和发病率。正如本专著案例分析所描述的，我们即使不能掌握某个特定疾病的所有致病机制或致病过程，也可将新技术和新工具应用于风险评估。21世纪科学的新技术和新工具提供了机制和暴露数据，有助于了解美国国家研究委员会（NRC）《科学和决策：发展的风险评估》一书中剂量-反应关系和外推到人类的差异性，也有助于理解疾病和病因之间的关系，测试化学物质的信号通路或毒性机制，了解潜在风险。

虽然21世纪科学呈现多样性和复杂性，并具有庞大的数据库，但在数据分析、解释、整合并将其作为风险评估证据方面仍面临挑战。事实上，相关技术的发展速度远快于上述方法的进展。委员会认为Bradford-Hill因果推断指南可解决这些问题，如特定通路、关键事件或机制是否会影响/参与疾病或结局的发生，某一特定化学物质是否与信号通路扰动或某些机制激活有关联。委员会虽已考虑多种数据整合方法，但同时指出，短期内应当采用具有指导性的专家意见来整合不同的数据流，以得出因果关系结论。将来，结合了不确定性和综合多个数据流的机制通路模型方法可补充甚至替代专家的判断，但该方法仍需进一步研究。委员会认为，目前对暴露科学、毒理学和流行病学的数据流分析、解释和整合尚未得到足够重视，建议研究机构或研究人员开展以下研究：可反映不同决策情景和可获得所需数据的案例研究；多学科测试的案例研究；进行分类评价和基于不同因素制定决策，跟踪和评价专家判断并校正其程序或过程；找到可进行证据整合的统计学工具或方法，如利用贝叶斯法将21世纪科学整合到风险评估的所有要素中。

八、结束语

委员会指出,自 Tox21 和 ES21 发布后,多项科学技术取得了长足进步。目前已有数据用于相关机构的风险评估工作中,本专著以实际案例阐述了 21 世纪科学的应用领域。虽然人类很难预测更远的未来,但利用 21 世纪科学促进风险评估发展,并最终促进公众健康和环境改善的前景非常广阔。需要强调的是,以透明且易于理解的方式充分交流 21 世纪科学方法的优势和局限性,才能使方法的应用适得其所,并最终被科学界接受。

第一章 引言

过去十年，美国开展了几项大型国际合作项目，将分子和细胞生物学、组学技术、分析测试方法、生物信息学和计算工具及方法等应用于毒理学。项目目标是将以整体动物试验为基础的经验毒理学转变为以现代体外试验和计算模拟为主的预测毒理学，后者是基于对化学物质从初始暴露到最终引起不良健康效应的生物学过程的探索。目前暴露科学也正朝此方向发展，目标是获取个体或人群整个生命周期暴露的数千种化学物质更准确完整的暴露数据；利用这些数据和化学信息来预测暴露；使测试系统的暴露剂量与人群的暴露量相互转化。毒理学、暴露科学的新进展及两学科的更好整合将有助于促进风险评估的发展，为决策提供科学的证据，从而更好地改善公众健康和环境健康。在各方的努力下，新的数据不断产出，并在风险评估中得到应用。项目和数据产出仍在不断发展，数据不足的局面正在改善，化学物质的风险评估工作也在不断完善。许多联邦机构也已意识到这些数据在完成相应挑战性工作任务中的潜在价值。相应地，美国环境保护署（EPA）、美国食品药品管理局（FDA）、美国国家转化科学促进中心（NCATS）和美国国家环境健康科学研究所（NIEHS）要求美国国家科学院、美国国家工程院和美国国家医学科学院将现代及新兴科学方法和数据整合运用于风险评估并提出最佳方法。因此美国国家科学院成立了21世纪科学与风险评估委员会并起草了本专著。

第一节 21世纪毒理学

21世纪初，许多美国联邦机构和组织开始认识到，生物学等科学领域的发展及计算能力的提高有助于提高暴露评估的能力。在化学物质及其他物质的评估战略规划中将这些进展纳入了路径图中（EPA，2003；NTP，2004）。2007年美国国家研究委员会（NRC）发布了《21世纪毒性测试：愿景与策略》[①]，提出将毒性测试从依赖动物试验转变为主要依赖高通量体外试验和基于人体生物学的计算毒理学方法，其目标为：（1）广泛覆盖化学物质、化学混合物、结局和不同生命阶段；（2）降低测

---

① 本专著中简称Tox21。

试成本和缩短时间;(3)减少试验数量,提高动物福利;(4)提供评估环境因素对健康影响的更可靠的科学依据(NRC,2007)。该专著的编写委员会强调,上述转化尚需数十年的努力和贯彻执行。专著发表后,NIEHS 国家毒理学项目、EPA 国家计算毒理学中心和国立卫生研究院化学基因组中心①组成了 Tox21 合作项目共同促进 2007 年专著所提出的目标(Collins 等,2008),随后 FDA 也加入了该合作项目。

Tox21 合作项目的目标是识别和表征导致人体不良反应的具体机制和通路,设计测量反应通路的试验方法,开发基于测试数据的毒性预测模型,建立复杂化学物质测试的分级(NCATS,2015a)。计划将产出的数据最终用于 EPA、FDA 和其他机构了解化学物质或产品的可能危害,也可用于工业界筛选开发产品的潜在毒性。Tox21 合作项目采取分阶段研究方法,目前第一阶段已经完成,利用约 50 个测试方法检测了 2 800 多种化学物质的毒性作用,包括:细胞毒性、线粒体毒性、细胞信号传导、DNA 损伤、免疫反应、药物代谢、核受体激活及不同分子靶点的抑制(Tice 等,2013;NCATS,2015b)。第二阶段共检测了应用于化工和毒理学领域的 10 000 多种化学物质,包括:工业化学品、防晒品添加剂、阻燃剂、杀虫剂及代谢产物、增塑剂、溶剂、食品添加剂、天然产品成分、饮用水消毒副产品、防腐剂、药物和化学合成副产品(Tice 等,2013)。第三阶段将利用相关生物细胞,测定大量分子信号通路中的基因表达,检测化学混合物和提取物的毒性(NCATS,2015b)。

2007 年 EPA 启动了毒性预警项目(ToxCast),以开发高通量筛选(HTS)试验方法,评估人类暴露化学物质可能导致的不良影响的相关生物学反应(EPA,2013)。ToxCast 项目也采用了分阶段研究方法。第一阶段完成了 300 多个已知化学物质的数百个 HTS 试验(Kavlock 等,2010)。第二阶段完成了 2 000 多个化学物质的测试,包括:工业和消费品、食品添加剂以及可能较安全的化学替代品。已利用 HTS 技术评估了大量细胞反应和 300 多个信号通路(EPA,2013;Silva 等,2015)。目前正在对 ToxCast 数据进行评估,以用于 EPA 的内分泌干扰物筛选和其他重点项目,作为确定化学物质优先评价级别的一种手段。

除了美国开展的项目以外,国际上也在努力推动毒理学从观察性科学转化为预测科学。例如,欧盟、欧盟委员会和欧洲化妆品协会联合资助了替代动物测试安全性评估项目(SEURAT,2015)。该项目旨在建立化妆品及成分和相关产品的动物试验的替代方法,以遵循禁止以动物试验来检测化妆品类产品的相关法规,此项法

---

① 化学基因组学中心现隶属于美国国家转化科学促进中心(NCATS)。

规已于 2013 年 3 月实施。项目的目标是取代传统动物试验，采用"毒理学作用模式框架"来描述化学物质可能对人类健康产生的不良影响，应用此框架来构建互补理论、计算模型和体外模型，从而定量预测风险评估中所需的毒性分离点（POD）（Berggren，2015）。此项目为期 5 年（2011—2015 年），包括采用人类干细胞开展体外试验、开发肝脏微流体生物反应器、利用体外试验模型鉴定和研究人类慢性毒性的生物标志物，以及开发用于预测慢性毒性的计算工具。

工业界和其他组织也致力于改变传统的化学物质的评估方法。如制药行业多年来一直致力于开发和使用体外试验和计算工具进行药物安全性早期筛选（Greene 等，2011；Bowes 等，2012）。部分机构已建立了利用新的体外试验和计算机-生物系统工具进行化学物质风险评估的案例（Daston 等，2015；Gocht 等，2015）。利用化学信息学技术也开发了定性的结构-效应关系的评估体系（Wu 等，2010）和识别毒性终点（如发育和生殖毒性）的自动决策树（Wu 等，2013）。

学术界也已收集了大量有助于开展化学物质风险评估的数据。研究机构的相关实验室更倾向于研究在动物毒性测试指南中未提及的生物学终点，如乳腺发育（Fenton，2006；Soto 等，2008；Osborne 等，2015）、神经突触形态学和神经系统发育的其他指标（Patisaul 等，2008）、复杂行为，包括社会性、攻击性、认知能力，以及精神障碍的行为特征，如自闭症和注意力缺陷症等（Eubig 等，2010；de Cock 等，2012；Leon-Olea 等，2014）。遗传学、基因组学和表观遗传学（包括非编码 RNAs）研究的丰富成果也为了解新的生物学机制和基因-环境相互作用提供了方便（Dolinoy 等，2007；Rusyn 等，2010；Tal 等，2012；Nebert 等，2013；Yeo 等，2013）。研究机构的相关实验室也采集了可以描述隔代效应的新数据（Rissman 等，2014）；开始应用非传统动物模型，包括转基因模型及基于人群的模型（Churchill 等，2004；Rusyn 等，2010；Sullivan 等，2014）；开展了化学物质风险评估相关的流行病学研究。在基础和临床研究中产生的大量数据也引发了如何在风险评估和决策中更好的应用这些大数据的问题。

第二节　21 世纪暴露科学

暴露科学也在分子技术、计算机技术、生物信息学、传感器系统和分析方法发展的影响下发生了转变。2012 年美国国家研究委员会（NRC）发布了《21 世纪暴露科学：愿景与策略》[①]，表明了暴露科学的长远发展目标，其中最为重要的是将暴

---

① 本专著中简称 ES21。

露科学从研究传统个体暴露发展为综合分析，即从暴露来源发展为多层级的暴露量相关数据整合（包括时间、空间和生物学信息）和考虑多个因素；暴露科学研究也从分子水平扩展到个体、人群和生态系统（NRC，2012）。该专著描述了促进暴露科学发展的科学技术，包括：可用于溯源以及获得暴露量和暴露人群信息的地理信息技术；可收集数百万例个体的暴露相关数据的监测技术；可识别和检测内暴露生物标志物的高灵敏分析技术及大数据处理计算工具。该专著还强调了需要优先开展的研究以及跨机构合作和资源的需求，详细阐述了暴露组学的概念，即"人类整个生命周期全部内外暴露的记录"（Rappaport 等，2010）。专著最后阐释了毒理学、风险评估和暴露科学相互之间的关系，并预测风险评估将转变为以暴露科学为重点，尤其是反映人类和环境影响的暴露数据。专著描述了暴露科学的四个目标：确定化学物质毒性测试的优先级；提供暴露量以指导毒性测试；提供人体暴露研究中获得的吸收、分布、代谢和排泄的定量数据；将暴露数据与生物活性数据相关联，以确定暴露与毒性反应的关系。

为响应美国联邦政府整合暴露科学的建议，由 20 多个对暴露科学研究和发展感兴趣的机构代表组成了 21 世纪暴露科学（ES21）联合工作组（EPA，2016a）。工作组基于 ES21 专著的建议进行了信息共享和资源整合，减少各机构的重复性工作，促进了暴露科学的合作发展。此外，还有一些研究项目也参与促进 ES21 专著暴露科学的发展目标。美国环境保护署（EPA）设立了暴露预测项目（ExpoCast），该项目是 ToxCast 的补充（EPA，2016b）。ExpoCast 专注于开发暴露评估的高通量方法，迄今为止已应用于 1 900 多种化学物质的暴露预测。EPA 的目标是将 ExpoCast 暴露评估数据与 ToxCast 的毒性数据结合以预测人类健康和环境风险。

美国国家环境健康科学研究所（NIEHS）也致力于促进暴露科学的发展，资助开发了新传感器系统，开展了识别暴露生物标志物的研究（NIEHS，2015）。同时创建了儿童健康暴露分析资源库（NIEHS，2016），将环境暴露纳入儿童健康研究的基础工程中。该资源库包括一个可以进行统计分析的数据库，可用来分析生物样本的实验室网络。NIEHS 战略规划重点资助暴露组学的研究和探索，目前已资助埃默里大学（Emory University）赫尔克里斯中心（HERCULES center）开展暴露组学研究（NIEHS，2012）。

除美国外，国际组织也在推动暴露科学的发展，如人类早期生命暴露组学（HELIX）项目和 EXPOsOMICS 项目。HELIX 的目标是阐释生命早期暴露，并最终将此暴露与儿童健康状况相关联（Vrijheid 等，2014）。该项目正在对欧洲 6 个国家的 32 000 对母子进行研究。EXPOsOMICS 主要关注与空气污染和水污染有关的内外暴露（Vineis 等，2013）。该项目将对欧洲数百名受试者进行空气污染的个体暴露监测，并利用组学技术对数千名受试者的生物样本进行内暴露生物标志物分析（CORDIS 2015）。

与毒理学发展相同，如何将暴露科学产出的大数据有效应用于预测与风险相关的工作和决策仍存在挑战。

第三节　术语

毒理学和暴露科学的发展产生了大量新的术语。部分研究者和技术人员能区分使用术语，但多数人则随意转换或使用术语不一致，因此对许多术语的具体含义存在困惑，例如作用模式（mode of action）、作用机制（mechanism of action）和不良结局通路（adverse outcome pathway），每个术语都表示从某种暴露或分子启动事件到不良结局的逐步发展。三者的区别在于，作用机制是从生物学的角度更高水平更详尽地理解和描述从暴露到结局的逐步发展过程（EPA，2005；NRC，2007）；作用模式主要描述化学物质暴露引起的关键事件的进展过程；不良结局通路描述了从分子起始事件到可观察到的不良结局的不同生物组织水平因果关联事件的顺序链条（OECD，2013；Berggren 等，2015）。尽管这三个术语都是用来描述从一个初始事件到不良结局的一系列步骤，但术语之间仍有细微区别。而实际情况下，经常忽略这些细微区别，随意使用术语。本专著主要使用"机制"，其定义为对某因素引起一种效应过程的详细描述。不良结局通路仅在短语特定语境中使用。"机制"将在第五章和第七章进一步描述。

暴露和剂量是常被定义却使用不一致的术语。NRC（2012）将暴露广泛定义为一个应激源与任一生物组织（机体、组织、器官或细胞）的受体间的接触。由于该定义很宽泛，暴露与剂量的区别变得很模糊，似乎剂量的定义无需存在了，于是以应激源特性及与受体接触的应激源数量、位置和时间（包括接触发生时间和持续时间）来表征暴露。本专著主要使用暴露，但也认可传统短语中使用的剂量，如剂量-反应关系。

近年来产生了许多组学技术相关术语。方框 1-1 列举了本专著中使用的术语的定义。特定术语将在相关章节中描述。编委认为科学发展需要新术语，但学术界在创造新术语时应认真考虑，新术语应明确其定义并具有使用的一致性。

> **方框 1-1　组学相关术语定义**
>
> 　　加合物组学：针对 DNA 或特定蛋白质（如白蛋白）与化学物质结合的产物的综合鉴定。
>
> 　　表观基因组学：基于非基因序列改变所致基因表达水平变化，在基因水平上进行表观遗传学改变的研究。
>
> 　　暴露组学：从妊娠开始到死亡，贯穿整个生命周期的全部暴露，暴露组学研究是利用组学技术分析多种暴露标志物。
>
> 　　基因组学：对生物体所有基因进行结构和功能的分析。
>
> 　　代谢组学：对生物体内全部内源性和外源性化学物质代谢的小分子（代谢产物）进行研究（NASEM，2016），本专著中包括以非代谢方式存在于生物体中的外源性化学物质。
>
> 　　蛋白质组学：对细胞、组织或生物体的蛋白质进行分析，包括蛋白质组成、表达水平、翻译后的修饰等。
>
> 　　转录组学：从 RNA 水平上（mRNAs、非编码 RNAs 和 miRNAs）研究基因表达的情况。

编委会讨论了如何定义"21 世纪愿景"中提及的毒理学和暴露科学的所有工具和方法，有些已不是新的，有些还在发展中。编委会简明扼要的称为"Tox21"或"ES21"测试、工具和方法。这表示不仅包括上述作为 Tox21 项目部分所涉及的测试、工具和方法，还包括来自政府、学术界和独立实验室的测试、工具和方法。

第四节　委员会及其任务

应各机构要求成立的委员会由来自不同领域的专家组成，包括：毒理学、基于药代动力学的生理学、计算方法和生物信息学、组学、体外模型和替代方法、流行病学、暴露评估、数据统计、风险评估等研究领域（委员会成员个人信息见附录 A）。如前所述，委员会的任务为提出新的数据在风险评估中的最佳使用方法。委员会的职责见方框 1-2。

> **方框 1-2　委员会的任务**
>
> 国家研究委员会（NRC）成立了特设委员会，以将新的科学方法纳入风险评估作为主要任务。委员会重点研究了 NRC《21 世纪毒性测试：愿景与策略》及《21 世纪暴露科学：愿景与策略》报告发表后的科学发展。目前委员会正在进行各种调查和产生大量新兴数据，提出如何将新的数据与化学风险评估更好的结合，以及确定如何在传统风险评估中纳入新科学。委员会还需考虑是否进行数据验证，如何整合不同来源的数据流，如何描述不确定性（或需要改变的不确定性），如何更好地交流新方法以使利益相关方更容易理解。委员会还需重点提出切实的解决方案以及阐释解决方案的案例研究。委员会需要鉴别出促进和整合各类科学的壁垒或障碍，最终提升风险评估的整体水平。

第五节　委员会的工作流程

为了完成既定任务，委员会召开了七次会议，包括三次公开会议以听取各方代表的意见。因工作任务艰巨，委员会利用大量时间来细化工作安排。工作任务的确定主要基于 1983 年《联邦政府风险评估报告：管理过程》（NRC，1983）及 2009 年发布的《科学和决策：风险评估进展》报告（NRC，2009）（近期已更新）提出的风险评估框架（见图 1-1）。委员会阐释了可纳入并用于提高风险评估四个要素（危害识别、剂量－反应评估、暴露评估和风险特征描述）的暴露科学、毒理学及流行病学中科学技术的发展。此报告并不是 2007 年和 2012 年报告（NRC，2007，2012）发布后所有科学技术发展的目录，而是 EPA 和 FDA 的风险评估工作中相关的科学技术发展综述。

委员会明确了各机构任务分工和决策背景（有不同的信息需求）（见方框 1-3），基于任务和决策背景需要建立一般的和特定的案例（案例研究），从而将新的科学技术纳入风险评估的各个组成部分中。案例可用来指导不同利益相关方进行技术交流。委员会也考虑了新的科学技术在数据验证、数据整合和不确定性分析中的应用，但认为在已有大量操作标准和操作规程的领域应用新的科学技术仍具有挑战性。

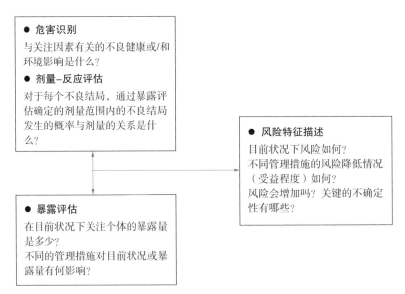

图 1-1　风险评估四个要素：危害识别、剂量–反应评估、暴露评估和风险特征描述。来源：NRC 2009。

> **方框 1-3　机构任务和决策背景**
>
> 1. 优先级确定——基于危害、暴露或风险。
> 2. 化学物质评估——包括综合风险信息系统（IRIS）、暂定同行评议毒性参考值（PPRTV）、国家毒理学项目健康评估和转化危害评估、行政审批物质的评估（如农药残留、药物、食品添加剂）。
> 3. 特定场所评估——包括地理位置选定或化学物质的评估，包括缺乏数据的化学物质或化学混合物的评估，也包括已知环境化学物质的评估。
> 4. 新的化学物质的评估——包括绿色化学物质、新技术以及工业化学品的非期望环境代谢物的评估。

第六节　专著的组织构架

本专著由七个章节和五个附录组成，第二、三、四章分别介绍暴露科学、毒理学和流行病学使用的新方法和新工具。第五章主要介绍了风险评估新的发展方向和 21 世纪科学的实际应用。第六章讨论了模型和试验的验证和认可。第七章着重介绍数据与证据的解释与整合。附录 A 为委员会成员个人信息，附录 B、附录 C 和附录 D 展示了新数据在风险评估中应用的案例研究，附录 E 是应用贝叶斯方法处理高通量数据的案例研究。

参考文献

Berggren, E. 2015. A Path to Validation-SEURAT-1 Case Studies and the Role of ECVAM. Public Forum-Replacing Animal Testing, October 26-27, 2015, London. ToxBank［online］. Available: http://www.toxbank.net/public-forum/path-validation［accessed January 3, 2017］.Berggren, E., P. Amcoff, R. Benigni, K. Blackburn, E. Carney, M. Cronin, H. Deluyker, F. Gautier, R.S. Judson, G.E.Kass, D. Keller, D. Knight, W. Lilienblum, C. Mahony, I. Rusyn, T. Schultz, M. Schwarz, G. Schüürmann, A.White, J. Burton, A.M. Lostia, S. Munn, and A. Worth.2015. Chemical safety assessment using read-across: Assessing the use of novel testing methods to strengthen the evidence base for decision making. Environ. Health Perspect.123（12）：1232-1240.

Bowes. J., A.J. Brown, J. Hamon, W. Jarolimek, A. Sridhar, G. Waldron, and S. Whitebread. 2012. Reducing safetyrelated drug attrition: The use of in vitro pharmacological profiling. Nat. Rev. Drug Discov. 11（12）：909-922.

Churchill, G.A, D.C. Airey, H. Allayee, J.M. Angel, A.D. Attie, J. Beatty, W.D. Beavis, J.K. Belknap, B. Bennett, W.Berrettini, A. Bleich, M. Bogue, K.W. Broman, K.J. Buck, E. Buckler, M. Burmeister, E.J. Chesler, J.M. Cheverud, S.Clapcote, M.N. Cook, R.D. Cox, J.C. Crabbe, W.E. Crusio, A. Darvasi, C.F. Deschepper, R.W. Doerge, C.R. Farber, J. Forejt, D. Gaile, S.J. Garlow, H. Geiger, H. Gershenfeld, T. Gordon, J. Gu, W. Gu, G. de Haan, N.L. Hayes, C.Heller, H. Himmelbauer, R. Hitzemann, K. Hunter, H.C.Hsu, F.A. Iraqi, B. Ivandic, H.J. Jacob, R.C. Jansen, K.J.Jepsen, D.K. Johnson, T.E. Johnson, G. Kempermann, C.Kendziorski, M. Kotb, R.F. Kooy, B. Llamas, F. Lammert, J.M. Lassalle, P.R. Lowenstein, L. Lu, A. Lusis, K.F. Manly, R. Marcucio, D. Matthews, J.F. Medrano, D.R. Miller, G. Mittleman, B.A. Mock, J.S. Mogil, X. Montagutelli, G. Morahan, D.G. Morris, R. Mott, J.H. Nadeau, H. Nagase, R.S. Nowakowski, B.F. O'Hara, A.V. Osadchuk, G.P. Page, B. Paigen, K. Paigen, A.A. Palmer, H.J. Pan, L. Peltonen-Palotie, J. Peirce, D. Pomp, M. Pravenec, D.R. Prows, Z. Qi, R.H. Reeves, J. Roder, G.D. Rosen, E.E. Schadt, L.C. Schalkwyk, Z. Seltzer, K. Shimomura, S. Shou, M.J. Sillanpaa, L.D. Siracusa, H.W. Snoeck, J.L.Spearow, K. Svenson, L.M. Tarantino, D. Threadgill, L.A.Toth, W. Valdar, F.P. de Villena, C. Warden, S. Whatley, R.W. Williams, T. Wiltshire, N. Yi, D. Zhang, M. Zhang, and F. Zou. 2004. The Collaborative Cross, a communityresource for the genetic analysis of complex traits. Nat.Genet. 36（11）：1133-1137.

Collins, F.S., G.M. Gray, and J.R. Bucher. 2008. Transforming environmental health protection. Science 319（5865）：906-907.

CORDIS（Community Research and Development Information Service）. 2015. EXPOSOMICS Result In Brief: Measuring Environmental Exposure. CORDIS, European Commission［online］. Available: http://cordis.europa.eu/result/rcn/151545_en.html［accessed July 13, 2016］.

Daston, G., D.J. Knight, M. Schwarz, T. Gocht, R.S. Thomas, C. Mahony, and M. Whelan. 2015.

SEURAT: Safety Evaluation Ultimately Replacing Animal Testing–Recommendations for future research in the field of predictive toxicology.Arch. Toxicol. 89（1）: 15-23.

de Cock, M., Y.G. Maas, and M. van de Bor. 2012. Does perinatal exposure to endocrine disruptors induce autism spectrum and attention deficit hyperactivity disorders? Review Acta Paediatr. 101（8）: 811-818.

Dolinoy, D.C., J.R. Weidman, and R.L. Jirtle. 2007. Epigenetic gene regulation: Linking early developmental environment to adult disease. Reprod. Toxicol. 23（3）: 297-307.

EPA（US Environmental Protection Agency）. 2003. Framework for Computational Toxicology Research Program in ORD. EPA/600/R-03/065. Office of Research and Development, US Environmental Protection Agency, Washington, DC.

EPA（US Environmental Protection Agency）. 2005. Guidelinesfor Carcinogen Risk Assessment. EPA/630/P-03/001F.Risk Assessment Forum, US Environmental Protection Agency, Washington, DC［online］. Available: http: //www. epa.gov/sites/production/files/2013-09/documents/cancer_guidelines_final_3-25-05.pdf［accessed July 13, 2016］.

EPA（US Environmental Protection Agency）. 2013. Toxicity Forecaster（ToxCastTM）. Science in Action: Innovative Research for a Sustainable Future. Fact Sheet. Office of Research and Development, US Environmental Protection Agency, Washington, DC［online］. Available: https: //www.epa.gov/sites/production/files/2013-12/documents/toxcastfact-sheet.pdf［accessed July 13, 2016］.

EPA（US Environmental Protection Agency）. 2016a. The Exposure Science in the 21st Century（ES21）Federal Working Group［online］. Available: https: //www.epa.gov/innovation/exposure-science-21st-century-federal-working-group［accessed October 24, 2016］.

EPA（US Environmental Protection Agency）. 2016b. High-Throughput Exposure Forecasting. Science in Action: Innovative Research for a Sustainable Future. Fact Sheet. Office of Research and Development, US Environmental Protection Agency, Washington, DC. March 2016［online］. Available: https: //www.epa.gov/sites/production/files/2014-12/documents/exposure_forecasting_factsheet.pdf［accessed July 13, 2016］.

Eubig, P.A., A. Aguiar, and S.L. Schantz. 2010. Lead and PCBs as risk factors for attention deficit/hyperactivity disorder.Environ. Health Perspect. 118（12）: 1654-1667.

Fenton, S.E. 2006. Endocrine-disrupting compounds and mammary gland development: Early exposure and later life consequences. Endocrinology 147（6 Suppl.）: S18-S24.

Gocht, T., E. Berggren, H.J. Ahr, I. Cotgreave, M.T. Cronin, G. Daston, B. Hardy, E. Heinzle, J. Hescheler, D.J. Knight, C. Mahony, M. Peschanski, M. Schwarz, R.S. Thomas, C.Verfaillie, A. White, and M. Whelan. 2015. The SEURAT-1 approach towards animal free human safety assessment. ALTEX 32（1）: 9-24.

Greene, N., and M. Song. 2011. Predicting in vivo safety characteristics using physiochemical properties and in vitro assays. Future Med. Chem. 3（12）: 1503-1511.

Kavlock, R., and D. Dix. 2010. Computational toxicology as implemented by the US EPA: Providing high throughput decision support tools for screening and assessing chemical exposure, hazard, and risk. J. Toxicol. Environ. Health B Crit. Rev. 13（2-4）: 197-217.

Leon-Olea, M., C.J. Martyniuk, E.F. Orlando, M.A. Ottinger, C.S. Rosenfeld, J.T. Wolstenholme, and V.L. Trudeau.2014. Current concepts in neuroendocrine disruption. Gen.Comp. Endocrinol. 203: 158-173.

NASEM(National Academies of Sciences, Engineering, and Medicine). 2016. Use of Metabolomics to Advance Research on Environmental Exposures and the Human Exposome: Workshop in Brief. Washington, DC: The NationalAcademies Press.

NCATS (National Center for Advancing Translational Sciences).2015a. Tox21 Program Goals [online]. Available: http://www.ncats.nih.gov/tox21/about/goals[accessed July 13, 2016].

NCATS (National Center for Advancing Translational Sciences).2015b. Tox21 Operational Model. Available: http://www.ncats.nih.gov/tox21/about/operations[accessed July 13, 2016].

Nebert, D.W., G. Zhang, and E.S. Vesell. 2013. Genetic risk prediction: Individualized variability in susceptibility to toxicants. Annu. Rev. Pharmacol. Toxicol. 53: 355-375.

NIEHS (National Institute of Environmental Health Sciences).2012. Advancing Science, Improving Health: A Plan for Environmental Health Research. 2012-2017 Strategic Plan [online]. Available: http://www.niehs.nih.gov/about/strategicplan/strategicplan2012_508.pdf[accessed July13, 2016].

NIEHS (National Institute of Environmental Health Sciences).2015. Exposure Biology and the Exposome [online]. Available: http://www.niehs.nih.gov/research/supported/dert/pro grams/exposure/[accessed July 13, 2016].

NIEHS (National Institute of Environmental Health Sciences).2016. Children's Health Exposure Analysis Resource (CHEAR)[online]. Available: http://www.niehs.nih.gov/research/supported/exposure/chear/[accessed July13, 2016].

NRC(National Research Council). 1983. Risk Assessment in the Federal Government: Managing the Process. Washington, DC: National Academy Press.

NRC(National Research Council). 2007. Toxicity Testing in the 21st Century: A Vision and a Strategy. Washington, DC: The National Academies Press.

NRC(National Research Council). 2009. Science and Decisions: Advancing Risk Assessment. Washington, DC: The National Academies Press.

NRC(National Research Council). 2012. Exposure Science in the 21st Century: A Vision and a Strategy. Washington, DC: The National Academies Press.

NTP(National Toxicology Program). 2004. A National Toxicology Program for the 21st Century: A Roadmap for the Future [online]. Available: https://ntp.niehs.nih.gov/ntp/about_ntp/ntpvision/ntproadmap_508.pdf[accessed July 13, 2016].

OECD (Organisation for Economic Co-operation and Development).2013. Guidance Document on Developing and Assessing Adverse Outcome Pathways. Series on Testing and Assessment. No. 184. ENV/JM/MONO (2013) 6.Paris: OECD [online]. Available: http://www.oecd.org/officialdocuments/publicdisplaydocumentpdf/?cote=env/jm/mono(2013)6&doclanguage=en [accessed July 13, 2016].

Osborne, G., R. Rudel, and M. Schwarzman. 2015. Evaluating chemical effects on mammary gland development: A critical need in disease prevention. Reprod. Toxicol.54: 148-155.

Patisaul, H.B., and E.K. Polston. 2008. Influence of endocrine active compounds on the developing rodent brain.Brain Res. Rev. 57（2）：352-362.

Rappaport，S.M.，and M.T. Smith. 2010. Environment and disease risks. Science 30（6003）：460-461.

Rissman，E.F. and M. Adli. 2014. Transgenerational epigenetic inheritance：Focus on endocrine disrupting compounds.Minireview. Endocrinology 155（8）：2770-2780.

Rusyn，I.，D.M. Gatti，T. Wiltshire，S.R. Kleeberger，and D.W.Threadgill. 2010. Toxicogenetics：Population-based testing of drug and chemical safety in mouse models. Pharmacogenomics 11（8）：1127-1136.

SEURAT（Safety Evaluation Ultimately Replacing Animal Testing）. 2015. SEURAT-1［online］. Available：http：//www.seurat-1.eu/［accessed July 13，2016］.

Silva，M.，N. Pham，C. Lewis，S. Iyer，E. Kwok，G. Solomon，and L. Zeise. 2015. A comparison of ToxCast test results with in vivo and other in vitro endpoints for neuro，endocrine，and developmental toxicities：A case study using endosulfan and methidathion. Birth Defects Res. B Dev. Reprod. Toxicol. 104（2）：71-89.

Soto，A.M.，L.N. Vandenberg，M.V. Maffini，and C. Sonnenschein.2008. Does breast cancer start in the womb? Basic Clin. Pharmacol. Toxicol. 102（2）：125-133.

Sullivan，A.W.，E.C. Beach，L.A. Stetzik，A. Perry，A.S.D'Addezio，B.S. Cushing，and H.B. Patisaul. 2014. A novel model for neuroendocrine toxicology：neurobehavioral effects of BPA exposure in a prosocial species，the prairie vole（Microtus ochrogaster）. Endocrinology 155（10）：3867-3881.

Tal，T.L.，and R.L. Tanguay. 2012. Non-coding RNAs-novel targets in neurotoxicity. Neurotoxicology 33（3）：530-544.

Tice，R.R.，C.P. Austin，R.J. Kavlock，and J.R. Bucher. 2013.Improving the human hazard characterization of chemicals：A Tox21 Update. Environ. Health Perspect. 121（7）：756-765.

Vineis，P.，K. van Veldhoven，M. Chadeau-Hyam，and T.J.Athersuch. 2013. Advancing the application of omicsbased biomarkers in environmental epidemiology. Environ.Mol. Mutagen. 54（7）：461-467.

Vineis，P.，M. Chadeau-Hyam，H. Gmuender，J. Gulliver，Z.Herceg，J. Kleinjan，M. Kogevinas，S. Kyrtopoulos，M.Nieuwenhuijsen，D. Phillips，N. Probst-Hensch，A. Scalbert，R. Vermeulen，and C.P. Wild. In press. The exposome in practice：Design of the EXPOsOMICS project. EXPOsOMICS Consortium. Int. J. Hyg. Environ. Health.

Vrijheid，M.，R. Slama，O. Robinson，L. Chatzi，M. Coen，P.van den Hazel，C. Thomsen，J. Wright，T.J. Athersuch，N.Avellana，X. Basagaña，C. Brochot，L. Bucchini，M. Bustamante，A. Carracedo，M. Casas，X. Estivill，L. Fairley，D.van Gent，J.R. Gonzalez，B. Granum，R. Gražulevičienė，K.B. Gutzkow，J. Julvez，H.C. Keun，M. Kogevinas，R.R.C. McEachan，H.M. Meltzer，E. Sabidó，P.E. Schwarze，V.Siroux，J. Sunyer，E.J. Want，F. Zeman，and M.J. Nieuwenhuijsen1.2014. The human early-life exposome（HELIX）：Project rationale and design. Environ. Health Perspect.122（6）：535-544.

Wild，C.P. 2005. Complementing the genome with an "exposome"：The outstanding challenge of environmental exposure measurement in molecular epidemiology. Cancer Epidemiol. Biomarkers Prev. 14（8）：1847-1850.

Wu, S., K. Blackburn, J. Amburgey, J. Jaworska, and T. Federle.2010. A framework for using structural, reactivity, metabolic and physicochemical similarity to evaluate the suitability of analogs for SAR-based toxicological assessments.Regul. Toxicol. Pharmacol. 56（1）：67-81.

Wu, S., J. Fisher, J. Naciff, M. Laufersweiler, C. Lester, G.Daston, and K. Blackburn. 2013. Framework for identifying chemicals with structural features associated with the potential to act as developmental or reproductive toxicants.Chem. Res. Toxicol. 26（12）：1840-1861.

Yeo, M., H. Patisaul, and W. Liedtke. 2013. Decoding the language of epigenetics during neural development is key for understanding development as well as developmental neurotoxicity. Epigenetics 8（11）：1128-1132.

第二章 暴露科学进展

如第一章所述，美国国家研究委员会（NRC）在《21世纪暴露科学：展望和策略》中对暴露科学的发展趋势进行了展望，旨在改变、拓展和振兴该领域的科学研究（NRC，2012）。最近对暴露组学研究项目（NIEHS，2016）、新的大型纵向暴露-流行病学研究项目（Vrijheid等，2014；Vineis等，2013）以及美国国家暴露实验室和国家计算毒理学中心（EPA的下属分支机构）牵头的暴露科学项目等的资助，正是受ES21专著的直接影响。自ES21专著发布以来，已有一些研究领域取得了重大进展，这些进展将为EPA、FDA以及其他机构的新的暴露科学数据纳入风险评估中提供了指导（Egeghy等，2016）。因此，本章将介绍自ES21专著发布以来在暴露科学方面取得的主要进展，以及为风险决策提供的有效的方法。本章还提出了暴露科学应用于风险决策的可能性，并讨论了其在各个应用方面的局限性。

暴露科学、毒理学和流行病学之间的相互关系是本章的核心内容。图2-1展示了从应激源进入环境中，再通过特定途径从环境中到达机体，从而产生潜在毒性的一系列生物学反应过程。该图展示了ES21委员会和21世纪科学与风险评估委员会提出的暴露科学的范畴和一般组织框架，还说明了暴露科学与毒理学和流行病学的交叉以及三者之间的主要区别。尽管整个框架被描述为线性过程，但21世纪科学与风险评估委员会意识到，从应激源进入环境到产生最终结果的整个过程中通常涉及多个相互关联的途径。如果暴露科学以确定污染来源或消除污染物为主要的研究目标，而非以毒性评价或风险评估为目标，那么这个框架应该从暴露到来源，即线性过程是从右向左移动。方框2-1提供了与暴露科学有关的一些关键术语的定义。

如图2-1所示，暴露科学的组织框架已被用来描述受污染场所的暴露途径，涵盖了化学物质的所有环境或生物转归模型（Wania等，1999；Koelmans等，2001；Schenker等，2009）。虽然有些框架主要被用于定性和描述，并且仅适用于特定的暴露条件或建模过程，例如概念场地模型（Conceptual Site Model）（Regens等，2002；Mayer等，2005）。但这些框架在采集数据、整理数据，以及在建模中使用数据来定量描述或计算暴露量方面具有重要的指导意义。其他框架，如集聚暴露途径框架（Aggregate Exposure Pathway Framework）（Teeguarden等，2016）也能通过上述方法来扩展早期研究所取得的成果。暴露科学随着本章所介绍的工具和方法的发展

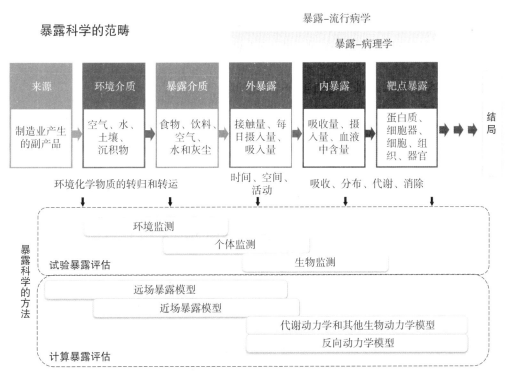

图 2-1 暴露科学的范畴和常用方法的概述。传统上毒理学和流行病学均采用内暴露和外暴露的概念。了解人体、组织或细胞等的生物学效应与暴露的关系，需要获得测试系统或靶点的暴露水平。应用靶点暴露，可以减少代谢动力学和其他因素造成的干扰，并可促使毒理学和流行病学中靶点暴露数据应用的增加。

而进化，暴露科学的组织框架将进一步支持暴露数据的采集、整理、分析的配套基础框架的发展，并提高暴露评估和建模的准确性、完整性、高效率和透明度。

方框 2-1 暴露科学的主要相关术语的定义

暴露科学：收集和分析所需定量和定性的信息，以了解受体（如人或生态系统）与物理、化学或生物应激之间的暴露情况。暴露科学致力于描述对人群和生态系统急性和慢性暴露相关的时间和空间维度。

内暴露和外暴露：内暴露和外暴露是两个常用的暴露度量。生物监测研究中血液或组织的浓度是确定内暴露的较直接的方法，而对体外生物样本（如呼气和尿液）是确定内暴露相对间接的方法。当某种化学物质的代谢动力学特征符合药代动力学数据和模型时，可采用间接检测来估计体内情况。对空气或食物等进行浓度监测是外暴露的检测方法，可以通过外暴露水平来推算内暴露水平。暴露科学研究采用哪种暴露度量取决于决策的背景、检测方法的可信度和暴露物质的作用位点。

化学物质近场暴露：在人体附近释放或使用化学物质造成的人体暴露。近场化学暴露包括皮肤暴露（如化妆品），经呼吸道吸入（如烟草的烟雾或药物）以及通过胃肠道摄入（如药物）。近场化学暴露也可能来自在人体附近有意使用（如消费品）和无意释放（如建筑材料）化学物质造成的暴露。受污染的个体随后可作为污染源，通过"进场转运"的方式（经皮、吸入、摄入）传递给他人，使其暴露该化学物质。

化学物质远场暴露：由于远距离释放和使用化学物质造成的人体暴露，同时也可能因化学物质最初在近场（室内）使用，而后来传递至自然环境（室外）中造成。远场暴露可能由于吸入室外空气、饮用水和摄入食物造成，这些化学物质通过在自然环境中传递进入暴露介质。

集聚暴露：集聚暴露是来自多种路径和多种来源（即通过皮肤，摄入和吸入等多种路径）的给定物质的暴露。

第一节 暴露科学的主要进展

委员会审议了自ES21专著发表以来暴露科学领域取得的研究进展，其目标是了解对本章所述内容以及附录B～附录D的案例研究应用的持续影响程度。

一、遥感和地理空间环境暴露评估

暴露科学取得的主要进展是遥感、全球定位系统（GPS）和地理信息系统（GIS）的创新性成果应用的结果。遥感是提高人类和生态环境暴露评估能力的重要工具，提供了传统地面监测系统无法提供的地表、水和大气的信息（Al-Hamdan等，2014）。自ES21发布以来，遥感数据已用于估算全球大气污染水平（NO_2、O_3、$PM_{2.5}$）（Brauer等，2015；Geddes等，2016；vanDonkelaar等，2015）。该模型预测了全球空气污染的变化情况，可覆盖相对精确的空间范围内的关键污染物。遥感技术与地面监测技术的应用将继续改善人类暴露评估。最近的主要进展包括美国国家航空航天局（NASA）发射的6个地球观测任务，以及为国际空间站增加了三种新的仪器（Seltenrich，2014）。美国国家航空航天局与国家海洋和大气管理局允许免费访问相关的暴露数据，如对流层中的NO_2和$PM_{2.5}$浓度，以及与暴露评估和监测数据解释有关的环境数据（Seltenrich，2014）。

利用研究获得的遥感数据，结合 GPS 和 GIS 数据，可以更深入地了解人群的暴露情况。GPS 数据被用于追踪人类的暴露情况和进行流行病学研究（Elgethun 等，2007），最新技术的发展已经允许在日常活动和微环境中进行观测，例如在家和办公室内外对 GPS 数据进行多种数据的采集（Wu 等，2011；Breen 等，2014；Nethery 等，2014；Andra 等，2015）。微环境数据可用作暴露模型的输入数据，也可以根据遥感数据、地面环境空气监测数据和室内空气监测数据改进暴露评估（Breen 等，2014）。GPS 技术的进展还表现在与基于传感技术的健康信息数据相结合，例如心率、呼吸频率和活动水平。这些检测数据均可作为暴露模型的附加数据，可以进一步改进暴露的分类（Andersen 等，2015）。

二、计算暴露评估

大多数物质没有进行过暴露评估，需要各种概念性、经验性和预测性的暴露模型来填补这些数据缺口，且需要提高检测数据在暴露评估中的应用能力（Muir 等，2006；Egeghy 等，2012）。自 ES21 发布以来，在计算暴露工具的开发方面进行了大量的研究并取得很大的进展，特别是人类化学物质近场暴露计算、内暴露和外暴露水平及其量化关系、单独使用高通量暴露评估，以及结合生物学数据确定优先评估次序等方面。

Egeghy 等（2011）综述了已开发的可进行化学物质快速评估优先级确定的工具；Mitchell 等（2013）进行了"暴露模型优先级挑战"。该挑战的一个主要发现是，有必要协调化学物质的远场暴露（室外暴露）和近场暴露（直接使用消费产品或通过室内途径的暴露）。研究工具和暴露信息的缺乏促进开展近场暴露和远场暴露相关的研究。具体来说，为模拟室内环境中化学物质转运而开发的新型模型已经被再次更新，将人体的外暴露（摄入水平）（Shin 等，2012）和内暴露（估计全身浓度）（Zhang 等，2014；Webster 等，2016）纳入修改的模型中。此外，数据和模型的不断更新，提高了对化学物质释放和室内暴露机制的理解（Weschler 等，2010，2012；Little 等，2012）。消费产品的暴露模型也正在发生转变，正利用一些明确的化学物质对这些模型进行评估（Young 等，2012；Gosens 等，2014；Del-maar 等，2015；Dudzina 等，2015）。将近场和远场途径结合起来进行人体暴露评估的暴露模型和框架也正在被开发和应用（Isaacs 等，2014；Shin 等，2015；Fantke 等，2016）。

美国环境保护署的 ExpoCast 项目使用计算工具进行高通量暴露估计，以确定检测或评估的优先级。ExpoCast项目将各种模型和数据来源结合起来进行暴露评估，然后将其与高通量的ExpoCast数据和其他毒性或生物活性数据进行比较。作为ExpoCast暴露评估的一部分，系统经验评估模型（SEEM）框架从美国6岁以上非职业暴露居民的血液和尿液样本中检测化学物质的浓度，并评估暴露模型估计值（Wambaugh等，2013，2014）[①]。将暴露模型预测与已有的生物监测数据进行比较，以估计暴露模型的不确定性（Wambaugh等，2013）。多媒介多途径随机人体暴露和剂量模拟模型（SHEDS-MM）也已经被修订，以提高高通量的容量（如SHEDS-HT）（Isaacs等，2014），并将其纳入SEEM框架中。其他结合现有的和新的工具构建的高通量暴露评估模型也被纳入SEMM框架中，并且在一些情况下可以被应用、评估和改进（Shin等，2015）。

提高计算暴露工具参数所需数据的数量和质量至关重要。没有这些数据，计算暴露工具的适用性是非常有限的。已取得的一些进展包括：暴露因素（EPA2011）、消费量数据库以及化学物质、产品类别数据库的更新（Dionisio等，2015）[②]。大量的定量结构-效应关系（QSAR）模型、定量结构-性质关系模型（QSPR）以及其他应用于预测化学性质信息的模型（例如分解系数和降解速率的计算工具）将继续发展。需要进一步检测现有的用于计算化学性质信息的工具的适用范围并进一步明确其定义，以确保这些模型在相同的化学空间内可以被校正和应用。为了获得更高质量的检测结果，可以有策略地发展整合测试，以扩展当前的QSAR模型、QSPR模型和其他用于评估的工具的适应范围。

由于检测数据存在广泛差异，在暴露科学计算工具方面取得的最新进展将在暴露评估的各个方面发挥至关重要的作用，而不是仅在高通量应用中发挥作用。将暴露数据库和空间信息结合的更高层次的模型（Georgopoulos等，2014），以及将检测和模型进行整合，可以更全面地表征和量化来源-受体关系（McKone等，2007），目前该模型正在被开发和应用。暴露模型的不确定性和敏感性分析的计算方法应用价值极高，可用于系统地设定暴露科学研究的优先级（Arnot等，2012；NRC，2012；Arnold，2014）。

三、个性化的暴露评估

将暴露途径、暴露时间、行为模式以及应激源随时间和空间的浓度变化相结

[①] 数据来源于美国国家健康与营养调查。
[②] 详细信息，请查看网站http://actor.epa.gov/cpcat。

合，可以对个体和人群进行独特的评估。目前可采用传统方法和新方法在不同的时间和空间上采集暴露评估所需数据。采用新方法监测体内外暴露水平将有助于描述和定量一系列应激源的个体暴露水平。目前可以应用被动取样技术来确定人体内暴露水平（如使用硅胶植入物）（Allan 等，2013a；Gilbert 等，2015；O'Connell 等，2015）、外暴露水平（如使用硅胶腕带）（O'Connell 等，2014a，b）随时间和空间变化的情况，以及化学物质在食物（Allan 等，2013b；Jahnke 等，2014）和室内空气（Wetzel 等，2015）的浓度和活性[①]。用于检测颗粒物和挥发性有机化学物质的便携式传感器也在不断改进，并为个体（特别是敏感个体）的暴露提供了有价值的信息（McGinn 等，2016）。基于个人移动设备（如手机等）所提供的 GPS 信息进行暴露评估，可用于确定人体暴露的时间和位点（Adams 等，2009；deNazelle 等，2013；Su 等，2015）。消费品使用数据库以及市场调研数据可以为暴露评估提供个人和人群的暴露信息（Goldsmith 等，2014）。所有这些新技术和数据流将会补充现有的工具和技术，获得更为完整的从源头到结局的连续信息。

四、外源性化学物质的靶向和非靶向暴露评估

靶向分析和非靶向分析是两种互补的暴露评估方法，目前已取得的重要进展正在改善人类和生态暴露评估的准确性和广度（Fiehn，2002；Park 等，2012；O'Connell，2014a，b；Go 等，2015；Mastrangelo 等，2015；Sud 等，2016）。无论是关注内源性还是外源性的化学物质，这两种方法均被称为代谢组学法[②]。靶向分析侧重于选定的化学物质，标准品和检测方法较为成熟，基于质谱、液相色谱的出峰时间、检测器信号等来识别化学物质。靶向分析已经产生了大量用于流行病学研究和风险评估的暴露数据。美国国家健康与营养调查和加拿大卫生监测调查将靶向分析方法运用于暴露评估的生物监测项目（Needham 等，2005；Calafat，2012；Haines，2012）。尽管最初受到通量的限制，仅局限于一些化学物质（Casas 等，2011；Mortensen 等，2014）O'Connell 等，2014b，但目前可以对数百种化学物质进行靶向分析的方法已初现雏形（O'Connell 等，2015）。一般来说，靶向分析

[①] 化学活性与其能量状态有关，即测定化学物质在某种暴露媒介中的有效浓度（Reichenberg 等，2006；Mackay 等，2011），与溶解度密切相关。例如，当化学物质与媒介中的成分（如空气中的粒子和水中的有机物）相互作用时，化学活性可改变暴露方式，有效地减少与生物体（如人类）相互作用的化学物质的数量，通常被称为生物利用率。

[②] 如第一章定义（见方框 1-1），代谢组学被认为包括生物系统中以非代谢形式存在的外源性化学物质。

需要在灵敏度和选择性之间有一个权衡，因此也限制了使用单一仪器或方法在单次运行中可以分析的化学物质的数量。靶向分析仅限于有标准品的化学物质，对于大多数物质（如代谢物和多肽），确定和定量标准品的方法已经被描述，但在实际操作中这些标准品是不同的（Castle 等，2006；Fiehn 等，2006；Goodacre 等，2007；Sumner 等，2014）。

蛋白质和 DNA 加合物的靶向分析方法已经成为直接检测血液中化学物质的替代方法。当稳定的蛋白质和 DNA 加合物可以被轻易地检测到，并可以获得关于加合物生成和消除速率的信息时，加合物浓度可以作为机体中化学物质时间加权平均浓度的替代数据。这些方法对于血液和其他生物样品本浓度低、时间变化大的短半衰期化学物质的暴露评估具有重要的价值。例如，可以使用丙烯酰胺的代谢物缩水甘油酰胺的血红蛋白加合物浓度来准确获得丙烯酰胺在人体血液中的浓度及其暴露水平（Young 等，2007）。最近发现的化学致癌物质（如丁二烯、甲醛和乙醛）的化学加合物已经成为衡量这些化学物质半衰期的指标（Swenberg 等，2007，2008；Moeller 等，2013；Yu 等，2015）。使用稳定加合物来检测短半衰期化学物质暴露的好处为可以整合随着时间变化的暴露情况 [也就是说，加合物更为稳定，可以作为暴露评估的检测方法，以及由于其更靠近目标靶点（如 DNA），而更具有生物相关性]。Swenberg 等已经建立了特定甲醛 DNA 加合物的高灵敏度方法，并建立了内源性和外源性甲醛对内暴露贡献率的评估方法（Edrissi 等，2013；Moeller 等，2013；Pottenger 等，2014；Pontel 等，2015；Yu 等，2015）。这些研究强调了加合物靶向分析在暴露评估中的应用，并且可能对加合物组进行更广泛的评估（Gavina 等，2014；Pottenger 等，2014）。

非靶向分析已经成为一种常用的定性方法，其研究对象大部分是未经表征的暴露组分，包括内源性生物活性肽、外源性化学物质、脂质代谢物和其他生物分子。该分析方法可以在环境和生物体中广泛评估所有化学物质，无论是否有标准品和检测方法。非靶向分析方法具有选择性，并可以产生许多不确定。通过比较大型队列研究的不确定的分析特征及其相关反应，有助于识别进一步检测的分析特征（Burgess 等，2015）。化学信息学和计算化学可以用来确定不同置信水平的化学物质；核磁共振光谱可以高精度地识别化学结构。代谢物识别的标准（Castle 等，2006；Fiehn 等，2006；Sumner 等，2014）尚未被常规应用于非靶向分析方法，因此与化学分析特征的匹配是暂定的，特定化学物质与疾病之间的关联是不确定的。

非靶向分析方法具有广阔应用前景，但是在使用非靶向分析产生的数据时存在一定的限制，在收集数据之前应该考虑这些限制。例如，一个化学物质未经过化学特性的鉴定，则这种非靶向分析方法所产生的数据不能支持或排除该化学物质与临床效应之间的因果关系。此外，非靶向分析方法不能被量化，不能用于毒性测试，且其评估结果也不能提供暴露量的信息。尽管鉴定所有化学物质是一个非常重要的目标，但减少所要分析的化学物质的数量非常重要。例如，根据样品中的出现频率、重要化学类别以及临床结果的关联来进行鉴定，直到开发出用于识别未知化学物质的有效方法。

最初关于了解外暴露和内暴露潜在贡献的努力，使人们认识到了每一种分析方法的潜在局限性。Rappaport 等（2014）报道了许多化学物质在人体血液中的浓度、来源、代谢途径及发生慢性病风险的证据。血液中内源性化学物质、食品中化学物质以及药品中的浓度难以区分，并且跨越了 11 个数量级，血液中化学物质的浓度平均降低了约 1000 倍（见图 2-2）。尽管这些发现不能概括所有化学物质或所有暴露情景，但是血液浓度范围提示运用高灵敏性分析仪器来表征人类暴露的重要性（Athersuch，2016；Uppal 等，2016）。

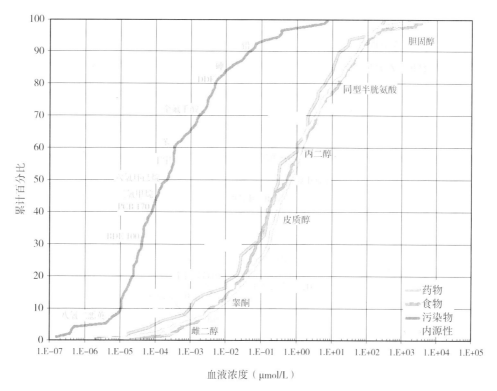

图 2-2 一项针对血液中的化学物浓度检测的调查发现，血液中药物的化学物质的浓度与天然存在的内源性化学物质的浓度相似，一般都高于环境污染物的浓度。这些发现强调了使用高灵敏性分析仪器来表征人类暴露的重要性。来源：Rappaport 等，2014。

了解风险源头和进行风险评估需要了解特定的化学物质。因此，靶向分析方法将继续成为暴露评估相关数据的主要来源。由于非靶向分析的结果仅提供相对定量或定性的暴露数据，因此不适合用于常规的风险评估。然而，当未知的分析特性可以根据毒性或药代动力学进行整合时，将会产生新的应用机会，即根据与毒性已知的化学物质的相似性进行危害评估或风险评估。

五、基于组学技术的暴露推断

组学技术可以获得生物分子的丰度，如蛋白质及其转录体，为暴露评估提供更多的应用可能。与量化内源性和外源性化学物质的特定代谢物暴露的代谢组学相比，蛋白质组学和转录组学方法提供了生物反应的全面评估数据。这些组学方法可以为某些化学物质，如氧化剂和潜在的遗传毒性物，提供生物标记或生物印记（Roede 等，2013；Go 和 Jones，2014）（Fenech，2011；Lovreglio 等，2014；Kalemba-Drozdz，2015；Moro 等，2015；Tumer 等，2016）。Wild 等（2005，2012）应用组学技术，基于生物反应（如代谢物或蛋白质的质谱变化）来推断一种或多种化学物质的暴露，但这些生物标志物通常并不能提供可用于风险评估的定量暴露信息。应用组学技术来推断暴露于应激源的种类是可行的。尽管最初的应用可能是进行暴露的定性推断和收集生物机制方面的证据，但应该扩展其应用，对一组或一类具有相同效应（如氧化或炎症）的化学物质进行定量暴露评估。

六、基于新型暴露基质的暴露重建

职业和环境暴露评估将继续依赖于基质，目前收集、分析和解释这些基质的方法已经建立。这些基质包括空气、水、土壤、食物、血液和尿液等。计算机暴露科学基础框架的拓展，即基于传统数据流来进行人体暴露评估，将继续促进传统暴露基质的数据生成（Arnot 等，2012；Shin 等，2012，2015；Wambaugh 等，2013，2014；Isaacs 等，2014）。

国家环境健康研究所儿童健康暴露资源中心科学部提出，需要促进暴露评估向新的环境和生物基质以及新方法方面发展，更多关注近场暴露以及机体发育过程中的暴露（Stapleton 等，2008；Shin 等，2012；Wambaugh 等，2014）。例如，最近对数百种化学物质的人体暴露研究显示，人体暴露主要由消费品和家庭使用导致的近场暴露所致，而不是通过将化学物质释放到室外环境后发生的远场暴露（Shin 等，2012；Wambaugh 等，2014）。对消费品中化学物质的分类和暴露评估中使用的暴露数据的汇总是近期研究的直接结果。需要继续检测和预估多媒介来源（如室内空气、室内物体表面、灰尘和消费品）中化学物质的浓度，以解决近场暴露和暴露途径中的不确定性。

胎儿期是对化学物质产生发育毒性的敏感时期，以前通常通过定期检测母体血液和尿液来推断胎儿的暴露情况。目前，研究人员转向了新的生物基质，如牙齿、毛发、指甲、胎盘组织和胎粪等，来了解胎儿对化学物质的暴露情况。这些生物基质具有一定的特性，如组织的连续沉积或增加，可以为提取化学物质暴露信息提供机会。例如，激光消融电感耦合质谱已被用于通过测量牙釉质中的钙钡比值，来重建与断奶相关的灵长类动物的饮食变化时间（Austin 等，2013）。近来，相同方法正被用于评估子宫内锰元素的暴露情况。检测了出生后期和孕中晚期牙釉质中锰的浓度，结果显示室内灰尘中锰的浓度与孕中期牙釉质中锰的浓度统计学上显著相关。有些研究人员（Andra 等，2015；Palmer 等，2015）已将这种方法扩展至检测有机化学物质，如苯酚和苯二甲酸酯。同牙齿一样，子宫内（孕期前三个月）胎儿的头发已经形成并持续增长，胎儿的头发有可能提供一定阶段的化学物质的暴露情况。头发最初广泛用于违禁药物暴露的法医分析，现在已经成为金属和有机化学物质生物监测的重要基质，如多溴二苯醚。类似的方法已经应用于指甲等其他基质（Liu 等，2015a）。

尽管上述新的基质具有很好的优势，并为暴露评估增加了有价值的信息来源，但在解释和应用方面，仍存在挑战。基于新的生物和环境基质进行的定量暴露评估，所面临的共同挑战是需要了解新基质的浓度如何与传统暴露评估的检测浓度相关联，以评估化学物质的毒性或风险。理想情况下，通过有关新基质中的浓度与常规内暴露（血清浓度 μmol/L）或外暴露（mg/kg BW/d 或 mmol/kg BW/d）的相关信息综合分析，来支持新基质的生物监测数据。新的试验数据，如体内化学物质的半衰期以及与暴露事件和过程相关的数据（如暴露后的时间），结合药代动力学模型，将有助于解释和重建利用生物监测数据获得的暴露信息（Lorber 等，2011；Ritter 等，2011；Quinn 等，2012；Wambaugh 等，2013；Aylward 等，2014；Hays 等，2015）。其他额外的暴露信息提高了生物监测数据利用率，并支持暴露评估的可信度。

七、基于生理学的药代动力学模型和系统间暴露转换模型

基于生理的药代动力学（PBPK）模型已经为暴露评估的发展提供了30多年

的实质性贡献。PBPK模型已被有效地运用于描述实验动物和人类的靶组织的暴露，表征药代动力学的变异性，并跨越物种、生命阶段、暴露途径以及生态系统等因素进行推断（MacLachlan，2010；Weijs等，2012；Sonne等，2015）。目前PBPK模型提供了一个类似于环境转归和转运模型的通用框架，可以更全面地进行暴露评估，并可应用于集聚（多途径）暴露评估（Esch等，2011；Abaci和Shuler，2015）、基于生物监测数据的暴露重建，以及体外和体内测试系统间的暴露转换。

使用PBPK模型进行暴露重建，被称为"反向计量测定"（reverse dosimetry）（Liao等，2007；Tan等，2007；Bartels等，2012；Hays等，2012；McNally等，2012；Yang等，2012；Grulke等，2013），已在生物学监测领域取得了重要的进展。现在可以根据非常有限的暴露信息[如尿液中生物监测数据（现场采样）]，应用药代动力学原理来预测内暴露和外暴露情况。可根据血液或尿液样本的生物监测数据来计算或评估暴露边界，并可用于发布监管信息。新方法还可用于评估人体行为和生理变化对暴露分布的影响（Shankara等，2014）。

通过采用PBPK模型来表征生物化学和生理的变异性的影响，尤其是代谢酶多态性在代谢和变异性评估中的作用（Beaudouin等，2010；Bois等，2010；Snoeys等，2016）的应用已有大幅度的增长，并将继续为暴露评估和风险评估做出贡献。这些进展有助于预测潜在敏感人群，如早产婴儿（Ciaassen等，2015）和儿童（Yoon等，2012）的药代动力学。最近PBPK模型已经被用于解释疾病状态相关的生理变化与化学物质对疾病的影响，以及在已发表的流行病学研究中逆向推断病因关系（Verner等，2015；Wu等，2015）。因此，PBPK模型已经成为能够支持流行病学研究推断的新型暴露研究工具。

PBPK模型主要应用之一，是被用于了解测试系统和人类的暴露情景之间的关系。具体而言，高通量体外细胞和非细胞系统用于表征化学物质和材料（例如纳米材料）的生物活性的快速发展，引发将外暴露数据转化为测试系统和人体的内暴露的需求。现在已经有各种术语来描述该应用，例如：体外-体内外推法（IVIVE），逆向毒代动力学（rTK）和反向计量学等，均基于动力学和分区方法将暴露从一个关注系统（体外）转变为另一种系统（动物或人类体内）的暴露，并且都力求质量平衡。应用PBPK模型和类似的体外测试的生物动力学模型，已经产生了可以将PBPK的建模原理应用于广泛的测试系统的重要方法（Rostami-

Hodjegan，2012；Yeo 等，2013；Campbell 等，2014；Teeguarden 等，2014；Martin 等，2015），如微生理器官系统或人类芯片系统（Esch 等，2011；Abaci 等，2015）。然而，如果不能清楚了解系统中的暴露情况，以及内暴露、人类职业或环境暴露的关系，那么该方法的应用仍非常有限，正如体外细胞培养和非细胞系统的标准案例一样。

IVIVE 模型可应用于从高通量体外系统中获得的数据来计算人体化学物质的内暴露浓度（Kesisoglou 等，2015）。该方法已应用肝细胞培养物和其他生物转化系统来检测代谢率常数，后者可用于计算人体的肝脏清除率，而肝脏是人体中化学物质代谢和清除的主要器官。通过该方法可以获得不同生命阶段或因代谢酶多态性而产生的人群易感性信息。肾脏也是人体重要的清除器官，可运用肾小球滤过率和血清中结合蛋白质水平的数据来估计肾脏清除率（Rule 等，2004；Rotroff 等，2010；Tonnelier 等，2012；Wetmore 等，2012）。肾功能的其他方面，如肾小管重吸收也可以影响清除率和各种生物标志物的水平（Weaver 等，2016）。其他组织中的代谢可能很重要，但目前尚未进行评估，因此这些系统存在一定的局限性[①]。采用计算高通量方法估计每日平均暴露量，同时结合摄入频率，可以预测人体的内暴露情况，然后可以将这些浓度与毒性测试系统的效应水平或无效水平进行比较。该方法仍有一定的局限性，例如，并没有考虑其他组织的代谢情况、转运蛋白的作用以及个体差异，而这些信息对于模型的有效应用非常重要。下一节将详细介绍暴露的代谢和遗传决定因素的新方法。

解释和应用 IVIVE 数据的主要挑战是如何认识相对浓度水平，即体外生物活性试验中给予受试物的浓度（参见方框 2-2 和图 2-3）。对细胞系统或非细胞系统的结果进行比较和推断时，通常使用测试系统中的游离浓度（溶解在水溶液）。这些局限性使化学物质的毒性比较更为复杂，并降低了仅仅基于风险评估任务而收集的体外生物分析数据应用的可信度。传统的样品提取和分析技术有时难以检测某些物质的体外测试浓度，因此体外浓度的计算模型需要被开发、评估和应用。被动给药和采样技术可能有助于解决当前分析所面临的挑战，并对体外测试系统的暴露的不确定性进行量化（Kramer 等，2010）。

[①] 委员会指出，母体血清中化学物质浓度的过度预测和潜在重要代谢物的预测不足通常是代谢认识不足的结果。

方框 2-2 测定体外测试浓度所面临的挑战

以前普遍认为体外系统中的化学物质的浓度可以被认为是静态的，并且可以由媒介浓度来表示。但目前越来越多的证据表明，这种观点在许多情况下是无效的（Gulden Seibert，2003；Gulden 等，2006；Teeguarden 等，2007，2014；Kramer 等，2012；Armitage 等，2014；Groothuis 等，2015）。例如，纳米材料是一类新兴且认识有限的潜在毒性物质，在液体系统中可发生转化（聚集和溶解），并且依赖于尺寸和密度而进行扩散或沉降，每个过程均会影响颗粒向培养细胞的转运。已经被反复证实这些过程可以影响细胞试验的剂量，并且可以影响化学物质的毒性分级。体外测试系统中化学物质的浓度可以随化学性质、测试系统和反应时间而改变。多种原因，包括化学物质的挥发性、测试系统中的分布不均（Heringa 等，2004；Kramer 等，2012；Armitage 等，2014）、代谢（Coecke 等，2006；Groothuis 等，2015；Wilk-Zasadna 等，2015）以及上述原因，均可以导致检测和估计的细胞试验系统中化学物质的浓度与预期设定的体外浓度有好几个数量级的差异。

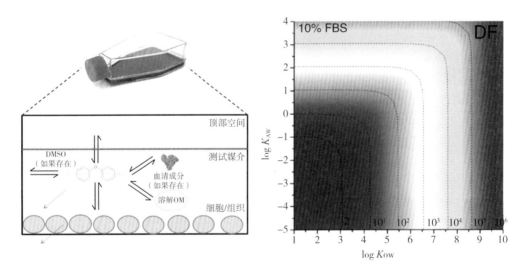

图 2-3 化学物质在体外测试系统中的分布示意图（左图）和基于体外细胞测试系统中的化学物质的消耗因子（DF，试验体系中给予浓度与溶解浓度的比值）典型属性（右图）。辛醇–水分配系数（K_{OW}）表征了从水到测试系统的非水成分（如细胞膜、蛋白质、塑料和血清）的化学分配，空气–水分配系数（K_{AW}）表征了从水进入空气或顶部空间的化学分配。在这种情况下，假设体外测试系统中存在 10% 的胎牛血清（FBS）。右图虚线是与化学性质相对应的消耗因子，表示在通常用于剂量–反应计算的给予浓度与估计的溶解浓度之间可能发生的数量级差异。来源：Armitage 等，2014。

八、评估内暴露的生物化学和生理学决定因素的新方法

代谢、细胞转运和其他控制有机体中化学物质的消除和分布的过程,是暴露科学、数据解释和风险评估中需要重点考虑的方面,也是重要的挑战。代谢是化学物质在机体内停留时间的决定因素,可导致毒性物质产生的增加或减少。因此,代谢在化学物质暴露评估和危害评估方面起着重要的作用(Leung 等,2012)。代谢率的准确检测对理解和表征不同物种之间的代谢差异以及体内和体外测试系统之间的差异,以及了解变异程度及其对易感性或抗性的影响至关重要。计算方法(PBPK、rTK 和 IVIVE)可以将化学物质的体外代谢率转化为预估的清除率(wilk-zasadna 等,2015),并对物种和系统之间的差异进行定量的暴露评估。

高通量的体外测试可以用来研究代谢情况,目前该技术已覆盖许多涉及化学代谢的酶及其异构体,包括 I 相细胞色素 P450 酶和多种 II 相酶(Tolonen 等,2015)。直接测试酶的活性可以补充基因组方法的数据,后者可以表征多态性对代谢的影响。采用化学探针的新型蛋白质组学工具也可用于直接检测组织和细胞培养物中特定的酶的代谢活性(Cravatt 等,2008;Sadler 和 Wright,2015)。例如,最近有文献证明(Crowell 等,2013;Sadler 等,2016),基于活性探针法比单独测定转录物或蛋白质水平能更好地定量某个酶的相对活性,从而可以补充常规代谢试验的数据。其他体外代谢测试系统,例如使用肝细胞和肝微粒体的代谢测试系统,以及将代谢率和代谢途径转化为体内清除率的计算模型将继续发展(Fitzgerald 等,2015;Hutzler 等,2015;Liu 等,2015b)。用于测试和解释肝细胞代谢率的高通量系统已经从医药领域扩展到了环境化学物质中(Wetmore 等,2014;Yoon 等,2014)。然而,要将这些方法成功地应用于化学物质中,提高合成化学标准品和试验材料的能力将是至关重要的。

随着基础的肝脏代谢数据的增加,预测化学物质动力学和内暴露系统的其他限制将变得越来越突出。肝外代谢,如肾、胃肠道和肺中的代谢可能十分重要,但在大多数外推法中尚未得到解决。此外,体外使用的代谢细胞和体内系统之间的代谢能力的差异也可能影响代谢程度、活化代谢途径和产生的代谢物(Kolanczyk 等,2012)。评估潜在代谢产物生成的新兴工具和多种复杂的体外代谢系统的细胞类型是对抗挑战的有效解决方法。QSAR 模型可以预测肝脏和血浆等组织中的代谢和清除率(Berellini 等,2012;Hsiao 等,2013),也是获得人体代谢信息的有效方法(Obach 等,2008;Wishart 等,2008;Arnot 等,2014)。

药物基因组学分析已经成为一个非常有价值的方法,可以用来表征影响药物

和环境化学物质吸收、分布、代谢和排泄（ADME）的基因的个体和群体变异性。ADME过程的变化是内暴露变化的重要来源。基因测序技术的最新进展为快速从个体和群体水平鉴定单核苷酸多态性影响代谢、转运和清除过程，影响个体内暴露模式提供了前所未有的发展潜力（DeWit等，2015；Heather等，2015；McGinn等，2016）。最近，在泰国人群中检测和表征了文献报道的具有ADME作用的1936个蛋白质的基因多态性频率，并与其他种族的研究结果进行了比较（Jittikoon等，2016）。也有文献报道，美国黑人和其他种族的基因多态性的差异性更大（Li等，2014；Ortega等，2014），可以从个体和群体水平上广泛评估ADME的相关基因多态性，并从个体水平预测内暴露的潜能。全面表征人群中ADME相关基因及其多态性，提高对其功能的了解以及与暴露和毒性的相关性，将有助于解决风险决策过程中的人群易感性问题。委员会注意到，PBPK模型已经被用于预测人群血清浓度的分布，但是目前仅用于少数代谢酶（EPA，2010）。

另一个需要考虑的重要过程是细胞转运，转运蛋白可影响组织和细胞内化学物质的浓度。药物和环境化学物质是转运蛋白的底物（Fardell等，2011），转运蛋白对靶器官的内暴露有重要的影响（Wambaugh等，2014）。目前用于预测转运蛋白与化学物质相互作用的QSAR模型（Sedykh等，2013）和体外测定方法（Xie，2008）已经被开发，可以考虑将转运蛋白整合到内暴露测定中。

应用以上描述的新工具可检测和计算内暴露的生物化学和生理学决定因素，将改善暴露评估，最终支持将体外方法、计算方法和体内方法成功地整合到风险评估中。

第二节　暴露信息和暴露评估的可信度

传统方法和上述的新兴方法中获得的暴露数据覆盖了从源头到暴露终点的全过程（NRC，2012）（见图2-4）。在某些情况下，更接近应激源作用部位的暴露量可以更好地将暴露与毒性作用相关联。例如，土壤中某种化学物质的浓度与人体暴露土壤后该化学物质产生毒性作用的关系，可能受到个体的暴露频率、作用模式和代谢的差异的影响。而测定人体血液或组织中化学物质暴露水平可反映整个过程这些因素的共同作用情况，有些指标与毒性作用更为直接，如化学物质与生物受体（细胞器、蛋白质或DNA）之间的相互作用。然而，采用土壤和空气中化学物质与生物制剂的含量数据来评估外暴露的不同来源的贡献率也不容忽视，这是因为较少的过程（吸收、代谢和人类活动模式）可能会掩盖血液和尿液中的化学物质暴露量与来源的关系。然而，委员会提醒，在流行病学研究中，在研究暴露与效应之间的关系时，内暴露并不比外暴露更具优势。大量研究显示了外暴露检测对流行病学的作用。事实上，外暴露有时可能会优于内暴露，例如，当两者呈一定比例时，外暴露数据更容易获得。此外，外暴露与实际的暴露途径更接近，如皮肤过敏。选择外暴露还是内暴露的检测，应考虑其各自的优缺点以及暴露评估的目的。理想情况下，暴露数据应在图 2-4 所示的整个图谱范围内获得，目前已经开发了量化内外暴露关系的方法，以便能够在连续体的任何点上使用暴露数据。

图 2-4　暴露检测是从来源到结局整个过程的多个点连续进行的。应用暴露数据的价值，例如来源评估和缓解以及公共健康影响的评估，可能取决于来源到结局整个过程中的位置。应仔细考虑通过平衡成本、暴露途径和研究的相关性来选择暴露检测。例如，尽管内暴露可能与产生不良作用的事件直接相关，但外暴露检测可能与进入机体的途径更为相关，并且成本-效益更高。来源：NRC，2012。

目前暴露评估的质量也发生了很大的变化，从依据有限信息进行的初步筛选评估，发展到采用有效的暴露标志物开展的多途径、多个暴露源的评估以及较大规模人群纵向暴露评估。暴露数据的质量和应用背景是采取决策措施的重要考虑因素；

数据质量可以通过评估多行数据或证据的准确性、完整性、适宜性、透明度和一致性来确定（WHO，2016）。暴露评估或暴露数据所需的可信度与数据采集的成本相关联，并由问题描述中的决策背景所决定。在某些情况下，具有较大不确定性的暴露数据经过筛选后也可能具有足够的准确性来支持监管机构做出的重要筛选决策，这可能也是最有成本效益的方法（Wambaugh 等，2013，2014；WHO，2016）。在这种情况下，透明度对于提供暴露评估结论的解释和可信度至关重要，而通过认真记录以及提高报告数据质量和完整性可以确保提高透明度（WHO，2016）。采用基于数据较少的计算暴露估计可能是一个可行的应用案例。该方法可被用于做出初步的决定，确定不同应激源评估的优先级，以改进暴露评估、毒性评估或流行病学评估。相同的数据也可能有助于初步确定化学物质的新用途，或将其纳入新的或现有的产品中或从新的或现有的产品中除去。在某些情况下，暴露评估的不确定性、敏感性和变异性分析可能表明，产生毒性作用的暴露量超出了可信范围，暴露评估可能足够支持具有潜在风险的决策。目前该领域已逐渐获得数以千计的化学物质的暴露数据以及成本效益筛选分析数据，其中具有详细描述评估质量和相关限制（如通过模型评估和敏感性分析）的报告的那些化学物质将具有更高的评估优先级。如上所述，随着计算暴露检测工具的开发和应用，目前已成功应用于基于风险评估或暴露评估的决策方面，相同的质量评估方法将应用于环境暴露评估，如应用美国 EPA 或世界卫生组织（WHO）的指南来评估模型（WHO，2005；EPA，2009，2016a）。

WHO 和美国 EPA 的暴露数据评价和暴露评估的指南以及已发表的文献，更侧重于确定数据质量，而不是建立、整合各种数据流的可信度。例如，尚未讨论将新兴的数据流（如计算暴露数据）与传统数据（如血液和尿液的生物监测数据以及空气采样数据）整合在一起。图 2-5 给出了评价暴露数据质量和整合多种类型数据通常需要考虑的因素。根据 WHO 提出的适当性、准确性、完整性和透明度四个属性来划分的暴露数据质量也适用于图 2-5，但是还需考虑数据的一致性以及每项检测在整体暴露评估描述中与其他检测的相关性。尽管计算暴露评估被认为可能不如直接检测值的可信度高，但在进行适当性和准确性评估时，计算暴露评估的数据的质量可能更好。例如，采用未经验证的分析方法进行的直接暴露检测，可能会受到样品污染物的影响，可能没有考虑外暴露量和半衰期，或者可能在某些决策背景下应用缺乏必要的时间分辨，因此未经验证的直接暴露检测的价值不及已验证的暴露基质的间接/替代检测数据。类似地，计算暴露评估可能对某些决策背景较为有用，特别是基于广泛的试验数据（包括药代动力学、总外暴露和外暴露模式），或在显示整个系统的质量平衡时发挥作用。当多种暴露评估方法一致或连贯时，暴露评估的可信度都会增加，并且当直接检测、间接检测和计算推导的暴露估计或模拟的数据一致时，可信度会达到最高值（McKone 等，2007；Cowan-Ellsberry 等，2009；Mackay 等，2011；Ritter 等，2011；Teeguarden 等，2013）。检测数据流与预测数据流之间的一致性可以增强对每种测定方法的可信度。暴露评估（外暴露和内暴露）与模型模拟结果（如浓度重叠或概率分布浓度）之间具有一致性时，暴露评估的可信度更高，并且可以更好地做出基于风险的决策。虽然暴露检测的一致性可能是暴露数据质量的标志，但并不需要进行多次相同的暴露检测来确保决策所需达到的质量水平。

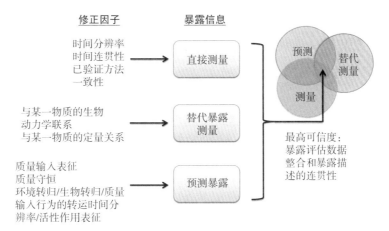

图 2-5　暴露途径和相关暴露决定因素的全面表征可增加可信度。应激源的直接测量的可信度可能更高。例如，在作用位点，如果直接检测并没有考虑重要的修正因子，那么考虑这些修正因子的替代暴露检测或预测暴露检测的可信度可能会更高。当多个暴露评估方法或多个暴露检测的数据具有一致性时，尤其是考虑了不同的暴露评估指标，其可信度最高。暴露数据和评估所需的可信度取决于数据的采集成本和决策背景，许多决策并不需要最高级别的可信度。

在决策过程中考虑暴露评估的质量和可信度是十分重要的，特别是当通过个体采样数据和通过新的暴露基质（如骨骼、牙齿和头发）获得新的暴露数据流时。使用新的暴露数据流的可行性较高，但目前尚未对其进行过仔细评估，没有与其他类型的暴露评估数据比较，也没有将新的暴露检测结果与生物组织（例如，靶点或来源）的适当水平联系起来，因此尚缺乏对其应用的可信度或难以保证最佳应用。

制定相关指南的目的在于提高风险评估中计算暴露数据的可信度、透明度和重复性。目前已经制定了 QSAR 模型预测化学性质和毒性的指南（OECD，2007），环境转归和暴露模型指南（EPA，2009；Buser 等，2012）和药代动力学模型指南

(McLanahan 等，2012)。随着新的暴露基质的出现，整合各种暴露量化指标并理解其价值和相互关系将是非常重要的。

第三节 暴露科学的应用

为提供新的暴露科学数据流对决策制定的实际应用指导，以下部分详细描述了暴露科学数据流对暴露评估和基于风险的决策的近期和远期的影响（见方框 2-3）。每个应用均采用了本章前面部分介绍的一项或多项进展，为决策提供新的基础信息、改善暴露数据或提供新的暴露数据。

方框 2-3　暴露科学的高价值应用

- 测试系统和人群之间的暴露校正
- 为流行病学研究改进暴露评估
- 基于暴露的筛选和优先级设定
- 设别需要毒性测试的新化学物质的暴露
- 预测暴露以支持新的化学物质的注册和使用
- 识别、评估和减轻暴露来源
- 评估累积暴露和混合物暴露

一、测试系统和人群之间的暴露校正

比较不同试验系统的生物反应是风险评估的重要步骤之一。例如，风险评估者需要依据不同暴露检测来校正毒性数据，例如体外系统中受试物浓度或细胞浓度、空气浓度、吸入量，或啮齿动物研究和人体生物监测研究中的给予受试物的剂量。在整个测试系统中观察到的效应的特异性、敏感性和一致性是支持暴露相关的危害和风险结论的基础。为了充分比较不同测试系统的反应，暴露（浓度）需要以一致的（或可比的）计量单位来表示，并适当考虑化学物质存在的基质。例如，体内全血中化学物质的浓度可能不同于体外测试系统中的总浓度，尽管每个系统的水相中的游离（溶解）浓度可能是相同的。因此，不同测试系统暴露的一致性是比较暴露-反应关系以及一致性评估的重要步骤。随着体外系统、器官系统或共培养系统逐渐取代传统的动物研究，研究人员可以在更多的测试系统中开展暴露研究，可

以通过多种类型的暴露来比较生物学效应。例如，可进行非细胞试验、细胞试验和啮齿类动物吸入试验研究三个跨系统的生物学效应的比较：非细胞系统的游离浓度，细胞系统的游离细胞浓度，以及啮齿类动物靶细胞中的游离细胞浓度。实际上，体外测定中的游离浓度与啮齿动物试验或人类研究中的血清浓度通常被认为是基于生物效应的适当暴露检测。然而，有些情况下血清浓度不能很好地代替组织浓度，例如当转运蛋白可以促进组织吸收和排出化学物质时（Koch 等，2012；Wambaugh 等，2014）。委员会强调，任何用于校正不同测试系统暴露浓度的指标，应考虑可能影响数据可信或解释的测试系统的条件。例如，化学物质的浓度是在稳态还是动态条件下测定？是化学离子吗？在这种情况下，必须考虑 pH。

每个试验系统和人类的暴露情况均有一套独特的过程来控制或影响作用部位的暴露时间、持续时间和暴露程度（见图 2-6）。许多过程具有生物动力学特点，可以通过传统的方法来测定。通过检测、计算或模拟共同的作用点的化学物质的暴露情况，可表征每个测试系统的这一过程。相同的暴露指标（如游离浓度或细胞浓度）是比较不同测试系统的理想选择。目前化学效应测定方法已被用于生态风险评估（Mackay 等，2011；Gobas 等，2015），因其可以整合多种媒介的暴露数据流

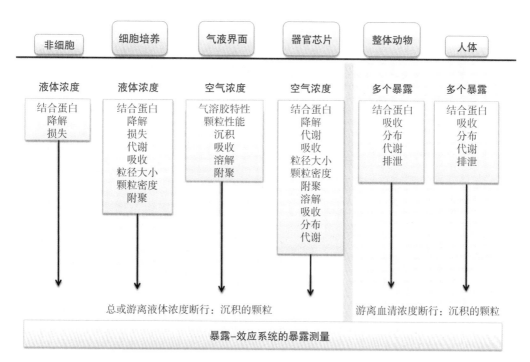

图 2-6 通过理解、检测和应用这些信息，可以实现在各个测试系统中控制化学物质和颗粒向靶细胞转运的时间和浓度的过程，从而实现整个毒性试验检测系统的暴露校正。共同的靶细胞暴露指标可以是总浓度或游离浓度，峰浓度或浓度–时间曲线下的面积。

（检测和预测）和毒性数据流（体外和体内），并将其纳入具有相同计量单位的框架中，可能有利于开展人体健康评估。如果其他暴露指标基于受关注的观察终点的药代动力学、物理化学和生物学等进行了充分的校正，这些指标也可能适用于某些决策中。

在数据不足或数据充分的条件下，测试系统之间均可以进行暴露校正。测定肝脏和肾脏清除率的高通量方法可以提供评估人体血清中化学物质浓度所需要的数据，从而与细胞培养物中化学物质的浓度进行比较。该方法可解决数据缺乏的极端情况，如通过有效的体外试验和计算方法来克服数据方面的限制。最近，有文献报道了在数据充分的条件下的不同测试系统（包括体外测试、全动物研究和人体生物监测数据）的暴露情况比对的案例。多项研究检测了人体尿液和血清不同时间段的双酚A（BPA）的浓度数据，提供了充分的药代动力学数据，显示了血清和尿液中BPA浓度之间的关系（Teeguarden等，2011，2015；Thayer等，2015）。该结果被用来推算28 000多人（已报道尿液中监测数据）的血清BPA的浓度范围，所得血清BPA浓度范围直接与低剂量BPA细胞培养和水生物研究中的液体浓度相比较（Teeguarden等，2013，2015）。人体生物效应的结论是通过人体生物监测和两种不同的测试系统（脊椎动物和细胞培养系统）的暴露来确定，这些测试系统使用同一暴露检测来了解靶组织的暴露情况。虽然在该案例中结合蛋白的问题没有被描述，但是为啮齿动物测试系统、体外测试系统和人类开发的BPA和其他雌激素的数据和工具目前已经被开发（Plowchalk等，2002；Teeguarden等，2005；Teeguarden等，2004）。

另外一组挑战制约了颗粒和纳米颗粒的体外和体内测试系统之间的暴露校正。颗粒物在啮齿类动物和非人类灵长类的呼吸道中的沉积，受物理过程（重力、扩散和撞击）、呼吸模式、呼吸道结构（大小、分支模式、立体形状）和颗粒特征（大小、形状和密度）的影响。这些因素同样也影响细胞培养系统中靶细胞的重力、扩散转运以及最终的颗粒沉积，以及附聚能力、颗粒大小、形状和密度，聚合物的大小和密度，媒介的厚度，扩散能力（Teeguarden等，2007；Hinderliter等，2010；Cohen等，2014；DeLoid等，2014）。直到最近，有研究对体内和体外测试系统中不同暴露模式的颗粒的毒性数据进行了比较，例如空气浓度、液体细胞浓度，以及不同系统中潜在生物效应之间的关系（Sayes等，2007）。最近，靶细胞剂量的直接检测变得更加普遍。此外，随着计算工具的出现，可以捕获溶液中颗粒的独特的动力学特性（Hinderliter等，2010），支持性试验方法也越来越普遍（Davis等，2011；Cohen等，2014）。应用类似的工具可以检测或计算吸入暴露后肺组织的颗粒剂量

（Anjilvel 等，1995；Asgharian 等，1998；Asgharian 等，1999、2001、2006、2012；Asgharian，2004；Asgharian 等，2007），目前也开发了用于比较颗粒毒性的体外和体内模型（Teeguarden 等，2014）。体外和体内测试系统所观察到生物学效应的一致性可以通过比较与生物学相关的暴露量来衡量。例如，当在体外和体内测试系统中比较氧化铁纳米颗粒物或细胞的暴露情况时，结果发现氧化铁纳米颗粒可引起体外巨噬细胞和小鼠体内肺巨噬细胞相同细胞因子的表达。

新方法的研究和开发以及现有方法的频繁应用，可以建立统一的、合适的生物学检测方法，用于测试不同试验和受体系统的毒性作用，这些研究对于暴露科学来说是潜在的高价值应用。

二、为流行病学研究改进暴露评估

生物学病因相关的生物学的作用位点或替代物（如血清）的作用部位，如果有明确的暴露检测结果，同时结合健康结局的相关信息，可以加强基于流行病学证据的因果推断。虽然此说法是基于药理学的基础理论，但是在评估疾病与病因的关联性或推断因果关系方面，内暴露并不一定比外暴露要好。目前外暴露比较完善，在某些情况下要优于内暴露，例如涉及暴露途径影响或大规模人群暴露评估，内暴露评估往往是不切实际的。通过减少或消除暴露的错误分类，拓宽暴露评估，有助于确定可能是病因或混杂因素的新化学物质，这将极大加强流行病学研究的解释，并提高其在公共卫生决策中的应用价值。

暴露科学领域的进展有助于改进流行病学研究中的暴露评估。高通量的靶向和非靶向分析工具以及暴露评估的新基质（如头发、牙齿和指甲）有望共同为更多化学物质提供更多相关的暴露评估数据，并可扩展在整个生命周期进行暴露评估。新的外暴露的高通量计算暴露模型将通过扩展的生物监测项目来提供暴露评估数据。个人生物监测仪和腕带传感器（O'Connell 等，2014a，b）为描述个体暴露提供了非常好的机会，可提供时间和空间数据，以了解暴露模式、变异性、行为和活动水平对暴露的影响。而且，PBPK 模型可以通过以下方式改善暴露评估：

- 基于药代动力学理论，通过有限的生物样本数据，重新进行暴露评估（Tan 等，2006、2012；Yang 等，2012）。
- 将外暴露或生物监测数据转化为更具生物相关性的内暴露（Teeguarden 等，2013）。
- 通过清晰描述化学物质诱导的疾病的生理变化次序，减少流行病学研究中反向因果关系的可能性（Verner 等，2015；Wu 等，2015）。

● 直接或通过应用药物基因组学方法来表征人群的变异性（Teeguarden 等，2008；EPA，2010；Ginsberg 等，2010）。

通过直接的人群生物监测或与计算工具相组合，可获得更多的内暴露信息，对于提供人体作用部位（组织或血液）的暴露水平是十分有价值的。这些信息可以与动物研究和细胞培养研究中的检测结果进行比较，可能加强流行病学研究的因果推论。

三、基于暴露的筛选和优先级设定

几种基于暴露的优先级设定方法已经被成功研发，这些方法受益于新兴的暴露科学工具和数据流。在基于暴露的方法中，暴露分类顶层的化学物质（有额外的分层毒理学、危害或风险评估信息）比底层的化学物质具有更高的优先级；这里提供了一个重复的、透明的、基于信息的框架，为决定测试优先次序提供信息（Egeghy 等，2011；Wambaugh 等，2013，2014）。欧洲食品安全局（EFSA）和世界卫生组织（WHO）已经综述了毒理学关注阈值（TTC）方法，认为其可作为筛选和确定评估重点的工具，可用于毒性数据不足、人体暴露水平可估计的化学物质的评估（EFSA，2016）。TTC 方法主要作为一种评估暴露量较低的化学物质的筛选工具，需要进一步提供更多数据来评估人类健康风险[①]。在有特定要求的某些情况，在满足欧洲化学品注册、评估、授权和限制法规的情况下，可以考虑使用"基于暴露的毒性测试豁免"或"基于暴露的信息需求适应性"等方法（Vermeire 等，2010；Rowbotham 等，2011）。基于暴露的毒性测试豁免方法也被用于建立化学物质的可接受暴露水平，如仅需要提供一般毒性数据，而不需要特殊毒性数据。这些方法可以代表完整暴露和危害数据，做出化学物质暴露对于公众健康影响的初步判定。在数据不确定性和变异性的允许范围内，可以做出低于预先设定的"临界水平"的较低潜在暴露风险的快速决定（Vermeire 等，2010；Rowbotham 等，2011）。某一类别化学物质的累积暴露可能会提高化学物质的评估优先级，这也是暴露数据改善的结果。警示结构和 TTC 阈值可用于该评估筛选中，从而补充基于暴露的决策。美国 EPA 最近发布了室内粉尘样品的非靶向和靶向化学分析整合方法，基于暴露和生物活性数据，对化学物质进行了排序，以确定需进一步开展生物监测或毒性测试的化学物质。如图 2-7 所示（Rager 等，2016）。

---

① 委员会指出，TTC 方法采用一系列化学物质来建立毒性分布，从而被用于推导 TTC 值。TTC 方法筛选化学物质的能力主要取决于建立分布的化学物质的毒性是否能代表所关注的化学物质的毒性。

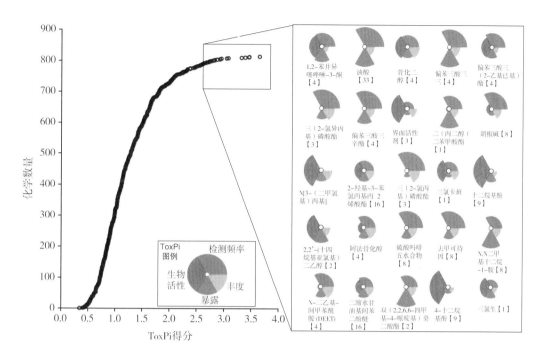

图 2-7 粉尘样品的非靶向和靶向分析方法获得的数据,与毒性数据相结合,对化学物质进行排序,确定需进一步分析和测试的化学物质。来源:Rager 等,2016。转载许可;版权 2016,*Environment International*。

在进行暴露评估时,多数商业性化学物质的生物监测数据和环境监测数据一般是缺失的或不足的。本章介绍的高级生物监测、个体监测和计算暴露科学工具的应用,可以支持高通量暴露评估筛选和基于暴露的优先级设定,以便进行后续的毒性测试。暴露模型可用于筛选大量商业性化学物质,并为没有或只有极少数毒性测试数据的某种或某类化学物质确定优先级(McLachlan 等,2014)。然后,人类和环境介质中浓度较高的化学物质可以用于识别毒性数据缺失和确定毒性测试的优先级。委员会指出,仅以暴露为基础的优先级,可能会将基于毒性或风险的优先级较高的化学物质确定为较低的优先级。

将高通量数据应用于风险排序,是暴露数据在化学物质优先级设定的重要应用。最近在高通量毒性评价方面的最新进展,特别是 ToxCast 和 Tox21 项目(见第 1 章)以及高通量计算暴露评估的进展(Wambaugh 等,2013,2014),有助于利用暴露边界法进行基于风险的第一层筛选评估。暴露边界值是人体暴露量与产生毒性作用(或生物活性)的剂量的比值(Wambaugh 等,2013,2014;Wetmore 等,2013,2014;Shin 等,2015)。在 Wetmore 等(2012)和 Rotroff 等(2010)工作的基础上,Shin 等(2015)通过暴露数据与体外生物活性数据(生物活性商)的定量比较，展示了一种用于筛选和确定化学物质优先级的高通量方法，这与风险优先级设定中使用的暴露边界法类似。该研究利用计算暴露模型来估算人体摄入率，利用毒代动力学模型将 ToxCast 毒性数据进行了体外到体内的外推，并由此确定了 180 种化学物质中有 38 种化学物质的总暴露量大于或等于一定的经口预期暴露量，该预期暴露量可导致人体血液浓度与体外毒性测试系统中 50% 发生毒性作用反应的浓度相当。

代谢能力差异引起的人群的变异性评价已被纳入该过程中（Wetmore 等，2014）。通过暴露评估筛选方法所建立的暴露边界值可用于一组化学物质的优先级设定。然而委员会指出，这种方法的限制需要被考虑（见"评估内暴露的生物化学和生理学决定因素的新方法"一节）。虽然超过体外试验产生效应的人体预期暴露量可能提示并不存在健康风险，但是低于体外试验产生效应的人体预期暴露量可能并不能保证完全没有风险。委员会认为计算暴露科学的应用是非常有价值的，在基于风险的情况下确定和比较化学物质的优先级方面是十分可信的。

大量现有的化学物质的人类暴露数据将为筛选化学物质，以及确定危害测试和毒理学机制研究的剂量设计提供重要的新数据。危害评估和机制研究的体外高通量方法的快速发展和使用，提供了越来越多的机会来测试化学物质在人体暴露的生物活性，该人体暴露量低于传统毒性测试研究中通常使用的剂量。体外测试系统很少受到统计效能的限制，且成本低，比整体动物研究需要更少的伦理因素的考虑，较传统动物研究更适合于暴露水平较低的毒性测试。然而，最近有动物研究将人体暴露信息应用于动物体内毒性测试。例如，有研究将染料木黄酮和合成雌激素的人体暴露水平或接近人体暴露水平，用于动物毒理学试验（NTP，2008；Delclos 等，2009，2014；Rebuli 等，2014；Hicks 等，2016）。这些动物研究是根据在动物预试验中获得的血清浓度，同时考虑药代动力学模型的估计值以及人体血清浓度检测值或估计值，最终确定正式动物试验的剂量水平。在某些情况下，使用靶组织或生物样本（如血清）的浓度水平可能比使用外暴露量更有意义。因此，有必要应用本章所描述的众多新的工具，如扩展的生物监测、新的生物基质和高通量计算暴露模型，来指导毒性测试的剂量设计（Gilbert 等，2015）。

四、识别需要毒性测试的新化学物质的暴露

暴露组学的总暴露包括已商业使用的已注册的化学物质及其在环境和代谢过程中的降解产物，以及内源性化学物质。传统上，毒性测试侧重于满足化学物质注册的法规要求，而不是其降解产物、代谢产物或内源性产生的类似化学物质。未经测

试的化学物质的识别已成为美国联邦政府资助的暴露科学项目（例如儿童健康暴露分析资源）的主要目标。随着高通量非靶向分析的发展，暴露科学在暴露评估中发挥更加重要的作用（Fiehn，2002；Park 等，2012；Go 等，2015；Mastrangelo 等，2015；Sud 等，2016）。结合环境降解研究所识别的新的化学物质，高通量靶向分析方法也有助于毒性测试的剂量设计。例如，俄勒冈州立大学超级基金研究项目的研究人员最近发现了新型氧化和硝化多环芳烃（采用传统修复方法生产），并对这些环境降解产物进行了毒性测试（Knecht 等，2013；Chibwe 等，2015；Motorykin 等，2015）。最近，美国 EPA 与科研学者共同合作，研发并发表了房屋粉尘中 ToxCast 化学物质的非靶向分析和靶向分析（检测特定的靶向分析物）的工作流程，并将化学物质检出率作为暴露评估优先级设定的依据，如图 2-8 所示。委员会将非靶向和靶向分析看作是一种创新的方法，可以用来确定和设定化学物质的优先次序，以进一步评估其暴露风险，进行危害测试和风险评估，从而补充目前以危害为导向的模式。

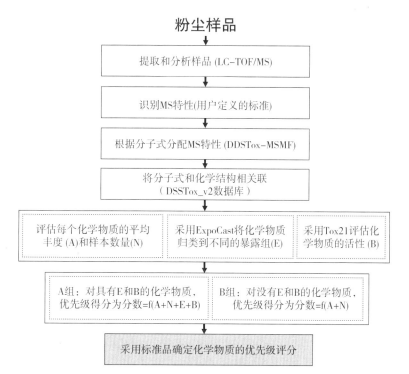

图 2-8 通过房屋尘埃暴露组学的非靶向和靶向分析来进行化学物质优先级设定和测试的工作流程。注：DSSTox-MSMF，分布式结构-可检索的毒性数据库-质谱分子式；LC-TOF/MS，液相色谱-飞行时间质谱；MS，质谱分析。来源：Rager 等，2016。转载许可；版权 2016，*Environment International*。

五、预测暴露以支持新的化学物质的注册和使用

每年有 1 000～2 000 种化学物质被商业化（EPA，2004）。对于新批准使用的化学物质，暴露评估需要预测可能的环境浓度或估计预期使用的人体每日暴露量，这并不是常规的决策过程的一部分。以甲基叔丁基醚为例，这种已批准使用的气体添加剂未计算其环境转归和转运，后来发现在环境中广泛分布，这提示了预测暴露建模的重要性（Davis 等，2001）。最近 NRC 的《化学替代物选择的指导框架》报告中指出，尽管暴露的重要性已被广泛认知，但仍有许多化学替代物的选择框架低估了其作用，侧重于化学物质的危害评估（NRC，2014）。委员会建议，要加强对暴露评估的比较，并指出只有预计关注的化学物质与其替代物的暴露途径和浓度没有本质区别时，危害评估才应成为重点；也就是说，不应自动认为具有等量的暴露。而且，当无法获得高质量的暴露分析数据时，委员会建议需要更好地依靠物理化学数据和建模工具，这有助于预测环境中污染物的分布以及其稳定性、生物蓄积性和毒性的潜力。虽然同时获得危害和暴露的数据的方法是首选的，但取决于决策背景的主要基于暴露数据或危害数据的方法仍然是有价值的。

预测化学物质的性质（环境或组织中的分布性质）和稳定性（降解和代谢半衰期）的工具以及推荐使用场景可用于设定暴露模型的参数值，以预测整个生命周期，以及当地和全国范围的环境介质中和人体内的化学物质的浓度。化学物质的预测浓度可以用于指导毒性测试的剂量设计，并可以与基于风险的评估的新的毒性数据进行比较。根据生物降解的可能性，绿色化学模拟项目可用于待选化学物质的筛选（Boethling，2011）。待选化学物质也可以通过更全面的涵盖环境转归和转运以及使用场景（释放模式和数量）的方法进行筛选（Gamaeta，2012）。当模型和工具涵盖所评估的化学物质，或工具已被证明可以有效预测具有类似特性（如化学结构或使用类别相似）的化学物质的转归和转运时，预筛方法的可信度是最大的。因此，有必要利用已有的商业性化学物质的数据来系统地测试和评估暴露建模工具和数据流，从而保证用于新的上市前化学物质的已有和新兴工具使用的可信度。

六、识别、评估和减轻暴露来源

对于有多个暴露途径的化学物质来说，识别和排列暴露来源以降低暴露水平可能是一个挑战。暴露模型可以用来重建和识别特定应激源的暴露来源、行为和途径。将新兴的计算暴露工具用于追踪暴露源的成功案例是消费品暴露模型（Gosens

等，2014；Delmaar 等，2015；Dudzina 等，2015）以及将远场和近场暴露合并用于人体积聚暴露的暴露模型和框架（Isaacs 等，2014；Shin 等，2015）。例如，Shin 等（2014 年）将 9 种化学物质的暴露模型和人体生物监测数据相结合，从而估计与暴露途径相对应的各种化学物质的暴露量的比例。这些模型可以有针对性地制定策略，以减少或几乎消除特定应激源的暴露。对于一些化学物质，如药品和个人护理产品中使用的化学物质，主要的暴露途径和化学物质使用率相对较为明显，如有必要，消除源头可能相对简单。

包括个人传感器在内的传感器技术与 GIS 数据系统的结合，为识别暴露来源提供了新的方法。个人传感器（例如基于手机的硫氧化物和氮氧化物传感器）使用本地 GIS 系统收集实时暴露数据，可用于识别暴露量高的位置以及暴露的源头位置。通过绘制污染物浓度图并确定可能与污染源相关的暴露模式，遥感技术可以确定某一区域或较大人群规模的暴露量高的位置和污染源的位置。

一些化学物质和材料在生产和使用停止后很长时间仍不能很好地被降解，并长期在环境中残留。一些高持久性的化学物质在人体内也有很长的停留时间。在采取措施后，暴露仍可能需要几年或几十年的时间才会大幅下降。因此，对于高度持久和有不可接受风险的化学物质，在采取减轻措施后仍应给与高度重视。用于筛选环境介质中化学物质降解速率的模型和试验研究，以及在环境和人体中的总持续性数据，均可用于识别上市前的持久性化学物质，并通过寻找替代物来防止或减轻其潜在的暴露。

新兴的暴露评估工具也可用于减轻化学物质（尚不能保证准确识别的）的暴露来源。具体而言，环境样品（空气、灰尘、水和土壤）的非靶向分析可以与生态或人体生物监测样品的分析数据相结合，以选择关注的内暴露的分析特征。在环境样品和人类样品中的化学物质的相对浓度或检出率的地理图谱也可以识别暴露来源，从而有助于明确化学物质的分类。

七、评估累积暴露和混合物暴露

人类、动物、植物和其他生物暴露于多种应激源，这些应激源因空间和时间的不同而不同。传统的毒性测试大部分是基于单一化学物质进行的，所以在评估混合物短期或长期暴露时存在很多不确定性，这是化学物质评估的一个公认的问题。随着暴露数据流和高通量毒性筛选技术的发展，为更好地解决混合物暴露相关的不确定性提供了机会。直接或间接使用从人体组织或人类暴露的环境介质所获得的检测数据，可以用于设定毒性筛选和测试中混合物的相关浓度。例如，使用人体内（植入硅胶体）持久性有机污染物的浓度，可以用来确定和测试混合物的毒性（体外试验中提示的毒性)(Gilbert 等,2015)。也可以使用环境监测数据(水样中化学物质的浓度)形成暴露矩阵,从而确定进行毒性测试的暴露混合物组合(Allan 等,2012),包括反映人群变异性的环境化学混合物浓度的方法(Abdo 等,2015)。本专著中提到的分析化学方法已经取得了重大进展,正在采集化学物质累积暴露方面的更完整的数据。个人采样设备(如腕带和空气采样设备)可提供复杂的个体累积暴露数据。基于作用机制的化学混合物的累积暴露评估工具,可以结合累积暴露的真实检测数据,来更全面地评估累积暴露的影响。

可以把用于单一化学物质的集聚暴露模型计算结合起来,以获得对混合物累积暴露的估计,例如,使用产品中化学浓度和产品使用率数据库所支持的消费品暴露模型。暴露模型计算可用于处理混合物暴露和潜在毒性,这种方法需要混合物毒性数据或混合物毒性模型来进行基于风险的评估。在这种情况下,对化学混合物暴露进行基于风险的评估在理论上是可能的。暴露计算的可靠性和可信度需要进一步评估,而且累积风险评估中代谢物和非应激源的评估方法也需要进一步解决。

第四节　关于暴露科学发展的挑战和对策

促进暴露科学的主要目标是建立对暴露评估的信心,这需要通过减少风险评估的不确定性来实现。最好方法是,发展和进一步整合监测、检测和模型等数据,并协调测试系统、多媒介环境和人类之间的暴露。增加监测项目中化学物质的数量可以帮助评价和改进暴露模型,并开发新的方法来整合暴露数据,以形成一个初步和实用的途径。然而,仅通过增加环境监测数据并不足以促进暴露科学的发展。解释监测数据并应用风险评估中的暴露数据,将需要持续开发暴露评估的工具和数据,如化学质物转归和转运模型、PBPK 模型,以及化学物质的数量和使用、分区性质、反应速度和人类行为等数据。

在本节中,将进一步讨论促进暴露科学发展的挑战和对策。这些要点包括 ES21 中最初提出的一些指导意见,以及一些新的更为实际的观点,特别是将暴露科学应用于风险评估。这些观点以本章详细介绍的进展和应用实例为基础,为委员会建议的科学领域提供重要的发展机会。一般而言,对策和挑战涵盖了一个连续的过程:准备基础框架、收集数据、系统之间的暴露关联、暴露数据的整合,以及使用数据确定优先级。ES21 联邦工作组(EPA,2016b)非常支持下面提到的对策,进一步加强合作伙伴关系,有效开展暴露科学研究,并与其他利益攸关方合作解决暴露信息风险评估的发展和应用所面临的挑战。委员会指出,下面提到的几个对策要求开发或扩充数据库。在所有情况下，数据管理和质量评估都应成为数据库开发和维护的常规工作。

一、用扩展和协调暴露科学的基础框架来支持决策

挑战：多学科和多机构正在参与完善暴露的方法、检测和模型。鉴于暴露科学涉及许多参与者，多数数据是分散和不完整的，并且在某些情况下没有或者不易获得数据。因此，已有的和新出现的数据对于暴露评估和风险评估的潜在价值是无法估量的。委员会强调，暴露科学的快速发展为更高效、完整和全面地使用暴露信息提供了前所未有的机遇，特别是当这些信息能够被很好整合并以一种易于访问的形式展示时。

对策一：应制定暴露信息基础框架，以更好地组织和协调暴露科学现有的和迅速发展的要素，并最终改善暴露评估。基础框架应该通过使用概念性和基于系统的框架进行组织，这些框架通常用于风险评估，并且应促进风险评估中暴露数据的产生、获取、组织、访问、评估、整合以及公开应用和交流。基础框架最好由基于互联网的数据库和工具网络组成，而不是一个单独的数据库，并可能扩大现有的基础框架和数据库。应该扩展生成、评估和应用暴露数据的指南（WHO，2005；EPA，2009）以将数据纳入数据库中。

对策二：应该鼓励产生和使用暴露信息的机构、院校和组织形成大型网络，进行协调与合作，以达到虽不同但最终有联系且互补的目标。通过合作，应该提高上述基础框架的开发效率，暴露科学应继续发展，以促进跨学科交流和暴露信息的应用（Zartarian等，2005；Mattingly等，2012；EPA，2016b）。

二、识别化学物质或其他应激源并量化来源和暴露量

挑战：环境介质和人体的非靶向分析表明，人类暴露的复杂混合物中有许多未知的化学物质。大多数化学物质和降解产物均没有分析方法和标准品，这就限制了识别和量化化学物质暴露水平的能力。此外，来源信息（产品成分、化学物质数量、使用和释放率）的不确定性是对大多数化学物质进行暴露评估的主要障碍。

对策：目前应努力获取产品和材料（特别是室内环境中的消费品和材料）相关的化学物质数量和释放率的信息。应扩展可用于化学物质分析鉴定的数据库，获得更多化学物质及其降解产物含量分析中的标准品应当是重中之重。最终，应该增

强对环境和人体中新的和现有的化学物质和混合物进行有靶向分析和非靶向分析的能力。

三、提高测试系统中化学物质转归过程的认识

挑战：了解控制环境介质、整体动物、细胞测试系统中化学物质的转归、转运和最终浓度的过程的影响，对于表征和预测暴露量至关重要。化学物质暴露的测试系统的性质、过程和转化途径的信息不存在、不完整和不一致，这就限制了全面定量暴露评估和风险评估的能力。

对策一：应该构建化学性质数据库以及体外、体内和环境系统中控制化学物质转归的速率和过程的数据库。例如，分配系数、降解和转运率以及代谢和环境转化途径的信息是必需的，可以通过试验或建模获得。

对策二：应建立和应用环境介质、生物介质和生物测试系统中检测和预测化学转化途径和速率的方法。应该使用这些方法对人体暴露于化学混合物（化学物质及其代谢物）的时间进行量化，并在人类暴露的真实情况下解释测试系统的结果。同时，应提高对影响暴露的环境、人类和测试系统特性和条件的认识。应采集消费品和食品中化学物质的药代动力学数据（代谢、转运蛋白和蛋白结合），以加强对从尿液、血液和新基质获得的人类生物监测数据的解释。

四、校正环境和测试系统暴露

挑战：校正从试验测试系统获得的环境暴露和信息是风险评估的一个关键方面，是改善环境流行病学所必需的。通常会使用各种量化单位，如给药剂量或未检出剂量，并进行假设，如稳态或平衡状态。然而，药代动力学、转归过程以及其他因素往往混淆了人类与环境和试验测试系统之间暴露信息的解释和外推。

对策一：测试系统中化学物质的浓度应通过检测被量化，或者可以采用可靠的评估方法来量化。应该开发和评估在实际暴露和测试系统暴露之间定量数据转换的方法和模型。

对策二：在进行生物学分析试验设计时，应考虑到生物学监测或预测暴露模型的化学物质的浓度数据可以反映人体的暴露情况。为符合上述对策，提高生物测试系统中化学物质转归过程的认识将是非常必要的。

五、整合暴露信息

挑战：从环境介质、生物监测样本、常规样本（血液和尿液）和新的基质（毛

发、指甲、牙齿和胎粪）中整合和应用暴露数据是一项巨大的挑战。委员会强调，测试数据和模型数据的整合是暴露评估描述、评估数据一致性以及暴露评估可信度的关键步骤。

对策：应启动新的跨学科项目，以整合暴露数据，获取可用于指导数据收集以及将传统和新的数据流进行整合的经验。这些项目可能是美国联邦政府和州机构、非政府组织、学术界和工业界之间现有合作项目的延伸，这些项目侧重于整合检测数据和模型数据以改进定量暴露评估。应高度重视扩展现有关于个体暴露数据的指南（美国 EPA、美国 CDC 和 WHO），这些指南应包括对来自多个基质和数据流的试验和模型整合信息进行权重分析和质量评价。

六、确定暴露评估优先级

挑战：暴露数据的使用：从选择用于新产品的化学物质到以风险为基础的决策，再到以暴露评估优先级排序，都需要数千种化学物质的时间和空间的暴露数据。无论化学分析方法是否可用，直接检测暴露所需的资源和时间都是难以满足的。在某些情况下，资源丰富、可信度高的暴露检测可能并不必要。暴露科学面临的一个关键挑战是，如何将有限资源集中在最重要的化学物质、化学类别、混合物和暴露场景上。

对策一：最大限度地挖掘现有暴露评估数据的价值，继续发展计算和试验工具是最需要优先考虑的。这些工具最初可能将重点放在已知的重要近场暴露，由于存在生物效应数据而引起高度关注的化学物质；也可能关注其他方面，如正在被试验用于新产品的化学物质。

对策二：应鼓励继续发展基于暴露的优先级设定的方法，利用不确定性分析来建立支持决策的数据的可信度。应基于不确定性水平和决策背景中可就接受的不确定性容忍度，评价用于确定暴露评估优先级的模型和数据的改善需求。不确定性和敏感性分析应该被用于确定填补数据缺失的优先次序。

参 考 文 献

Abaci, H.E., and M.L. Shuler. 2015. Human-on-a-chip design strategies and principles for physiologically based pharmacokinetics/pharmacodynamics modeling. Integr.Biol.（Camb）7（4）：383-391.

Abdo, N., B.A. Wetmore, G.A. Chappell, D. Shea, F.A.Wright, and I. Rusyn. 2015. In vitro screening for population variability in toxicity of pesticide-containing mixtures.Environ. Int. 85：147-155.

Adams, C., P. Riggs, and J. Volckens. 2009. Development of a method for personal, spatiotemporal exposure assessment.J.Environ. Monit. 11（7）: 1331-1339.

Al-Hamdan, M.Z., W.L. Crosson, S.A. Economou, M.G. Estes, Jr., S.M. Estes, S.N. Hemmings, S.T. Kent, M. Puckett, D.A. Quattrochi, D.L. Rickman, G.M. Wade, and L.A.McClure. 2014. Environmental public health applications using remotely sensed data. Geocarto. Int. 29（1）: 85-98.

Aleksa, K., J. Liesivuori, and G. Koren. 2012. Hair as a biomarker of polybrominated diethyl ethers' exposure in infants, children and adults. Toxicol. Lett. 210（2）: 198-202.

Allan, I.J., K. Baek, A. Kringstad, H.E. Roald, and K.V. Thomas. 2013a. Should silicone prostheses be considered for specimen banking? A pilot study into their use for human biomonitoring. Environ. Int. 59: 462-468.

Allan, I.J., K. Baek, T.O. Haugen, K.L. Hawley, A.S. Hogfeldt, and A.D. Lillicrap. 2013b. In vivo passive sampling of nonpolar contaminants in brown trout（Salmo trutta）. Environ. Sci. Technol. 47（20）: 11660-11667.

Allan, S.E., B.W. Smith, R.L. Tanguay, and K.A. Anderson.2012. Bridging environmental mixtures and toxic effects. Environ. Toxicol. Chem. 31（12）: 2877-2887.

Andersen, Z.J., A. de Nazelle, M.A. Mendez, J. Garcia-Aymerich, O. Hertel, A. Tjonneland, K. Overvad, O. Raaschou-Nielsen, and M.J. Nieuwenhuijsen. 2015. A study of the combined effects of physical activity and air pollution on mortality in elderly urban residents: The Danish Diet, Cancer, and Health Cohort. Environ. Health Perspect.123（6）: 557-563.

Andra, S.S., C. Austin, R.O. Wright, and M. Arora. 2015.Reconstructing pre-natal and early childhood exposure to multi-class organic chemicals using teeth: Towards a retrospective temporal exposome. Environ. Int. 83: 137-145.

Anjilvel, S., and B. Asgharian. 1995. A multiple-path model of particle deposition in the rat lung. Fundam. Appl. Toxicol.28（1）: 41-50.

Armitage, J.M., F. Wania, and J.A. Arnot. 2014. Application of mass balance models and the chemical activity concept to facilitate the use of in vitro toxicity data for risk assessment.Environ. Sci. Technol. 48（16）: 9770-9779.

Arnold, S.F., and G. Ramachandran. 2014. Influence of parameter values and variances and algorithm architecture in ConsExpo model on modeled exposures. J. Occup. Environ.Hyg. 11（1）: 54-66.

Arnot, J.A., T.N. Brown, F. Wania, K. Breivik, and M.S. McLachlan. 2012. Prioritizing chemicals and data requirements for screening-level exposure and risk assessment.Environ. Health Perspect. 120（11）: 1565-1570.

Arnot, J.A., T.N. Brown, and F. Wania. 2014. Estimating screening-level organic chemical half-lives in humans.Environ. Sci. Technol. 48（1）: 723-730.

Arora, M., A. Bradman, C. Austin, M. Vedar, N. Holland, B.Eskenazi, and D.R. Smith. 2012. Determining fetal manganese exposure from mantle dentine of deciduous teeth.Environ. Sci. Technol. 46（9）: 5118-5125.

Asgharian, B. 2004. A model of deposition of hygroscopic particles in the human lung. Aerosol Sci. Technol.38（9）: 938-947.

Asgharian, B., and S. Anjilvel. 1998. A multiple-path model of fiber deposition in the rat lung. Toxicol.

Sci. 44（1）：80-86.

Asgharian, B., and O. T. Price. 2007. Deposition of ultrafine (nano) particles in the human lung. Inhal. Toxicol.19（13）：1045-1054.

Asgharian, B., F.J. Miller, and R. P. Subramaniam. 1999. Dosimetry software to predict particle deposition in humans and rats. CIIT Activities 19（3）：1-6.

Asgharian, B., W. Hofman, and R. Bergmann. 2001. Particle deposition in a multiple-path model of the human lung. Aerosol Sci. Technol. 34（4）：332-339.

Asgharian, B., O. Price, and G. Oberdorster. 2006. A modeling study of the effect of gravity on airflow distribution and particle deposition in the lung. Inhal. Toxicol.18（7）：473-481.

Asgharian, B., O. Price, G. McClellan, R. Corley, D.R. Einstein, R.E. Jacob, J. Harkema, S.A. Carey, E. Schelegle, D.Hyde, J.S. Kimbell, and F.J. Miller. 2012. Development of a rhesus monkey lung geometry model and application to particle deposition in comparison to humans. Inhal. Toxicol.24（13）：869-899.

Athersuch, T. 2016. Metabolome analyses in exposome studies: Profiling methods for a vast chemical space. Arch.Biochem. Biophys. 589：177-186.

Austin, C., T.M. Smith, A. Bradman, K. Hinde, R. Joannes-Boyau, D. Bishop, D.J. Hare, P. Doble, B. Eskenazi, and M. Arora. 2013. Barium distributions in teeth reveal earlylife dietary transitions in primates. Nature 498（7453）：216-219.

Aylward, L.L., J.J. Collins, K.M. Bodner, M. Wilken, and C.M. Bodnar. 2014. Intrinsic elimination rate and dietary intake estimates for selected indicator PCBs：Toxicokinetic modeling using serial sampling data in US subjects, 2005-2010. Chemosphere 110：48-52.

Bartels, M., D. Rick, E. Lowe, G. Loizou, P. Price, M. Spendiff, S. Arnold, J. Cocker, and N. Ball. 2012. Development of PK-and PBPK-based modeling tools for derivation of biomonitoring guidance values. Comput. Methods Programs Biomed. 108（2）：773-788.

Beaudouin, R., S. Micallef, and C. Brochot. 2010. A stochastic whole-body physiologically based pharmacokinetic model to assess the impact of inter-individual variability on tissue dosimetry over the human lifespan. Regul. Toxicol.Pharmacol. 57（1）：103-116.

Bennett, D.H., and E.J. Furtaw. 2004. Fugacity-based indoor residential pesticide fate model. Environ. Sci. Technol.38（7）：2142-2152.

Berellini, G., N.J. Waters, and F. Lombardo. 2012. In silico prediction of total human plasma clearance. J. Chem. Inf. and Model. 52（8）：2069-2078.

Boethling, R.S. 2011. Incorporating environmental attributes into musk design. Green Chem. 13（12）：3386-3396.

Bois, F.Y., M. Jamei, and H.J. Clewell. 2010. PBPK modelling of inter-individual variability in the pharmacokinetics of environmental chemicals. Toxicology 278（3）：256-267.

Brauer, M., G. Freedman, J. Frostad, A. van Donkelaar, R.V. Martin, F. Dentener, R. Van Dingenen, K. Estep, H. Amini, J.S. Apte, K. Balakrishnan, L. Barregard, D.M. Broday, V.Feigin, S. Ghosh, P.K. Hopke, L.D. Knibbs, Y. Kokubo, Y. Liu, S. Ma, L. Morawska, J.L. Texcalac Sangrador, G.Shaddick, H.R. Anderson, T. Vos, M.H. Forouzanfar, R.T.Burnett, and A. Cohen. 2015. Ambient air pollution exposure estimation for the global burden of disease 2013.Environ. Sci. Technol. 50（1）：

79-88.

Breen, M.S., T.C. Long, B.D. Schultz, J. Crooks, M. Breen, J.E. Langstaff, K.K. Isaacs, Y.M. Tan, R.W. Williams, Y.Cao, A.M. Geller, R.B. Devlin, S.A. Batterman, and T.J.Buckley. 2014. GPS-based microenvironment tracker (MicroTrac) model to estimate time-location of individuals for air pollution exposure assessments: Model evaluation in central North Carolina. J. Expo. Sci. Environ. Epidemiol.24(4): 412-420.

Burgess, L.G., K. Uppal, D.I. Walker, R.M. Roberson, V.Tran, M.B. Parks, E.A. Wade, A.T. May, A.C. Umfress, K.L. Jarrell, B.O. Stanley, J. Kuchtey, R.W. Kuchtey, D.P.Jones, and M.A. Brantley, Jr. 2015. Metabolome-wide association study of primary open angle glaucoma. Invest. Ophthalmol. Vis. Sci. 56(8): 5020-5028.

Buser, A.M., M. MacLeod, M. Scheringer, D. Mackay, M.Bonnell, M.H. Russell, J.V. DePinto, and K. Hungerbühler.2012. Good modeling practice guidelines for applyingmultimedia models in chemical assess-ments. Integr. Environ.Assess. Manage.(4): 703-708.

Calafat, A.M. 2012. The US National Health and Nutrition Examination Survey and human exposure to environmental chemicals. Int. J. Hyg. Environ. Health 215(2): 99-101.

Campbell, J.L., M.E. Andersen, and H.J. Clewell. 2014. A hybrid CFD-PBPK model for naphthalene in rat and human with IVIVE for nasal tissue metabolism and crossspecies dosimetry. Inhal. Toxicol. 26(6): 333-344.

Casas, L., M.F. Fernandez, S. Llop, M. Guxens, F. Ballester, N. Olea, M.B. Irurzun, L.S. Rodriguez, I. Riano, A. Tardon, M. Vrijheid, A.M. Calafat, J. Sunyer. and I. Project.2011. Urinary concentrations of phthalates and phenols in a population of Spanish pregnant women and children. Environ. Int. 37(5): 858-866.

Castle, A.L., O. Fiehn, R. Kaddurah-Daouk, and J.C. Lindon.2006. Metabolomics standards workshop and the development of international standards for reporting metabolomics experimental results. Brief Bioinform. 7(2): 159-165.

Chibwe, L., M.C. Geier, J. Nakamura, R.L. Tanguay, M.D.Aitken, and S.L. Simonich. 2015. Aerobic bioremediation of PAH contaminated soil results in increased genotoxicity and developmental toxicity. Environ. Sci. Technol.49(23): 13889-13898.

Claassen, K., K. Thelen, K. Coboeken, T. Gaub, J. Lippert, K. Allegaert, and S. Willmann. 2015. Development of a physiologically-based pharmacokinetic model for preterm neonates: Evaluation with in vivo data. Curr. Pharm. Des.21(39): 5688-5698.

Coecke, S., H. Ahr, B.J. Blaauboer, S. Bremer, S. Casati, J.Castell, R. Combes, R. Corvi, C.L. Crespi, M.L. Cunningham, G. Elaut, B. Eletti, A. Freidig, A. Gennari, J.F. Ghersi-Egea, A. Guillouzo, T. Hartung, P. Hoet, M. Ingelman-Sundberg, S. Munn, W. Janssens, B. Ladstetter, D. Leahy, A. Long, A. Meneguz, M. Monshouwer, S. Morath, F. Nagelkerke, O. Pelkonen, J. Ponti, P. Prieto, L. Richert, E.Sabbioni, B. Schaack, W. Steiling, E. Testai, J.A. Vericat, and A. Worth. 2006. Metabolism: A bottleneck in in vitro toxicological test development-The report and recommendations of ECVAM workshop 54. Altern. Lab. Anim.34(1): 49-84.

Cohen, J.M., J.G. Teeguarden, and P. Demokritou. 2014. An integrated approach for the in vitro dosimetry of engineered nanomaterials. Part. Fibre Toxicol. 11: 20.Cowan-Ellsberry, C.E., M.S.

McLachlan, J.A. Arnot, M.Macleod, T.E. McKone, and F. Wania. 2009. Modeling exposure to persistent chemicals in hazard and risk assessment. Integr. Environ. Assess. Manag. 5（4）：662-679.

Cravatt, B.F., A.T. Wright, and J.W. Kozarich. 2008. Activity-based protein profiling：From enzyme chemistry to proteomic chemistry. Annu. Rev. Biochem. 77：383-414.

Crowell, S.R., A.K. Sharma, S. Amin, J.J. Soelberg, N.C.Sadler, A.T. Wright, W.M. Baird, D.E. Williams, and R.A.Corley. 2013. Impact of pregnancy on the pharmacokinetics of dibenzo［def, p］chrysene in mice. Toxicol. Sci.135（1）：48-62.

Davis, J.A., J.S. Gift, and Q.J. Zhao. 2011. Introduction to benchmark dose methods and US EPA's benchmark dose software（BMDS）version 2.1.1. Toxicol. Appl. Pharmacol.254（2）：181-191.

Davis, J.M., and W.H. Farland. 2001. The paradoxes of MTBE. Toxicol. Sci. 61（2）：211-217.

de Nazelle, A., E. Seto, D. Donaire-Gonzalez, M. Mendez, J. Matamala, M. J. Nieuwenhuijsen, and M. Jerrett. 2013.Improving estimates of air pollution exposure through ubiquitous sensing technologies. Environ. Poll. 176：92-99.

De Wit, P., M.H. Pespeni, and S.R. Palumbi. 2015. SNP genotyping and population genomics from expressed sequences-current advances and future possibilities. Mol.Ecol. 24（10）：2310-2323.

Delclos, K.B., C.C. Weis, T.J. Bucci, G. Olson, P. Mellick, N. Sadovova, J.R. Latendresse, B. Thorn, and R.R. Newbold.2009. Overlapping but distinct effects of genistein and ethinyl estradiol（EE（2））in female Sprague-Dawley rats in multigenerational reproductive and chronic toxicity studies. Reprod. Toxicol. 27（2）：117-132.

Delclos, K.B., L. Camacho, S.M. Lewis, M.M. Vanlandingham, J.R. Latendresse, G.R. Olson, K.J. Davis, R.E. Patton, G. Gamboa da Costa, K.A. Woodling, M.S. Bryant, M. Chidambaram, R. Trbojevich, B.E. Juliar, R.P. Felton, and B.T. Thorn. 2014. Toxicity evaluation of bisphenol A administered by gavage to Sprague Dawley rats from gestation day 6 through postnatal day 90. Toxicol. Sci.139（1）：174-197.

Delmaar, C., B. Bokkers, W. ter Burg, and G. Schuur. 2015.Validation of an aggregate exposure model for substances in consumer products：A case study of diethyl phthalate in personal care products. J. Expo. Sci. Environ. Epidemiol.25（3）：317-323.

DeLoid, G., J.M. Cohen, T. Darrah, R. Derk, L. Rojanasakul, G. Pyrgiotakis, W. Wohlleben, and P. Demokritou. 2014.Estimating the effective density of engineered nanomaterials for in vitro dosimetry. Nat. Commun. 5：3514.

Dionisio, K.L., A.M. Frame, M.R. Goldsmith, J.F. Wambaugh, A. Liddell, T. Cathey, D. Smith, J. Vail, A.S. Ernstoff, P. Fantke, O. Jolliet, and R.S. Judson. 2015. Exploring consumer exposure pathways and patterns of use for chemicals in the environment. Toxicol. Rep. 2：228-237.

Dudzina, T., C.J. Delmaar, J.W. Biesterbos, M.I. Bakker, B.G. Bokkers, P.T. Scheepers, J.G. van Engelen, K. Hungerbuehler, and N. von Goetz. 2015. The probabilistic aggregate consumer exposure model（PACEM）：Validation and comparison to a lower-tier assessment for the cyclic siloxane D5. Environ. Int. 79：8-16.

Edrissi, B., K. Taghizadeh, B.C. Moeller, D. Kracko, M.Doyle-Eisele, J.A. Swenberg, and P.C. Dedon. 2013. Dosimetry of N（6）-formyllysine adducts following［（1）（3）C（2）H（2）］-formaldehyde exposures in rats. Chem. Res.Toxicol. 26（10）：1421-1423.

EFSA (European Food Safety Authority). 2016. Review of the Threshold of Toxicological Concern (TTC) Approach and Development of New TTC Decision Tree [online].Available: http://www.efsa.europa.eu/en/supporting/pub/1006e [accessed July 15, 2016].

Egeghy, P.P., D.A. Vallero, and E.A. Cohen Hubal. 2011.Exposure-based prioritization of chemicals for risk assessment.Environ. Sci. Pol. 14 (8): 950-964.

Egeghy, P.P., R. Judson, S. Gangwal, S. Mosher, D. Smith, J. Vail, and E.A. Cohen Hubal. 2012. The exposure data landscape for manufactured chemicals. Sci. Total Environ.414: 159-166.

Egeghy, P.P., L.S. Sheldon, K.K. Isaacs, H. Özkaynak, M.R.Goldmith, J.F. Wambaugh, R.S. Judson and T.J. Buckley.2016. Computational exposure science: An emerging discipline to support 21st-century risk assessment. Environ.Health Perspect. 124 (6): 697-702.

Elgethun, K., M.G. Yost, C.T. Fitzpatrick, T.L. Nyerges, and R.A. Fenske. 2007. Comparison of global positioning system (GPS) tracking and parent-report diaries to characterize children's time-location patterns. J. Expo. Sci. Environ.Epidemiol. 17 (2): 196-206.

EPA (US Environmental Protection Agency). 2004. Observational Batteries and Motor Activity. Office of Research and Development, US Environmental Protection Agency, Washington, DC [online]. Available: https://cfpub.epa.gov/si/si_public_record_Report.cfm?dirEntryID=36922 [accessed April 12, 2016].

EPA (US Environmental Protection Agency). 2009. Guidance on the Development, Evaluation and Application of Environmental Models. EPA/100/K-09/003. Office of the Science Advisor, Council for Regulatory Environmental Modeling, US Environmental Protection Agency, Washington, DC [online]. Available: https://nepis.epa.gov/Exe/ZyPDF.cgi?Dockey=P1003E4R.PDF [accessed October 24, 2016].

EPA (US Environmental Protection Agency). 2010. Potential for Incorporation of Genetic Polymorphism Data in Human Health Risk Assessment. US Environmental Protection Agency, Washington, DC.

EPA (US Environmental Protection Agency). 2011. Exposure Factors Handbook: 2011 Edition. EPA/600/R-09/052F.National Center for Environmental Assessment, Office of Research and Development, US Environmental Protection Agency, Washington, DC [online]. Available: http://www.nrc.gov/docs/ML1400/ML14007A666.pdf [accessed July 15, 2016].

EPA (US Environmental Protection Agency). 2016a. Modeling EPA Guidance and Publications Developed by Other EPA Organizations [online]. Available: https://www.epa.gov/modeling/modeling-epa-guidance-and-publicationsdeveloped-other-epa-organizations [accessed October 24, 2016].

EPA (US Environmental Protection Agency). 2016b. The Exposure Science in the 21st Century (ES21) Federal Working Group [online]. Available: https://www.epa.gov/innovation/exposure-science-21st-century-federalworking-group [accessed October 24, 2016].

Esch, M.B., T.L. King, and M.L. Shuler. 2011. The role of body-on-a-chip devices in drug and toxicity studies. Annu.Rev. Biomed. Eng. 13: 55-72.

Fantke, P., A.S. Ernstoff, L. Huang, S.A. Csiszar, and O. Jolliet.2016. Coupled near-field and far-field exposure assessment framework for chemicals in consumer products.Environ. Int. 94: 508-518.

Fardell, J.E., J. Vardy, I.N. Johnston, and G. Winocur. 2011.Chemotherapy and cognitive impairment: Treatment options.Clin. Pharmacol. Ther. 90（3）: 366-376.

Fenech, M., and S. Bonassi. 2011. The effect of age, gender, diet and lifestyle on DNA damage measured using micronucleus frequency in human peripheral blood lymphocytes.Mutagenesis 26（1）: 43-49.

Fiehn, O. 2002. Metabolomics-The link between genotypes and phenotypes. Plant Mol. Biol. 48（1-2）: 155-171.

Fiehn, O., B. Kristal, B. van Ommen, L.W. Sumner, S.A.Sansone, C. Taylor, N. Hardy, and R. Kaddurah-Daouk.2006. Establishing reporting standards for metabolomic and metabonomic studies: A call for participation.OMICS. 10（2）: 158-163.

Fitzgerald, K.A., M. Malhotra, C.M. Curtin, F.J. Brien, and C.M. O'Driscoll. 2015. Life in 3D is never flat: 3D models to optimise drug delivery. J. Control. Release. 215: 39-54.

Gama, S., D. Mackay, and J.A. Arnot. 2012. Selecting and designing chemicals: Application of a mass balance model of chemical fate, exposure and effects in the environment.Green Chem. 14: 1094-1102.

Gavina, J.M., C. Yao, and Y.L. Feng. 2014. Recent developments in DNA adduct analysis by mass spectrometry: A tool for exposure biomonitoring and identification of hazard for environmental pollutants. Talanta 130: 475-494.

Geddes, J.A., R.V. Martin, B.L. Boys, and A. van Donkelaar.2016. Long-term trends worldwide in ambient NO concentrations inferred from satellite observations. Environ.Health Perspect. 124（3）: 281-289.

Georgopoulos, P.G., C.J. Brinkerhoff, S. Isukapalli, M.Dellarco, P.J. Landrigan, and P.J. Lioy. 2014. A tiered framework for risk-relevant characterization and ranking of chemical exposures: Applications to the national children's study（NCS）. Risk Anal. 34（7）: 1299-1316.

Gilbert, D., P. Mayer, M. Pedersen, and A.M. Vinggaard.2015. Endocrine activity of persistent organic pollutants accumulated in human silicone implants-Dosing in vitro assays by partitioning from silicone. Environ. Int. 84: 107-114.

Ginsberg, G., K. Guyton, D. Johns, J. Schimek, K. Angle, and B. Sonawane. 2010. Genetic polymorphism in metabolism and host defense enzymes: Implications for human health risk assessment. Crit. Rev. Toxicol. 40（7）: 575-619.

Go, Y.M., and D.P. Jones. 2014. Redox biology: Interface of the exposome with the proteome, epigenome and genome.Redox Biol. 2: 358-360.

Go, Y.M., D.I. Walker, Y. Liang, K. Uppal, Q.A. Soltow, V.Tran, F. Strobel, A.A. Quyyumi, T.R. Ziegler, K.D. Pennell, G.W. Miller, and D.P. Jones. 2015. Reference standardization for mass spectrometry and high-resolution metabolomics applications to exposome research. Toxicol.Sci. 148（2）: 531-543.

Gobas, F.A., S. Xu, G. Kozerski, D.E. Powell, K.B. Woodburn, D. Mackay, and A. Fairbrother. 2015. Fugacity and activity analysis of the bioaccumulation and environmental risks of decamethylcyclopentasiloxane（D5）. Environ.Toxicol. Chem. 34（12）: 2723-2731.

Goldsmith, M.R., C.M. Grulke, R.D. Brooks, T.R. Transue, Y.M. Tan, A. Frame, P.P. Egeghy, R. Edwards, D.T.Chang, R. Tornero-Velez, K. Isaacs, A. Wang, J. Johnson, K. Holm, M. Reich, J.

Mitchell, D.A. Vallero, L. Phillips, M. Phillips, J.F. Wambaugh, R.S. Judson, T.J. Buckley, and C.C. Dary. 2014. Development of a consumer product ingredient database for chemical exposure screening and prioritization. Food Chem. Toxicol. 65（5）: 269-279.

Goodacre, R., D. Broadhurst, A. Smilde, B. Kristal, J.D.Baker, R. Beger, C. Bessant, S. Connor, G. Capuani, A.Craig, T. Ebbels, D. Kell, C. Manetti, J. Newton, G. Paternostro, R. Somorjai, M. Sjöström, J. Trygg, and F. Wulfert.2007. Proposed minimum reporting standards for data analysis in metabolomics. Metabolomics 3（3）: 231-241.

Gosens, I., C.J. Delmaar, W. ter Burg, C. de Heer, and A.G.Schuur. 2014. Aggregate exposure approaches for parabens in personal care products: A case assessment for children between 0 and 3 years old. J. Expo.. Sci. Environ. Epidemiol. 24（2）: 208-214.

Groothuis, F.A., M.B. Heringa, B. Nicol, J.L. Hermens, B.J.Blaauboer, and N.I. Kramer. 2015. Dose metric considerations in in vitro assays to improve quantitative in vitro-in vivo dose extrapolations. Toxicology 332: 30-40.

Grulke, C.M., K. Holm, M.R. Goldsmith, and Y.M. Tan.2013. PROcEED: Probabilistic reverse dosimetry approaches for estimating exposure distributions. Bioinformation 9（13）: 707-709.

Gulden, M., and H. Seibert. 2003. In vitro-in vivo extrapolation: estimation of human serum concentrations of chemicals equivalent to cytotoxic concentrations in vitro. Toxicology189（3）: 211-222.

Gulden, M., P. Dierickx, and H. Seibert. 2006. Validation of a prediction model for estimating serum concentrations of chemicals which are equivalent to toxic concentrations in vitro. Toxicol In Vitro 20（7）: 1114-1124.

Haines, D.A., and J. Murray. 2012. Human biomonitoring of environmental chemicals-early results of the 2007-2009 Canadian Health Measures Survey for males and females.Int. J. Hyg. Environ. Health 215（2）: 133-137.

Hays, S.M., D.W. Pyatt, C.R. Kirman, and L.L. Aylward.2012. Biomonitoring equivalents for benzene. Regul. Toxicol.Pharmacol. 62（1）: 62-73.

Hays, S.M., L.L. Aylward, and B.C. Blount. 2015. Variation in urinary flow rates according to demographic characteristics and body mass index in NHANES: Potential confounding of associations between health outcomes and urinary biomarker concentrations. Environ. Health Perspect.123（4）: 293-300.

Heather, J.M., and B. Chain. 2015. The sequence of sequencers: The history of sequencing DNA. Genomics 107（1）: 1-8.

Heringa, M.B., R. Schreurs, F. Busser, P.T. Van Der Saag, B. Van Der Burg, and J.L. Hermens. 2004. Toward more useful in vitro toxicity data with measured free concentrations.Environ. Sci. Technol. 38（23）: 6263-6270.

Hicks, K.D., A.W. Sullivan, J. Cao, E. Sluzas, M. Rebuli, and H.B. Patisaul. 2016. Interaction of bisphenol A（BPA）and soy phytoestrogens on sexually dimorphic sociosexual behaviors in male and female rats. Horm. Behav.84: 121-126.

Hinderliter, P.M., K.R. Minard, G. Orr, W.B. Chrisler, B.D.Thrall, J.G. Pounds, and J.G. Teeguarden. 2010. ISDD: Acomputational model of particle sedimentation, diffusion and target cell dosimetry for in vitro toxicity studies. Part Fibre Toxicol. 7（1）：36.

Hsiao, Y.W., U. Fagerholm, and U. Norinder. 2013. In silico categorization of in vivo intrinsic clearance using machine learning. Mol. Pharm. 10（4）：1318-1321.

Hutzler, J.M., B.J. Ring, and S.R. Anderson. 2015. Lowturnover drug molecules：A current challenge for drug metabolism scientists. Drug Metab. Dispos. 43（12）：1917-1928.

Isaacs, K.K., W.G. Glen, P. Egeghy, M.R. Goldsmith, L.Smith, D. Vallero, R. Brooks, C.M. Grulke, and H. Özkaynak.2014. SHEDS-HT：An integrated probabilistic exposure model for prioritizing exposures to chemicals with near-field and dietary sources. Environ. Sci. Technol.48（21）：12750-12759.

Jahnke, A., P. Mayer, M.S. McLachlan, H. Wickstrom, D.Gilbert, and M. MacLeod. 2014. Silicone passive equilibrium samplers as 'chemometers' in eels and sediments of a Swedish lake. Environ. Sci. Process. Impact. 16（3）：464-472.

Jittikoon, J., S. Mahasirimongkol, A. Charoenyingwattana, U. Chaikledkaew, P. Tragulpiankit, S. Mangmool, W. Inunchot, C. Somboonyosdes, N. Wichukchinda, P. Sawanpanyalert, Y. He, H.L. McLeod, and W. Chantratita. 2016.Comparison of genetic variation in drug ADME-related genes in Thais with Caucasian, African and Asian Hap-Map populations. J. Hum. Genet. 61（2）：119-127.

Kalemba-Drozdz, M. 2015. The interaction between air pollution and diet does not influence the DNA damage in lymphocytes of pregnant women. Environ. Res. 136：295-299.

Kesisoglou, F., B. Xia, and N.G. Agrawal. 2015. Comparison of deconvolution-based and absorption modeling IVIVC for extended release formulations of a BCS III drug development candidate. AAPS. J. 17（6）：1492-1500.

Knecht, A.L., B.C. Goodale, L. Truong, M.T. Simonich, A.J.Swanson, M.M. Matzke, K.A. Anderson, K.M. Waters, and R.L. Tanguay. 2013. Comparative developmental toxicity of environmentally relevant oxygenated PAHs. Toxicol. Appl. Pharmacol. 271（2）：266-275.

Koch, K., and K.L. Brouwer. 2012. A perspective on efflux transport proteins in the liver. Clin. Pharmacol. Ther.92（5）：599-612.

Koelmans, A.A., A. van der Heijde, L.M. Knijff, and R.H.Aalderink. 2001. Integrated modelling of eutrophication and organic contaminant fate & effects in aquatic ecosystems.A review. Water Res. 35（15）：3517-3536.

Kolanczyk, R.C., P. Schmieder, W.J. Jones, O.G. Mekenyan, A. Chapkanov, S. Temelkov, S. Kotov, M. Velikova, V.Kamenska, K. Vasilev, and G.D. Veith. 2012. MetaPath：An electronic knowledge base for collating, exchanging and analyzing case studies of xenobiotic metabolism.Regul. Toxicol. Pharmacol. 63（1）：84-96.

Kramer, N.I., F.J. Busser, M.T. Oosterwijk, K. Schirmer, B.I.Escher, and J.L. Hermens. 2010. Development of a partition-controlled dosing system for cell assays. Chem. Res.Toxicol. 23（11）：1806-1814.

Kramer, N.I., M. Krismartina, A. Rico-Rico, B.J. Blaauboer, and J.L. Hermens. 2012. Quantifying processes determining the free concentration of phenanthrene in basal cytotoxicity assays. Chem. Res. Toxicol. 25（2）：436-445.

Leung, L., A.S. Kalgutkar, and R.S. Obach. 2012. Metabolic activation in drug-induced liver injury.

Drug Metab. Rev.44（1）：18-33.

Li, J., X. Lao, C. Zhang, L. Tian, D. Lu, and S. Xu. 2014.Increased genetic diversity of ADME genes in African Americans compared with their putative ancestral source populations and implications for pharmacogenomics.BMC Genet 15：52.

Liao, K.H., Y.M. Tan, and H.J. Clewell, III. 2007. Development of a screening approach to interpret human biomonitoring data on volatile organic compounds：Reverse dosimetry on biomonitoring data for trichloroethylene. Risk Anal. 27（5）：1223-1236.

Little, J.C., C.J. Weschler, W.W. Nazaroff, Z. Liu, and E.A.Cohen Hubal. 2012. Rapid methods to estimate potential exposure to semivolatile organic compounds in the indoor environment. Environ. Sci. Technol. 46（20）：11171-11178.

Liu, L.Y., A. Salamova, K. He, and R.A. Hites. 2015a. Analysis of polybrominated diphenyl ethers and emerging halogenated and organophosphate flame retardants in human hair and nails. J. Chromatogr A. 1406：251-257.

Liu, R., P. Schyman, and A. Wallqvist. 2015b. Critically assessing the predictive power of QSAR models for human liver microsomal stability. J. Chem. Inf. Model.55（8）：1566-1575.

Lorber, M., and P.P. Egeghy. 2011. Simple intake and pharmacokinetic modeling to characterize exposure of Americans to perfluoroctanoic acid, PFOA. Environ. Sci. Technol.45（19）：8006-8014.

Lovreglio, P., F. Maffei, M. Carrieri, M.N. D'Errico, I. Drago, P. Hrelia, G.B. Bartolucci and L. Soleo. 2014. Evaluation of chromosome aberration and micronucleus frequencies in blood lymphocytes of workers exposed to low concentrations of benzene. Mutat. Res. Genet. Toxicol.Environ. Mutagen. 770：55-60.

Mackay, D., J.A. Arnot, F. Wania, and R.E. Bailey. 2011.Chemical activity as an integrating concept in environmental assessment and management of contaminants. Integr.Environ. Assess. Manag. 7（2）：248-255.

MacLachlan, D.J. 2010. Physiologically based pharmacokinetic（PBPK）model for residues of lipophilic pesticides in poultry. Food Addit. Contam. Part A Chem. Anal. Control Expo. Risk Assess. 27（3）：302-314.

Martin, S.A., E.D. McLanahan, P.J. Bushnell, E.S. Hunter, III, and H. El-Masri. 2015. Species extrapolation of lifestage physiologically-based pharmacokinetic（PBPK）models to investigate the developmental toxicology of ethanol using in vitro to in vivo（IVIVE）methods. Toxicol.Sci. 143（2）：512-535.

Mastrangelo, A., A. Ferrarini, F. Rey-Stolle, A. Garcia, and C. Barbas. 2015. From sample treatment to biomarker discovery：A tutorial for untargeted metabolomics based on GC-（EI）-Q-MS. Anal. Chim. Acta 900：21-35.

Mattingly, C.J., T.E. McKone, M.A. Callahan, J.A. Blake, and E.A. Cohen Hubal. 2012. Providing the missing link：The exposure science ontology ExO. Environ. Sci. Technol.46（6）：3046-3053.

Mayer, H.J., M.R. Greenberg, J. Burger, M. Gochfield, C.Powers, D. Kosson, R. Keren, C. Danis, and V. Vyas.2005. Using integrated geospatial mapping and conceptual site models to guide risk-based environmental cleanup decisions. Risk Anal. 25（2）：429-446.

McGinn, S., D. Bauer, T. Brefort, L. Dong, A. El-Sagheer, A. Elsharawy, G. Evans, E. Falk-

Sorqvist, M. Forster, S.Fredriksson, P. Freeman, C. Freitag, J. Fritzsche, S. Gibson, M. Gullberg, M. Gut, S. Heath, I. Heath-Brun, A.J.Heron, J. Hohlbein, R. Ke, O. Lancaster, L. Le Reste, G.Maglia, R. Marie, F. Mauger, F. Mertes, M. Mignardi, L.Moens, J. Oostmeijer, R. Out, J.N. Pedersen, F. Persson, V.Picaud, D. Rotem, N. Schracke, J. Sengenes, P.F. Stahler, B. Stade, D. Stoddart, X. Teng, C.D. Veal, N. Zahra, H.Bayley, M. Beier, T. Brown, C. Dekker, B. Ekstrom, H.Flyvbjerg, A. Franke, S. Guenther, A.N. Kapanidis, J.Kaye, A. Kristensen, H. Lehrach, J. Mangion, S. Sauer, E. Schyns, J. Tost, J.M. van Helvoort, P.J. van der Zaag, J.O. Tegenfeldt, A.J. Brookes, K. Mir, M. Nilsson, S. Will-cocks and, and I.G. Gut. 2016. New technologies for DNA analysis—a review of the READNA Project. N. Biotechnol.33（3）: 311-330.

McKone, T.E., R. Castorina, M.E. Harnly, Y. Kuwabara, B.Eskenazi, and A. Bradmanm. 2007. Merging models and biomonitoring data to characterize sources and pathways of human exposure to organophosphorus pesticides in the Salinas Valley of California. Environ. Sci. Technol.41（9）: 3233-3240.

McLachlan, M.S., A. Kierkegaard, M. Radke, A. Sobek, A. Malmvärn, T. Alsberg, J.A. Arnot, T.N. Brown, F. Wania, K. Breivik, and S. Xu. 2014. Using model-based screening to help discover unknown environmental contaminants. Environ. Sci. Technol. 48（13）: 7264-7271.

McLanahan, E.D., H.A. El-Masri, L.M. Sweeney, L.Y. Kopylev, H.J. Clewell, J.F. Wambaugh, and P.M. Schlosser.2012. Physiologically based pharmacokinetic model use in risk assessment-why being published is not enough.Toxicol. Sci. 126（1）: 5-15.

McNally, K., R. Cotton, J. Cocker, K. Jones, M. Bartels, D.Rick, P. Price, and G. Loizou. 2012. Reconstruction of exposure to m-xylene from human biomonitoring data using PBPK modelling, Bayesian inference, and Markov Chain Monte Carlo simulation. J. Toxicol. 2012: 760281.

Mitchell, J., J.A. Arnot, O. Jolliet, P.G. Georgopoulos, S.Isukapalli, S. Dasgupta, M. Pandian, J. Wambaugh, P.Egeghy, E.A. Cohen Hubal, and D.A. Vallero. 2013. Comparison of modeling approaches to prioritize chemicals based on estimates of exposure and exposure potential.Sci. Total Environ. 458-460: 555-567.

Moeller, B.C., L. Recio, A. Green, W. Sun, F.A. Wright, W.M. Bodnar, and J.A. Swenberg. 2013. Biomarkers of exposure and effect in human lymphoblastoid TK6 cells following [13C2] -acetaldehyde exposure. Toxicol. Sci.133（1）: 1-12.

Moro, A.M., N. Brucker, M.F. Charao, E. Sauer, F. Freitas, J. Durgante, G. Bubols, S. Campanharo, R. Linden, A.P.Souza, C. Bonorino, R. Moresco, D. Pilger, A. Gioda, S.Farsky, A. Duschl, and S.C. Garcia. 2015. Early hematological and immunological alterations in gasoline station attendants exposed to benzene. Environ. Res. 137: 349-356.

Mortensen, M.E., A.M. Calafat, X. Ye, L.Y. Wong, D.J.Wright, J.L. Pirkle, L.S. Merrill, and J. Moye. 2014. Urinary concentrations of environmental phenols in pregnant
women in a pilot study of the National Children's Study. Environ. Res. 129: 32-38.

Motorykin, O., J. Schrlau, Y. Jia, B. Harper, S. Harris, A.Harding, D. Stone, M. Kile, D. Sudakin, and S.L. Massey Simonich. 2015. Determination of parent and hydroxy
PAHs in personal PM2.5 and urine samples collected during Native American fish smoking activities. Sci. Total Environ. 505: 694-703.

Muir, D.C., and P.H. Howard. 2006. Are there other persistent organic pollutants? A challenge for environmental chemists. Environ. Sci. Technol. 40 (23): 7157-7166.

Needham, L.L., D.B. Barr, and A.M. Calafat. 2005. Characterizing children's exposures: Beyond NHANES. Neurotoxicology 26 (4): 547-553.

Nethery, E., G. Mallach, D. Rainham, M. Goldberg, and A.Wheeler. 2014. Using global positioning systems (GPS) and temperature data to generate time-activity classifications for estimating personal exposure in air monitoring studies: an automated method. Environ. Health 13 (1): 33.

NIEHS (National Institute of Environmental Health Sciences).2016. Children's Health Exposure Analysis Resource (CHEAR) [online]. Available: http: //www.niehs.nih.gov/research/supported/exposure/chear/ [accessed July 15, 2016].

NRC (National Research Council). 2012. Exposure Science in the 21st Century: A Vision and a Strategy. Washington, DC: The National Academies Press.NRC (National Research Council). 2014. A Framework to Guide Selection of Chemical Alternatives. Washington, DC: The National Academies Press.NTP (National Toxicoly Program). 2008. NTP-CERHR Monograph on the Potential Human Reproductive and Developmental Effects of Bisphenol A. NIH Publication No.08-5994 [online]. Available: https: //ntp.niehs.nih.gov/ntp/ohat/bisphenol/bisphenol.pdf [accessed July 15, 2016].

Obach, R.S., F. Lombardo, and N.J. Waters. 2008. Trend analysis of a database of intravenous pharmacokinetic parameters in humans for 670 drug compounds. Drug Metab.Dispos. 36 (7): 1385-1405.

O'Connell, S.G., L.D. Kind, and K.A. Anderson. 2014a. Silicone wristbands as personal passive samplers. Environ.Sci. Technol. 48 (6): 3327-3335.

O'Connell, S.G., M.A. McCartney, L.B. Paulik, S.E. Allan, L.G. Tidwell, G. Wilson, and K.A. Anderson. 2014b. Improvements in pollutant monitoring: Optimizing silicone for co-deployment with polyethylene passive sampling devices. Environ. Poll. 193: 71-78.

O'Connell, S.G., N.I. Kerkvliet, S. Carozza, D. Rohlman, J. Pennington, and K.A. Anderson. 2015. In vivo contaminant partitioning to silicone implants: Implications for use in biomonitoring and body burden. Environ. Int. 85: 182-188.

OECD (Organisation for Economic Co-operation and Development).2007. Guidance Document on the Validation of (Quantitative) Structure-Activity Relationship [(Q) SAR] Models. Series on Testing and Assessment No. 69. Paris: OECD [online]. Available: http: //www.oecd.org/officialdocuments/publicdisplaydocumentpdf/?cote=env/jm/mono (2007) 2&doclanguage=en [accessed July 15, 2016].

Ortega, V.E., and D.A. Meyers. 2014. Pharmacogenetics: Implications of race and ethnicity on defining genetic profiles for personalized medicine. J. Allergy Clin. Immunol.133 (1): 16-26.

Palmer, R.F., L. Heilbrun, D. Camann, A. Yau, S. Schultz, V. Elisco, B. Tapia, N. Garza, and C. Miller. 2015. Organic compounds detected in deciduous teeth: A replication study from children with autism in two samples. J.Environ. Public Health 2015: 862414.

Park, Y.H., K. Lee, Q.A. Soltow, F.H. Strobel, K.L. Brigham, R.E. Parker, M.E. Wilson, R.L. Sutliff, K.G. Mansfield, L.M. Wachtman, T.R. Ziegler, and D.P. Jones. 2012.High-performance metabolic profiling of plasma from seven mammalian species for simultaneous environmental chemical surveillance and bioeffect monitoring. Toxicology 295（1-3）：47-55.

Plowchalk, D.R., and J. Teeguarden. 2002. Development of a physiologically based pharmacokinetic model for estradiol in rats and humans：A biologically motivated quantitative framework for evaluating responses to estradiol and other endocrine-active compounds. Toxicol. Sci. 69（1）：60-78.

Pontel, L.B., I.V. Rosado, G. Burgos-Barragan, J.I. Garaycoechea, R. Yu, M.J. Arends, G. Chandrasekaran, V.Broecker, W. Wei, L. Liu, J.A. Swenberg, G.P. Crossan, and K.J. Patel 2015. Endogenous formaldehyde is a hematopoietic stem cell genotoxin and metabolic carcinogen. Mol. Cell 60（1）：177-188.

Pottenger, L.H., L.S. Andrews, A.N. Bachman, P.J. Boogaard, J. Cadet, M.R. Embry, P.B. Farmer, M.W. Himmelstein, A.M. Jarabek, E.A. Martin, R.J. Mauthe, R. Persaud, R.J.Preston, R. Schoeny, J. Skare, J.A. Swenberg, G.M. Williams, E. Zeiger, F. Zhang, and J.H. Kim. 2014. An organizational approach for the assessment of DNA adduct data in risk assessment：Case studies for aflatoxin B1, tamoxifen and vinyl chloride. Crit. Rev. Toxicol. 44（4）：348-391.

Quinn, C.L., and F. Wania. 2012. Understanding differences in the body burden-age relationships of bioaccumulating contaminants based on population cross sections versus individuals. Environ. Health Perspect. 120（4）：554-559.

Rager, J.E., M.J. Strynar, S. Liang, R.L. McMahen, A.M.Richard, C.M. Grulke, J.F. Wambaugh, K.K. Isaacs, R.Judson, A.J. Williams, and J.R. Sobus. 2016. Linking high resolution mass spectrometry data with exposure and toxicity forecasts to advance high-throughput environmental monitoring. Environ. Int. 88：269-280.

Rappaport, S.M., D.K. Barupal, D. Wishart, P. Vineis, and A. Scalbert. 2014. The blood exposome and its role in discovering causes of disease. Environ. Health Perspect.122（8）：769-774.

Rebuli, M.E., J. Cao, E. Sluzas, K.B. Delclos, L. Camacho, S.M. Lewis, M.M. Vanlandingham, and H.B. Patisaul.2014. Investigation of the effects of subchronic low dose oral exposure to bisphenol A （BPA）and ethinyl estradiol（EE）on estrogen receptor expression in the juvenile and adult female rat hypothalamus. Toxicol. Sci. 140（1）：190-203.

Reichenberg, F., and P. Mayer. 2006. Two complementary sides of bioavailability：Accessibility and chemical activity of organic contaminants in sediments and soils. Environ.Toxicol. Chem. 25（5）：1239-1245.

Regens, J.L., K.R. Obenshain, C.T. Quest, and C. Whipple.2002. Conceptual site models and multimedia modeling：Comparing MEPAS, MMSOILS, and RESRAD. Hum.Ecol. Risk Asses. 8（2）：391-403.

Ritter, R., M. Scheringer, M. MacLeod, C. Moeckel, K.C.Jones, and K. Hungerbühler. 2011. Intrinsic human elimination half-lives of polychlorinated biphenyls derived from the temporal evolution of cross-sectional biomonitoring data from the United Kingdom. Environ. Health Perspect. 119（2）：225-231.

Roede, J.R., K. Uppal, Y. Liang, D.E. Promislow, L.M.Wachtman, and D.P. Jones. 2013. Characterization of plasma thiol redox potential in a common marmoset model of aging. Redox Biol. 1：387-393.

Rostami-Hodjegan, A. 2012. Physiologically based pharmacokinetics joined with in vitro-in vivo extrapolation of ADME: A marriage under the arch of systems pharmacology.Clin. Pharmacol. Ther. 92（1）: 50-61.

Rotroff, D.M., B.A. Wetmore, D.J. Dix, S.S. Ferguson, H.J.Clewell, K.A. Houck, E.L. Lecluyse, M.E. Andersen, R.S.Judson, C.M. Smith, M.A. Sochaski, R.J. Kavlock, F.Boellmann, M.T. Martin, D.M. Reif, J.F. Wambaugh, and R.S. Thomas. 2010. Incorporating human dosimetry and exposure into high-throughput in vitro toxicity screening.Toxicol. Sci. 117（2）: 348-358.

Rowbotham, A.L., and R.M. Gibson. 2011. Exposure-driven risk assessment: Applying exposure-based waiving of toxicity tests under REACH. Food Chem. Toxicol.49（8）: 1661-1673.

Rule, A.D., H.M. Gussak, G.R. Pond, E.J. Bergstralh, M.D.Stegall, F.G. Cosio, and T.S. Larson. 2004. Measured and estimated GFR in healthy potential kidney donors. Am. J.Kidney Dis. 43（1）: 112-119.

Sadler, N.C., and A.T. Wright. 2015. Activity-based protein profiling of microbes. Curr. Opin. Chem. Biol. 24: 139-144.

Sadler, N.C., P. Nandhikonda, B.J. Webb-Robertson, C. Ansong, L.N. Anderson, J.N. Smith, R.A. Corley and A.T.Wright. 2016. Hepatic cytochrome P450 activity, abundance, and expression throughout human development.Drug Metabol. Dispos. 44（7）: 984-991.

Sayes, C.M., K.L. Reed, and D.B. Warheit. 2007. Assessing toxicity of fine and nanoparticles: Comparing in vitro measurements to in vivo pulmonary toxicity profiles. Toxicol. Sci. 97（1）: 163-180.

Schenker, U., M. Scheringer, M.D. Sohn, R.L. Maddalena, T.E. McKone, and K. Hungerbühler. 2009. Using information on uncertainty to improve environmental fate modeling: A case study on DDT. Environ. Sci. Technol.43（1）: 128-134.

Sedykh, A., D. Fourches, J. Duan, O. Hucke, M. Garneau, H.Zhu, P. Bonneau, and A. Tropsha. 2013. Human intestinal transporter database: QSAR modeling and virtual profiling of drug uptake, efflux and interactions. Pharm. Res.30（4）: 996-1007.

Seltenrich, N. 2014. Remote-sensing applications for environmental health research. Environ. Health Perspect. 122（10）: A268-A275.

Shankaran, H., and J. Teeguarden. 2014. Improving urinebased human exposure assessment of short-lived chemicals using reverse dosimetry and nhanes physiological and behavior data: A value-of-information approach for bisphenol A. Toxicologist CD138（1）.Shin, H.M.., T.E. McKone, and D.H. Bennett. 2012. Intake fraction for the indoor environment: A tool for prioritizing indoor chemical sources. Environ. Sci. Technol.46（18）: 10063-10072.

Shin, H.M., T.E. McKone, and D.H. Bennett. 2014. Attributing population-scale human exposure to various source categories: Merging exposure models and biomonitoring data. Environ. Int. 70: 183-191.

Shin, H.M., A. Ernstoff, J.A. Arnot, B.A. Wetmore, S.A.Csiszar, P. Fantke, X. Zhang, T.E. McKone, O. Jolliet, and D.H. Bennett. 2015. Risk-based high-throughput chemical screening and prioritization using exposure models and in vitro bioactivity assays. Environ. Sci. Technol.49（11）: 6760-6771.

Snoeys, J., M. Beumont, M. Monshouwer, and S. Ouwerkerk-Mahadevan. 2016. A mechanistic understanding of the non-linear pharmacokinetics and inter-subject variability of simeprevir: A PBPK-guided drug development approach. Clin. Pharmacol. Ther. 99（2）: 224-234.

Sonne, C., K. Gustavson, R.J. Letcher, and R. Dietz. 2015. Physiologically-based pharmacokinetic modelling of distribution, bioaccumulation and excretion of POPs in Greenland sledge dogs（Canis familiaris）. Environ. Res.142: 380-386.

Stapleton, H.M., J.G. Allen, S.M. Kelly, A. Konstantinov, S. Klosterhaus, D. Watkins, M.D. McClean and T.F. Webster.2008. Alternate and new brominated flame retardants detected in US house dust. Environ. Sci. Technol.42（18）: 6910-6916.

Su, J.G., M. Jerrett, Y.Y. Meng, M. Pickett, and B. Ritz.2015. Integrating smart-phone based momentary location tracking with fixed site air quality monitoring for personal exposure assessment. Sci. Total Environ. 506: 518-526.

Sud, M., E. Fahy, D. Cotter, K. Azam, I. Vadivelu, C. Burant, A. Edison, O. Fiehn, R. Higashi, K.S. Nair, S. Sumner, and S. Subramaniam. 2016. Metabolomics Workbench: An international repository for metabolomics data and metadata, metabolite standards, protocols, tutorials and training, and analysis tools. Nucleic Acids Res. 44（D）: D463-D470.

Sumner, L.W., Z.T. Lei, B.J. Nikolau, K. Saito, U. Roessner, and R. Trengove. 2014. Proposed quantitative and alpha numeric metabolite identification metrics. Metabolomics 10（6）: 1047-1049.

Swenberg, J.A., G. Boysen, N. Georgieva, M.G. Bird, and R.J. Lewis. 2007. Future directions in butadiene risk assessment and the role of cross-species internal dosimetry. Chem. Biol. Interact. 166（1-3）: 78-83.

Swenberg, J.A., E. Fryar-Tita, Y.C. Jeong, G. Boysen, T.Starr, V.E. Walker, and R.J. Albertini. 2008. Biomarkers in toxicology and risk assessment: Informing critical doseresponse relationships. Chem. Res. Toxicol. 21（1）: 253-265.

Tan, Y.M., K.H. Liao, R.B. Conolly, B.C. Blount, A.M.Mason, and H.J. Clewell. 2006. Use of a physiologically based pharmacokinetic model to identify exposures consistent with human biomonitoring data for chloroform. J. Toxicol. Environ. Health A 69（18）: 1727-1756.

Tan, Y.M., K.H. Liao, and H.J. Clewell, III. 2007. Reverse dosimetry: Interpreting trihalomethanes biomonitoring data using physiologically based pharmacokinetic modeling.J. Expo. Sci. Environ. Epidemiol. 17（7）: 591-603.

Tan, Y.M., J. Sobus, D. Chang, R. Tornero-Velez, M. Goldsmith, J. Pleil, and C. Dary. 2012. Reconstructing human exposures using biomarkers and other clues. J. Toxicol.
Environ. Health B Crit. Rev. 15（1）: 22-38.

Teeguarden, J.G., and H.A. Barton. 2004. Computational modeling of serum-binding proteins and clearance in extrapolations across life stages and species for endocrine active compounds. Risk Anal. 24（3）: 751-770.

Teeguarden, J.G., J.M. Waechter, H.J. Clewell, T.R. Covington, and H.A. Barton. 2005. Evaluation of oral and intravenous route pharmacokinetics, plasma protein binding, and uterine tissue dose metrics of bisphenol A: A physiologically based pharmacokinetic approach. Toxicol. Sci.85（2）: 823-838.

Teeguarden, J.G., P.M. Hinderliter, G. Orr, B.D. Thrall, and J.G. Pounds. 2007. Particokinetics in vitro: Dosimetry considerations for in vitro nanoparticle toxicity assessments.Toxicol. Sci. 95（2）:

300-312.

Teeguarden, J.G., M.S. Bogdanffy, T.R. Covington, C. Tan, and A.M. Jarabek. 2008. A PBPK model for evaluating the impact of aldehyde dehydrogenase polymorphisms on comparative rat and human nasal tissue acetaldehyde dosimetry.Inhal. Toxicol. 20（4）: 375-390.

Teeguarden, J.G., A.M. Calafat, X. Ye, D.R. Doerge, M.I.Churchwell, R. Gunawan, and M.K. Graham. 2011. Twenty-four hour human urine and serum profiles of Bisphenol A during high-dietary exposure. Toxicol. Sci. 123（1）: 48-57.

Teeguarden, J.G., S. Hanson-Drury, J.W. Fisher, and D.R.Doerge. 2013. Are typical human serum BPA concentrations measurable and sufficient to be estrogenic in the general population? Food Chem. Toxicol. 62: 949-963.

Teeguarden, J.G., V.B. Mikheev, K.R. Minard, W.C. Forsythe, W. Wang, G. Sharma, N. Karin, S.C. Tilton, K.M.Waters, B. Asgharian, O.R. Price, J.G. Pounds, and B.D.Thrall. 2014. Comparative iron oxide nanoparticle cellular dosimetry and response in mice by the inhalation and liquid cell culture exposure routes. Part. Fibre Toxicol. 11: 46.

Teeguarden, J.G., N. Twaddle, M.I. Churchwell, X. Yang, J.W. Fisher, L.M. Seryak, and D.R. Doerge. 2015. 24-hour human urine and serum profiles of bisphenol A: Evidence against sublingual absorption following ingestion in soup.Toxicol. Appl. Pharmacol. 288（2）: 131-142.

Teeguarden, J.G., C. Tan, S. Edwards, J.A. Leonard, K.A.Anderson, R.A. Corley, M.L. Kile, S.M Simonich, D.Stone, K.M. Waters, S. Harper, and D.E. Williams. 2016.Completing the link between exposure science and toxicology for improved environmental health decision making: The aggregate exposure pathway framework. Environ.Sci. Technol. 50（9）: 4579-4586.

Thayer, K.A., D.R. Doerge, D. Hunt, S.H. Schurman, N.C.Twaddle, M.I. Churchwell, S. Garantziotis, G.E. Kissling, M.R. Easterling, J.R. Bucher, and L.S. Birnbaum. 2015.Pharmacokinetics of bisphenol A in humans following a single oral administration. Environ. Int. 83: 107-115.

Tolonen, A., and O. Pelkonen. 2015. Analytical challenges for conducting rapid metabolism characterization for QIVIVE.Toxicology 332: 20-29.

Tonnelier, A., S. Coecke, and J.M. Zaldíva. 2012. Screening of chemicals for human bioaccumulative potential with a physiologically based toxicokinetic model. Arch. Toxicol.86（3）: 393-403.

Tumer, T.B., S. Savranoglu, P. Atmaca, G. Terzioglu, A.Sen, and S. Arslan. 2016. Modulatory role of GSTM1 null genotype on the frequency of micronuclei in pesticide-exposed agricultural workers. Toxicol. Ind. Health.32（12）: 1942-1951.

Uppal, K., D.I. Walker, K. Liu, S. Li, Y.M. Go, and D.P.Jones. 2016. Computational metabolomics: A framework for the million metabolome. Chem. Res. Toxicol.29（12）: 1956-1975.

van Donkelaar, A., R.V. Martin, M. Brauer, and B.L. Boys.2015. Use of satellite observations for long-term exposure assessment of global concentrations of fine particulate matter. Environ. Health Perspect. 123（2）: 135-143.

Vermeire, T., M. van de Bovenkamp, Y.B. de Bruin, C.Delmaar, J. van Engelen, S. Escher, H. Marquart and T.Meijster. 2010. Exposure-based waiving under REACH.Regul. Toxicol. Pharmacol. 58（3）: 408-420.

Verner, M.A., A.E. Loccisano, N.H. Morken, M. Yoon, H.Wu, R. McDougall, M. Maisonet, M.

Marcus, R. Kishi, C.Miyashita, M.H. Chen, W.S. Hsieh, M.E. Andersen, H.J.Clewell, III, and M.P. Longnecker. 2015. Associations of perfluoroalkyl substances（PFASs）with lower birth weight: An evaluation of potential confounding by glomerular filtration rate using a physiologically based pharmacokinetic model（PBPK）. Environ. Health Perspect.123（12）: 1317-1324.

Vineis, P., K. van Veldhoven, M. Chadeau-Hyam, and T.J.Athersuch. 2013. Advancing the application of omicsbased biomarkers in environmental epidemiology. Environ.Mol. Mutagen. 54（7）: 461-467.

Vrijheid, M., R. Slama, O. Robinson, L. Chatzi, M. Coen, P. van den Hazel, C. Thomsen, J. Wright, T.J. Athersuch, N. Avellana, X. Basagaña, C. Brochot, L. Bucchini, M. Bustamante, A. Carracedo, M. Casas, X. Estivill, L. Fairley, D. van Gent, J.R. Gonzalez, B. Granum, R.Gražulevičienė, K.B. Gutzkow, J. Julvez, H.C. Keun, M.Kogevinas, R.R.C. McEachan, H.M. Meltzer, E. Sabidó, P.E. Schwarze, V. Siroux, J. Sunyer, E.J. Want, F. Zeman, and M.J. Nieuwenhuijsen. 2014. The human early-life exposome（HELIX）: Project rationale and design. Environ.Health Perspect. 122（6）: 535-544.

Wambaugh, J.F., R.W. Setzer, D.M. Reif, S. Gangwal, J.Mitchell-Blackwood, J.A. Arnot, O. Joliet, A. Frame, J.Rabinowitz, T.B. Knudsen, R.S. Judson, P. Egeghy, D.Vallero, and E.A. Cohen Hubal. 2013. High-throughput models for exposure-based chemical prioritization in the ExpoCast Project. Environ. Sci. Technol. 47（15）: 8479-8488.

Wambaugh, J.F., A. Wang, K.L. Dionisio, A. Frame, P.Egeghy, R. Judson, and R.W. Setzer. 2014. High throughput heuristics for prioritizing human exposure to environmental chemicals. Environ. Sci. Technol. 48（21）: 12760-12767.

Wania, F., and D. Mackay. 1999. The evolution of mass balance models of persistent organic pollutant fate in the environment. Environ. Pollut. 100（1-3）: 223-240.

Weaver, V.M., D.J. Kotchmar, J.J. Fadrowski, and E.K. Silbergeld.2016. Challenges for environmental epidemiology research: Are biomarker concentrations altered by kidney function or urine concentration adjustment? J. Expo.Sci. Environ. Epidemiol. 26（1）: 1-8.

Webster, E.M., H. Oian, D. Mackay, R.D. Christensen, B. Tietjen, and R. Zaleski. 2016. Modeling human exposure to indoor contaminants: External source to body tissues.Environ. Sci. Technol. 50（16）: 8697-8704.

Weijs, L., A. Covaci, R.S. Yang, K. Das, and R. Blust. 2012.Computational toxicology: Physiologically based pharmacokinetic models（PBPK）for lifetime exposure and bioaccumulation of polybrominated diphenyl ethers（PBDEs）in marine mammals. Environ. Pollut. 163: 134-141.

Weschler, C.J., and W.W. Nazaroff. 2010. SVOC partitioning between the gas phase and settled dust indoors. Atmos. Environ. 44（30）: 3609-3620.

Weschler, C.J., and W.W. Nazaroff. 2012. SVOC exposure indoors: Fresh look at dermal pathways. Indoor Air 22（5）: 356-377.

Wetmore, B.A., J.F. Wambaugh, S.S. Ferguson, M.A. Sochaski, D.M. Rotroff, K. Freeman, H.J. Clewell, III, D.J.Dix, M.E. Andersen, K.A. Houck, B. Allen, R.S. Judson, R. Singh, R.J. Kavlock, A.M. Richard, and R.S. Thom-as. 2012. Integration of dosimetry, exposure, and highthroughput screening data in chemical toxicity assessment.Toxicol. Sci. 125（1）: 157-174.

Wetmore, B.A., J.F. Wambaugh, S.S. Ferguson, L. Li, H.J.Clewell, III, R.S. Judson, K. Freeman, W.

Bao, M.A. Sochaski, T.M. Chu, M.B. Black, E. Healy, B. Allen, M.E.Andersen, R.D. Wolfinger, and R.S. Thomas. 2013. Relative impact of incorporating pharmacokinetics on predicting in vivo hazard and mode of action from high-throughput in vitro toxicity assays. Toxicol. Sci. 132（2）: 327-346.

Wetmore, B.A., B. Allen, H.J. Clewell, Ⅲ, T. Parker, J.F.Wambaugh, L.M. Almond, M.A. Sochaski, and R.S.Thomas. 2014. Incorporating population variability and susceptible subpopulations into dosimetry for highthroughput toxicity testing. Toxicol. Sci. 142（1）: 210-224.

Wetzel, T.A., and W.J. Doucette. 2015. Plant leaves as indoor air passive samplers for volatile organic compounds（VOCs）. Chemosphere 122: 32-37.

WHO（World Health Organization）. 2005. Principles of Characterizing and Applying Human Exposure Models.Harmonization Project Document No. 3. Geneva: WHO［online］. Available: http: //apps.who.int/iris/bitstream/10665/43370/1/9241563117_eng.pdf［accessed October 24, 2016］.

WHO（World Health Organization）. 2016. Exposure Assessment.International Programme on Chemical Safety［online］.Available: http: //www.who.int/ipcs/methods/harm onization/areas/exposure/en/［accessed October 24, 2016］.

Wild, C.P. 2005. Complementing the genome with an exposome: The outstanding challenge of environmental exposure measurement in molecular epidemiology. Cancer Epidemiol. Biomarkers Prev. 14（8）: 1847-1850.

Wild, C.P. 2012. The exposome: From concept to utility. Int. J. Epidemiol. 41（1）: 24-32.

Wilk-Zasadna, I., C. Bernasconi, O. Pelkonen, and S.Coecke. 2015. Biotransformation in vitro: An essential consideration in the quantitative in vitro-to-in vivo extrapolation（QIVIVE）of toxicity data. Toxicology 332: 8-19.

Wishart, D.S., C. Knox, A.C. Guo, D. Cheng, S. Shrivastava, D. Tzur, B. Gautam, and M. Hassanali. 2008. DrugBank: A knowledgebase for drugs, drug actions and drug targets.Nucleic Acids Res. 36: D901-D906.

Wu, H., M. Yoon, M.A. Verner, J. Xue, M. Luo, M.E. Andersen, M.P. Longnecker, and H.J. Clewell, III. 2015. Can the observed association between serum perfluoroalkyl substances and delayed menarche be explained on the basis of puberty-related changes in physiology and pharmacokinetics?Environ. Int. 82: 61-68.

Wu, J., C. Jiang, D. Houston, D. Baker, and R. Delfino. 2011.Automated time activity classification based on global positioning system（GPS）tracking data. Environ. Health 10: 101.

Xie, H. 2008.Activity assay of membrane transport proteins.Acta. Biochim. Biophys. Sin. 40（4）: 269-77.

Yang, Y., Y.M. Tan, B. Blount, C. Murray, S. Egan, M. Bolger, and H. Clewell. 2012. Using a physiologically based pharmacokinetic model to link urinary biomarker concentrations to dietary exposure of perchlorate. Chemosphere 88（8）: 1019-1027.

Yeo, K.R., J.R. Kenny, and A. Rostami-Hodjegan. 2013.Application of in vitro-in vivo extrapolation（IVIVE）and physiologically based pharmacokinetic（PBPK）modelling to investigate the impact of the CYP2C8 polymorphism on rosiglitazone exposure. Eur. J. Clin. Pharmaco l.69（6）: 1311-1320.

Yoon, M., J.L. Campbell, M.E. Andersen, and H.J. Clewell.2012. Quantitative in vitro to in vivo extrapolation of cellbased toxicity assay results. Crit. Rev. Toxicol. 42（8）: 633-652.

Yoon, M., A. Efremenko, B.J. Blaauboer, and H.J. Clewell.2014. Evaluation of simple in vitro to in vivo extrapolation approaches for environmental compounds. Toxicol. In Vitro 28（2）: 164-170.

Young, B.M., N.S. Tulve, P.P. Egeghy, J.H. Driver, V.G.Zartarian, J.E. Johnston, C.J. Delmaar, J.J. Evans, L.A.Smith, G. Glen, C. Lunchick, J.H. Ross, J. Xue, and D.E.Barnekow. 2012. Comparison of four probabilistic models（CARES（®）, Calendex™, ConsExpo, and SHEDS）to estimate aggregate residential exposures to pesticides. J. Expo. Sci. Environ. Epidemiol. 22（5）: 522-532.

Young, J.F., R.H. Luecke, and D.R. Doerge. 2007. Physiologically based pharmacokinetic/pharmacodynamic model for acrylamide and its metabolites in mice, rats, and humans. Chem. Res. Toxicol. 20（3）: 388-399.

Yu, R., Y. Lai, H.J. Hartwell, B.C. Moeller, M. Doyle-Eisele, D. Kracko, W.M. Bodnar, T.B. Starr, and J.A. Swenberg.2015. Formation, accumulation, and hydrolysis of endogenous and exogenous formaldehyde-induced DNA damage.Toxicol. Sci. 146（1）: 170-182.

Zartarian, V., T. Bahadori, and T. McKone. 2005. Adoption of an official ISEA glossary. J. Expo. Anal. Environ. Epidemio l.15（1）: 1-5.

Zhang, D., G. Luo, X. Ding, and C. Lu. 2012. Preclinicalexperimental models of drug metabolism and disposition in drug discovery and development. Acta Pharm. Sinic. B. 2（6）: 549-561.

Zhang, X., J.A. Arnot, and F. Wania. 2014. Model for screening-level assessment of near-field human exposure to neutral organic chemicals released indoors. Environ. Sci.Technol. 48（20）: 12312-12319.

第三章 毒理学进展

自 2007 年美国国家研究委员会（NRC）发布《21 世纪毒性测试：愿景与策略》以来的十年间，一系列在分子水平上用于了解人类功能和疾病的技术和生物学工具得到了长足进展。其中一些进展最初是由人类基因组计划促成的，该计划需要通过技术革新和大量合作才能实现绘制 DNA 序列图谱的最终目的。此外，来自制药行业中筛选具有特定生物功效且非靶效应很小的化学物质的技术进步也促进了新技术和新工具的发展。随之而来的，是大数据开发、公共访问以及数据共享时代的到来，同时伴随着前所未有的数据存储容量、计算速度以及软件开发能力的不断提高。研究也逐渐多学科化，目前的项目团队通常包括遗传学家、毒理学家、计算机科学家、工程师和统计学家等。许多先进的工具现在已可用于毒理学和流行病学研究，举例如下：

- 从全球不同人群中收集的淋巴细胞进行永生化后形成的大量细胞库可用于毒理学研究。

- 通过多机构合作（Threadgill 等，2012）构建遗传多样化的小鼠品系，可用于医学和毒理学研究。这些动物的基因分型已全部完成，且目前基因测序的费用较低，序列信息也可公开获得。

- 基因芯片和下一代 RNA 测序可以通过大量基因（转录组）的同时表达揭示暴露后的改变。目前用于描述表观基因组（表观遗传学改变，例如甲基化和组蛋白修饰）、蛋白质组（细胞中存在的蛋白质）和代谢组（小分子）的技术已经成熟。

- 目前可以公开获得大量的生物数据汇编，同时数据访问、解释和预测的软件也可公开获得。科学文献数据库的搜索工具被用于了解化学物质、基因和疾病之间的关系。

- 使用多孔板的自动化系统为测量化学物质暴露于细胞和细胞成分后的广泛效应提供了一个高通量的平台。自动化多孔检测技术也被用于快速检测与人类基因相对同源的斑马鱼和脊椎动物。

- 计算机的发展使得基于化学结构预测毒性的方法开发，以及使用系统生物学模型来评估各种生物学路径的扰动效应得以实现。

一些先进的工具可用于解决毒理学乃至风险评估中的一些问题（见第一章方框1-3）。一些常见的关于风险评估应用工具涉及的问题包括：

- 计划和范围：哪些化学物质应该首先开展广泛的毒理学评估（即如何确定化学物质检测的优先次序）？
- 危害识别：化学物质可能会产生哪些不良效应？例如，化学物质是否会有致癌风险或影响肾脏/生殖功能？如果某化学物质的毒理学数据缺乏，但其化学结构或生物学活性类似于其他毒理学数据充分的化学物质，那么是否可以假定它们在类似的暴露情景下具有相同类型的毒性？细胞试验是否适合用来预测对人体的不良影响？化学物质对致癌性、生殖毒性或其他不良影响是否具有相同的途径或进程？
- 剂量-反应评估：反应如何随着暴露量而改变？在什么暴露水平下，风险无关紧要？是否存在某人群的暴露阈值，低于该阈值则无人群不良影响？
- 混合物：复杂混合物的危害和剂量-反应特征是什么？新增的某一化学物质暴露如何增加了现有暴露水平下人群的健康风险？
- 不同的敏感性和易感性：某些人群暴露特定的药物或环境化学物质后，其风险是否比其他人要高？例如，由于共同暴露，有基础疾病或遗传易感性的人群是否更容易产生风险？年幼或老年人群的暴露是否更应值得关注？

这些风险评估问题为毒理学工具的最新进展提供了研究背景。使用这些新工具获得的信息可以提高我们对化学物质从暴露到结局各个阶段的潜在健康影响的认识，如图3-1所示。这个阶段的起点是外暴露向内暴露的转变，该内容详见本专著第二章（见图2-1）。其最终目标是预测生物体或人群对暴露的反应，从暴露到结局各个阶段可能会使用不同的工具来探索和研究。如第二章所述，虽然从暴露到结局各个阶段被描述为一条线性路径，但委员会认为通常为多条交叉路径。

本章描述了可用于解决风险问题的各种新的分析和计算工具，但并不全面。章节的框架按照从暴露到结局的顺序；讨论部分首先是探讨用于研究化学物质和细胞成分相互作用的测试分析方法和计算工具，其次论述预测人群健康效应相关的分析方法和计算工具。鉴于多种原因，在毒理学评价中，对药物代谢动力学关系的理解至关重要，例如：评估（某种化学物质）体外培养和体内试验的暴露量和暴露持续时间是否与暴露于人体的暴露情况相似；推断从高剂量到低剂量，从一个暴露路径到另一个暴露路径，以及不同物种间的代谢差异；表征人体外暴露与内暴露之间的关系。药物代谢动力学分析和模型的进展详见第二章，本章不再赘述。本章最后阐述了目前面临的一些挑战，并提出了有助于应对这些挑战的对策。

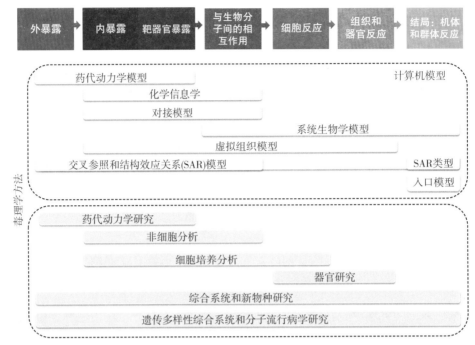

图 3-1 计算机模型和生物学分析结果显示从暴露到结局的完整过程,以说明模型和分析可能被用来提供路径中不同点的信息。条形图的条状标识部分可用于进行交叉参照,SAR 模型反映了这样的事实,即通常在类似的化学物质之间可以进行连接/比较,以获得最初的生物效应或结果。但是,生物学工具也可以探测细胞或组织水平的反应,并为交叉参照和 SAR 分析提供支持。如果有足够的数据可用,则可以在暴露与结果的连续统计的各个点上进行交叉参照/比较和 SAR 分析。

委员会强调,大多数 Tox21 分析或系统工具不是以风险评估应用为目的而开发的。因此,在毒理学方面如要尽可能好地应用这些工具并解释数据尚需不断完善。例如,用于检测对特定生物靶点具有高亲和力或高效应的试剂分析系统,可能对具有中/低度效应或产生多种作用的其他试剂并不是最佳的。因为高通量系统的数据越来越易获得,一些风险问题正在被阐述及解决。但是,各种检测方法的有效性或适用性需要通过大量重复的数据和精密分析来确定,一些非常高效的检测方法(例如,药物开发)可能不适用于产品中化学物质或环境污染物的风险评估。

第一节 预测并研究化学物质与细胞成分的相互作用

长期以来科学界认为,化学物质与特定受体、酶或其他游离蛋白质、核酸和偶合物的相互作用可对生物系统产生不良效应,诸如亲电基团与蛋白质或 DNA 之间的耦合作用(NRC,2000,2007;Bowes 等,2012)。同时也部分受到药物研发过程中的降低药物研发高失败率的需求的影响,探测化学物质与细胞成分在分子水平上相互作用的体外分析方法得到迅速发展。目前虽然已经开发了多种新的分析方法，但是只有一种分析方法可以评估人类钾离子通道（hERG 通道）[①]，该方法已经被整合到新的药物应用中。图 3-2 显示了与细胞成分相关的一些典型的相互作用，以下部分阐述了这些相互作用是如何被研究的。

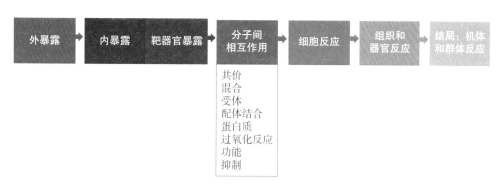

图 3-2　从暴露到结局的完整过程及生物分子与化学物质之间相互作用类型的案例。

一、通过化学结构预测相互作用

近年来，以化学结构为基础来预测与蛋白质靶标的相互作用更为可行，特别是随着可公开获取的数据源的发展和应用的增加该趋势更为明显（Bento 等，2014；Papadatos 等，2015）。目前利用计算机模型预测分子与单一蛋白质的相互作用已得到开发，许多相关论文已经发表，其中最值得关注的是预测 hERG 活性模型（Braga 等，2014）与雌激素受体（Ng 等，2015）的相互作用。但现有的计算能力可以同时预测多种相互作用。例如，Bender 等（2007）应用化学结构相似性来预测蛋白质－化学物质相互作用，据报道，预测一个新的化学结构与一些蛋白质的相互作用，其平均准确性超过 92%，且具有较高的选择性；也就是说，仅有少量的阳性预测结果后来被体外试验证明是阴性的。虽然多数预测是正确的，但假阳性率也较高（也就是说大量的非活性化学物质被预测为活性物质）。大多数模型是基于对特定蛋白质具有高亲和力的药物筛选而建立的，但是在文献中有一些案例已经采用相同的方法来鉴定与受体结合亲和力较低的化学物质（Hornung 等，2014）。

提高蛋白质－化学物质相互作用的预测水平的研究仍在继续。Lounkine 等（2012）使用了相似性集成方法（Keiser 等于 2007 年首次发表该方法），预测了 656 个上市药物的活性，其中有 73 个蛋白质靶标被认为与临床不良事件有关；约 50%

---

① hERG 通道的封锁直接与 QT 区间的延长相关，也可能与致命的心律失常相关。

的活性预测后来被试验证实，其对 1nmol/L 到 30μmol/L 大小的蛋白质靶标具有结合亲和力。Cheng 等（2012）通过使用计算方法、多目标定量结构－效应关系（quantitative structure–activity relationship，QSAR），评估 G 蛋白偶联受体（GPCR）和激酶蛋白，评估了从 ChEMBL[①] 数据库提取的化学物质－蛋白质的相互作用。据报道灵敏度范围在 48%~100%（平均值为 84.4%），对 GPCR 模型和激酶的特异性也非常高（前者约为 99.9%）

二、与非细胞分析相互作用的评估

长期以来，非细胞或生物化学分析已被用于探测化学物质与生物分子（如酶和激素受体）之间的相互作用，以及其对特定靶标的活性（Bhogal 等，2005）。这些分析方法可以提供可靠的、有效的实验室间的一致结果，并且可以应用于低、中或高通量分析（Zhang 等，2012a）。

美国环境保护署（EPA）正在探索利用商业化的非细胞试验方法开展高通量分析，以评估环境中的化学物质。这些试验最初是为临床前药物评估开发的（Sipes 等，2013）。EPA 工作组测定了多种活性，包括化学物质与 GPCR、类固醇激素和其他核受体、离子通道和转运蛋白的结合，以及对激酶、磷酸酶、蛋白酶、细胞色素 P450 和组蛋白脱乙酰酶的活化（Sipes 等，2013）。约 70% 的试验方法来源于人类细胞，20% 来自大鼠细胞，其余来自其他物种的细胞。

目前已经开发出多种用于评估其他靶标的非细胞试验，在制药、生物医学和研究机构的实验室中已得到应用（Xia 等，2011；Mehta 等，2012；Landry 等，2015；McKinstry-Wu 等，2015）。这些试验被用来探测大量的蛋白质的类型和功效，如 NOD 样受体（参与免疫和炎症反应）（Harris 等，2015），甲基转移酶（Dong 等，2015）和各种膜蛋白（Wilcox 等，2015）。

化学物质在体外相互作用的大小，如 IC_{50}[②] 或 KI^3，为体内试验设定允许观察到表型反应的足够高的剂量水平提供了相关信息。观察到表型反应所需要的对蛋白质功效的抑制或活化程度可能有很大差异，这部分取决于蛋白质或酶的性质和功能。对于 GPCR 的抑制剂，当其血浆浓度小于或等于血浆蛋白结合校正后 IC_{50} 的 3 倍时，在体内可观察到预期的药理学反应（McGinnity 等，2007）。在药品行业研发中，凭经验估计，在非细胞试验中测得的 IC_{50} 或 KI^3 与外周血浆未结合 C_{max} 之间的

[①] ChEMBL 是由欧洲化学物质分子生物学实验室的欧洲生物信息研究所维护的生物活性分子的化学数据库。
[②] IC_{50} 是在测定中引起最大抑制效应的 50% 所需的浓度；KI 是化学物质的抑制常数，代表抑制剂结合的酶复合物的解离平衡常数。

100倍边界被认为足以代表最小的毒性风险（N.Greene 等，2015）。然而，对于未进行临床试验检测及医学监测的环境化学物质，可能并不适用于这套经验。特别需要注意的是毒性效应大小受到多种因素的影响，包括所需的受体结合程度、化学物质到达作用位点的能力（如穿透血脑屏障）、调节作用机制（如抑制剂、激动剂或变构调节剂）、与受体结合的动力学以及暴露持续时间等。

第二节　细胞反应

基于细胞的体外测试方法已经诞生近一个世纪了。第一篇分离细胞培养的文献发表于1916年（Rous 等，1916）。目前通过细胞培养技术已经获得了许多细胞系，而且采用该技术可培养更多的细胞系。细胞培养可用于测量基因和蛋白的表达以及各种潜在的不良反应（见图3-3），并且可以用于高通量分析（Astashkina 等，2012）。另外，对不同基因类型人群的细胞分析方法可以快速评估化学暴露反应的遗传特异性（Abdo 等，2015）。

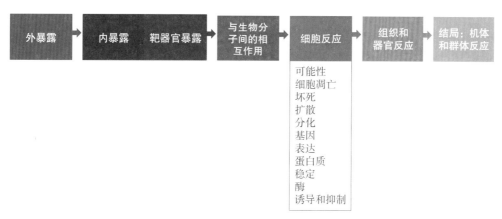

图3-3　暴露到结果的完整过程以及细胞反应的案例。

目前，细胞分析技术已被用于危害识别和剂量－反应评估，主要是作为整体动物试验或人群流行病学研究数据的补充，用以阐述生物学合理性和毒性机制的问题。例如，在化学物质的致癌性评估中，国际癌症研究机构（IARC）对细胞水平上的功能改变设置了权重（IARC，2006），并考虑了致癌物关键表征的机制方面证据的相关性（Smith 等，2016）。在 IARC 评估中，细胞分析方法至关重要（IARC，2015a，b）。人类和动物来源的细胞培养物也被用于确定剂量－反应关系和毒性作用基因谱，例如环氧乙烷反应（Godderis 等，2012）。这些分析方法可以用来阐述本章开端提出的许多基于风险的问题，并将在第五章予以阐述。

细胞培养可以在多种体系中进行，包括单层和三维细胞系培养，[①] 可以用于指示潜在的组织、器官、（有时甚至是）生物体水平的可能毒性效应，特别是在整合系统中考虑多类细胞之间的作用和信号传导（Zhang 等，2012a）。细胞培养可用于评估许多细胞过程和反应，包括受体结合、基因激活、细胞增殖、线粒体功能障碍、形态或表型变化、细胞应激、基因毒性和细胞毒性。各种技术和测量，如阻抗、基因转录、直接染色、报告基因表达、荧光或生物发光共振能量转移技术，均可用于检测细胞反应和过程（An 等，2010；Song 等，2011；Asphahani 等，2012；Smith 等，2012）。此外，高内涵成像和其他新技术可以同时检测多种毒性效应。本节介绍了应用细胞分析技术来评估细胞反应的一些最新进展，并强调这些进展可以改进毒理学和风险评估技术。

委员会指出，细胞分析技术也存在一些不足，其中需要着重关注的是代谢能力问题。具体来说，这些分析方法是否能够获取外源性物质在体内是如何被代谢的信息？这可能并不是低通量方法所关注的，后者可能先要确定代谢是否对毒性结果产生重要影响，如果影响较大，首先要检测化学物质母体和代谢物。然而，高通量分析几乎难以测定代谢情况。化学物质母体和代谢物在毒性和功效方面可能存在很大不同。如果体外试验不能充分获取人体内形成的关键代谢物的信息，无法检测可能产生毒性作用的具体物质，那么可能无法给出有效的评估结果。此外，虽然一些检测系统可能获取化学物质在肝脏中代谢情况的信息，但是如果肝外代谢可能是其毒性作用的驱动因素，那么体内代谢活化的相关情况在理解体外研究的有效性以及解释体外和体内的研究结果时就是一个重要的考虑因素。美国环境保护署、国家环境健康科学研究所和美国国家促进转化科学中心正在设立研究基金鼓励开展该领域的研究。例如，一个多部门合作组织在 2016 年开展了"变型毒素测试挑战：代谢学创新"100 万美元竞赛，鼓励创新者建立将代谢纳入高通量筛选的试验方法（EPA/NIH/NCATS/NTP，2016）。EPA 也在尝试开发一种将人类肝脏组织中的微粒体部分包裹在藻酸盐等基质中的系统，该系统可使低相对分子质量的化学物质扩散，但保留有毒的脂质过氧化物。EPA 还正在尝试开发一种替代方法，用一种酶编码基因的 mRNA 转染细胞，以增加细胞内的代谢转化。委员会认为这些创新正朝着正确的方向发展，并强调了解决代谢能力测定问题的重要性。

---

① 三维培养是一种通用术语，用于描述生长在某种支持物或支架上的培养系统，如水凝胶基质。三维培养通常有两种或更多的细胞类型。

一、原代细胞

原代细胞是直接从新鲜的动物或人体组织中分离的细胞，可从多种组织中获得，如肝脏、大脑、皮肤和肾脏等，原代细胞可用于高通量筛选（high-content screening，HCS）和分析（Xu 等，2008；Zhang 等，2011；Thon 等，2012；Raoux 等，2013；Tse 等，2013；Valdivia 等，2014；Feliu 等，2015）。虽然原代细胞比永生化细胞更能反映体内细胞和组织特异性的特征（Bhogal 等，2005），但其培养生存期短，且数小时至数天之内会出现快速去分化。

目前已经有几种测试方法采用原代细胞培养用于化学毒性测试的高通量分析（Sharma 等，2012；Berg 等，2015）。例如，美国环境保护署采用 8 种原代细胞培养体系确定了 1000 多种化学物质的活性（Houck 等，2009；Kleinstreuer 等，2014），这 8 种原代细胞包括：成纤维细胞、角质细胞、内皮细胞、外周血单核细胞、支气管上皮细胞、冠状动脉平滑肌细胞等。利用专有软件，化学物质按照其生物活性被分类，并明确了这些化学物质的一些可能的毒性机制。由于缺乏公开的数据库来对此结果进行比对，加上结果数据的复杂性，因此无法对测试方法进行灵敏度和特异性计算（Kleinstreuer 等，2014）。构建效度（construct validity）是指"整个检测系统是否足以代表靶标的生物学效应"，其判断标准对于本章描述的上述方法和其他检测方法仍然具有挑战性（见本章后面部分"影响毒理学发展的挑战与对策"）。

在过去的十年里，原代细胞培养的重大进展是三维细胞培养技术。三维细胞培养可添加辅酶因子，比单层细胞培养具有更好的形态和功能（van Vliet，2011），且在癌症药物的开发中越来越受到关注，因为三维细胞培养比采用扁平细胞层的传统单层分析更大程度地强调了肿瘤的微环境（Edmondson 等，2014；Lovitt 等，2014）。目前采用不同肿瘤原代细胞三维培养已经开发了许多分析技术。几项研究（Arai 等，2013；Chen 等，2014）显示，具有很好功效的癌症药物有一定程度的耐药性，主要取决于分析类型，而三维分析技术的结果显示出更大的耐药性。

同样，体外试验中肝原代细胞的应用最为广泛，目前正在开发添加辅助因子的三维培养系统，该系统可弥补传统单层系统检测肝毒性药物的灵敏性的不足（Soldatow 等，2013）。例如，用于酶诱导或抑制方面研究的三维培养系统需要在相对长的时间（1～3 天）内保持细胞功能，并且可以用来重新构建细胞极性，而在单层培养系统中细胞极性将会丧失。肝脏培养技术的发展引起毒理学评价中三维肝细胞培养方法的改良和复杂性的增加，下一步将开发人造肝脏，这通常被称为器官芯片,该内容将在"组织水平和器官水平反应"中详细论述。

本节讨论的肿瘤细胞和肝细胞培养的案例突出显示了从传统单层培养到更复杂的三维培养的转变,并最终转向了各种组织和器官模型(Huh 等,2011;Bulysheva 等,2013;Guiro 等,2015)。

二、永生化细胞系

永生化细胞系可以来自分离的人类癌细胞或遗传物质发生改变的原代细胞,以提高组织培养中的细胞寿命和适应能力。永生化细胞系不需要每次都进行分离和收获,较易生长和增殖,一般培养几次后趋于稳定,易于冷冻和在不同实验室间共用,并可大量增殖。克隆的永生化细胞能够在基因相同的细胞中得以检测,而且来源于不同群体的永生化细胞系可以用于化学物质毒性作用的人群变异性研究(Abdo 等,2015)。然而,与原代细胞传统单层培养比较,永生细胞系更多地丧失了天然的体内特性和功能。它们的细胞极性可能发生了改变(Prozialeck 等,2003;Soldatow 等,2013),含有非天然的遗传物质(Yamasaki 等,2007),以及减少了关键的细胞特征(例如配体、转运蛋白和粘蛋白),并且可能容易被其他细胞系如 HeLa 和 HepG2 污染。细胞表型改变可能导致其对测试化学物质不敏感和产生错误表征。例如,在比较肾脏近端肾小管细胞(原代细胞)与永生化人体肾细胞的线粒体毒性差异时,研究人员发现原代细胞比永生化细胞系更容易识别出潜在毒性物质(Wills 等,2015)。

美国联邦政府的 ToxCast 和 Tox21 项目中的许多检测均采用癌细胞来源的永生化细胞系(如 T47D 乳腺细胞、HepG2 肝脏细胞和 HEK293T 肾脏细胞)。这些检测方法显示了其识别已在啮齿类动物试验中明确的化学致癌物毒性的潜在能力(Kleinstreuer 等,2014),并且对依据指南及指南类导则开展的动物研究中初步分类为肝脏毒性的化学物质也表现出一定的预测能力(Liu 等,2015)。然而,这些检测方法也被证明有时无法预测在人类或动物中已明确的危害(Silva 等,2015;Pham 等,2016)。

ToxCast 数据库已被推荐用于预测体内重要功能的调节结果(如动物子宫增重试验用于预测化学物质的体内雌激素样作用)(Rotroff 等,2013;Sipes 等,2013;Browne 等,2015),但该数据库作为替代方法仍引发争议。例如,美国环境保护署的联邦杀虫剂、杀菌剂和杀鼠剂法案(FIFRA)科学咨询委员会表示,不建议各机构采用 ToxCast 数据库中雌激素受体激动剂和拮抗剂活性的计算模型来替代子宫增重试验(EPA,2014a)。尽管委员会强调该计算模型有许多优点,但是对于其应用仍然有顾虑，因为对于非参考化学物质来说，模型的计算性能可能会下降，而且模型也无法评估那些由于药代动力学或毒性通路发生改变而毒性变化的化学物质。因此，委员会认为该计算模型需要进一步的研究。最近，EPA重新研究了评价雌激素样作用的高通量分析体外测试组合结果，结论是这一系列测试组合可以很好地替代内分泌干扰评价体系中一级筛选试验中的子宫增重试验，并计划在未来评估和筛选化学物质中采用该测试组合（Browne等，2015；EPA，2015）。

由于永生化细胞系仅代表完整组织的细胞，其替代方法已经被开发出来，现在已能够通过商业化获取。具有分化潜能的"条件性永生化"细胞系越来越多地被用于生物医学研究，在毒理学中具有潜在应用价值（Liu等，2015）。

三、干细胞

随着干细胞研究的发展，多种细胞类型更大范围的检测方法得以研发，其中一些细胞具有代谢能力，可用于化学物质对各种组织影响的研究（Scott等，2013；Gieseck等，2015）。目前基于干细胞的各种检测目的测试方法可以通过商业化途径获得（Anson等，2011；Kolaja，2014），而且基于毒理学应用的干细胞研究也正在进行中（Sjogren等，2014；Romero等，2015）。例如，体外鼠神经胚胎干细胞试验已经发展成为神经发育毒性试验的替代方法（Theunissen等，2012；Tonk等，2013）。干细胞具有生长快速，可控性和可分化为一系列细胞类型等特点，使其在化学物质的毒性评价中具有潜在价值。此外，从遗传多样性的不同人群中获取的干细胞的检测方法，有望在解决危害和风险评估相关问题方面提供信息。

应用于毒理学研究的干细胞主要有三种类型：胚胎干细胞、成体干细胞和诱导多能干细胞。胚胎干细胞从小于5天的胚胎中获得，具有无限的分化能力。成体干细胞从成人骨髓、皮肤、脐带血、心脏组织和脑组织中分离。诱导多能干细胞（iPSCs）由外源基因导入成体细胞成为多能干细胞（Takahashi等，2007）。诱导多能干细胞与胚胎干细胞（假胚胎）类似，可以在单层和三维结构中生长多代。它们可以分化为多种细胞类型，包括神经元细胞（Efthymiou等，2014；Malik等，2014；Sirenko等，2014a；Wheeler等，2015）、肝细胞（Gieseck等，2014；Sirenko等，2014b；Mann，2015）和心肌细胞（Sinnecker等，2014；Karakikes等，2015）。诱导多能干细胞来源于成体细胞，且具有分化成多种细胞类型的能力，因此在探索人类多样性的研究方面有很大的前景。来源于某一特定个体的诱导多能干细胞，可产生个体化的生物标志物，来自大量患病人群的诱导多能干细胞（Hossini等，2015；Mattis

等，2015）有助于明确疾病涉及的信号通路及其易感性的原因（Astashkina等，2012）。由于诱导多能干细胞具有较高的成本效益（Beers等，2015），因此它们有可能从本质上促进基于细胞的毒性检测的发展。

应用干细胞也面临一些挑战。因其分化能力较强，细胞生长、分化和功能可能发生改变；同时干细胞一般难以培养和转染，这些因素可能限制了其在高通量分析中的应用。在毒理学应用中，干细胞特征归类方法的系统化以及培养方法的标准化（如细胞类型、性别来源和细胞功能）的缺失也阻碍了干细胞技术的应用。尽管干细胞（和其他细胞）具有内在缺陷，但它们仍然在化学物质的毒性评价领域打开了细胞和分子水平层面的生物学之窗。细胞表型和特性的准确评估有助于明确在细胞模型水平上的人类生物学特征。

四、细胞反应模型

在过去的十年，大量新发展起来的数学模型和系统生物学工具已被用于描述细胞功能和反应的各个方面，尤其在调控细胞功能的反馈过程方面取得了很好的进展。细胞模型的发展得益于细胞生物学、分子生物学、生物医学工程和合成生物学等领域的共同发展。

一些具有特定功能并且在不同物种中重复出现的简单结构单元被认为是网络模体（network motifs）（Milo等，2002；Alon，2007）。分子网络（或通路）由网络模体组成，并发挥特定的细胞功能，例如调控细胞周期、外源性物质代谢、激素功能和应激通路的激活，这也是细胞应对化学物质和其他应激，如氧化应激、DNA损伤、缺氧和炎症，维持体内平衡的主要途径。计算模型用于检查这些通路、激活效果和剂量－反应特性。

NRC（2007）将毒性通路定义为细胞－反应通路，即受到足够的干扰时，导致不良反应或毒性的分子通路。计算机系统生物学方法可以用来模拟毒性通路，目前用于描述通路和功能的工具正在迅速发展（Tyson等，2010；Zhang等，2010），而且这些工具可用于开展毒性通路变化的剂量－反应特性方面的研究（Simmons等，2009；Zhang等，2014，2015）。对毒性通路的定量描述可以在细胞水平上表征个体对化学物质易感性的差异，但首先需要明确不同个体间信号通路的成分；灵敏度和其他分析可以用来确定人体产生不良反应的变异性的信号通路成分。当模型被应用于更多的信号通路时，其可行性将会增加。改进模型，同时收集有关化学物质暴露后具体的生物学反应数据，将改进测试模型结构和试验方案，并有助于建立新的方法来探索低剂量的细胞水平的剂量－反应行为的生物学基础。

第三节 组织水平和器官水平的反应

近十年来，工程化三维组织模型和基于组织水平的模拟反应计算模型取得了进展（见图 3-4）。本部分描述了可能适用于毒理学研究的器官模型、器官芯片模型和仿生组织模型。

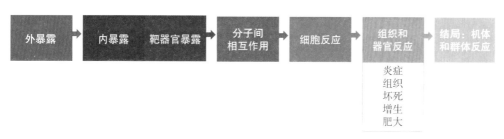

图 3-4 暴露到结局的完整过程以及组织和器官效应的案例。

一、器官模型

器官模型是一种特定类型的三维技术，是将两种及以上类型的细胞放置在一起以模拟（至少部分模拟）体内组织，复制组织或器官在体内的一些生理学反应。含有角质形成细胞和成纤维细胞的皮肤器官模型已经被开发并用于测试皮肤刺激的替代模型（Varani 等，2007），在欧洲已经被接受用于局部应用的产品的分类和标签中（Zuang 等，2010）。目前皮肤模型正在被评估，以期提高体外遗传毒性测试的特异性（Pfuhler 等，2014）。器官型皮肤培养物保留了化学物质代谢和解毒的能力，且化学物质向基底层转运的速率与体内皮肤吸收的动力学相当，因此其与体内遗传毒性的结果一致性较好。其他器官模型还包括眼、肺上皮组织、肝脏和神经系统组织（NASEM，2015）。通过蛋白质组学技术，已经利用小鼠器官对环境化学物质的毒性作用进行了研究（Williams 等，2016）。

二、器官芯片模型

器官芯片模型是一个新兴发展的科学技术（见图 3-5）。这是一个在多通道微流体装置中培养的三维培养物（Esch 等，2015），与器官模型培养物有相同的功能，但其具有调控生理和药代动力学过程的功能（即调控化学物质通过通道流入的速率）。目前已经有多种器官芯片模型被设计完成，如肝脏、心脏、肺脏、睾丸和肾脏等器官芯片模型。这些模型被用于研究化学物质如何干扰完整的生物系统，以及在完整的器官中如何发挥机制作用的影响，如肺脏呼吸时肺泡-毛细血管屏障的延展等研究。

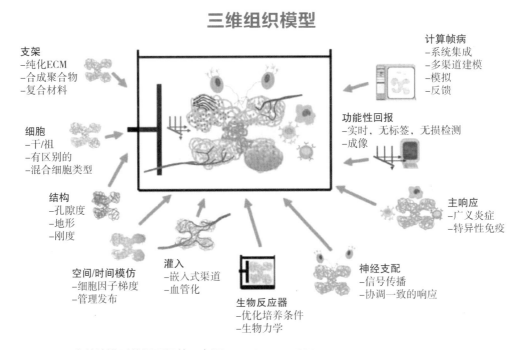

图 3-5　器官芯片模型的通用组件。来源：Birnbaum，2011。

目前已尝试设计具有不同器官模拟物串联或并联排列的平台，该系统可以复制组织相互作用和体内药代动力学的各个方面（Sung 等，2010）。远期目标是将一种母体化学物质加入该系统，通过肝脏房室进行代谢，流向含有应答细胞类型的房室或含有疏水材料（代表脂肪）的其他房室，最后流过具有消除能力的肾脏房室。迄今为止，这种具有复杂性的微流体平台尚未付之于实践，并且尚未获得通过该系统的各种组织实际的代谢物分布数据（Andersen 等，2014）。

研究人员在开发此系统平台方面仍面临着挑战，例如用于制造细胞培养基质的合成材料。这些合成材料通常不是细胞外基质的良好模拟物，甚至会吸收小的疏水性分子（Wang 等，2012），因此可能对生理系统产生不良影响或改变化学物质的浓度。同样，器官芯片的大规模生产和高通量应用也是该技术所面临的挑战；能否获得足够量的人类来源细胞，对于研究数据的重复和解释也是一个重要的瓶颈。

目前由多个器官房室组成的微系统正处于开发的早期阶段，许多项目正在验证模型与体内观察结果的相关性。例如，美国国家转化科学促进中心（National Center for Advancing Translational Sciences，NCATS）在该领域已经进行了不懈的努力

（NCATS，2016），欧盟资助的基于整合系统预测药物性肝损伤的机制研究（EU，2015）也一直在探索使用肝脏芯片模型来预测药物的不良反应。器官芯片模型很有发展前景，但目前尚不足以被纳入风险评估中。

三、仿生组织

如前所述，计算机系统生物学可能被用于描述由化学物质暴露以及由此产生的细胞反应的通路变化。这种模型可以应用于多个串联或并联过程，并将细胞反应与组织水平反应联系起来。通过连续的剂量依赖性步骤所建立的前馈-反馈控制模型也能够检测有毒物质暴露的多细胞反应，例如肝细胞增殖过程中的Kupffer细胞-肝细胞的相互作用。前馈-反馈控制也可能用于研究细胞间的反应模式，这需要在通路的前端或发挥细胞功能的早期进行干预，从而激活或抑制完整的多细胞反应。细胞反应可以改变组织功能，定量模型主要关注于细胞水平的计算模型和仿生组织模型之间的相互作用。

EPA的计算机毒理学项目（Computational Toxicology Program）已经开发了胚胎和肝脏的仿生组织数学模型以及血管发育模型（Shah等，2010；Wam-baugh等，2010）。仿生组织模型可使应用组织中不同细胞的"基于介质或药剂"Agent模型，采用数字化模式来描述细胞功能或其他组织成分的关键内容，从而获得组织或器官的特征性信息性质（Swat等，2013）。EPA模型还可评估造成模型中细胞的生长和表型特征改变的化学物质的暴露量，以及描述虚拟胚胎中不同结构的细胞生长或模式形成过程或虚拟肝脏中细胞应答的区域分布。

与任何模型一样，开发反应模型的关键考虑因素是模拟结局（仿生组织反应）与试验观察结果在生物学方面是否具有一致性。可以通过使用人类细胞或不同类型人类细胞共同培养物来对模型的假设和预测能力进行测试。采用毒理基因组学和其他方法的短期靶向动物研究可以更广泛地用来评估模型。仿生组织模型可有助于了解激活人体组织的早中期反应过程中关键通路被干扰的程度，以及将影响这些关键通路的因素的已有信息进行汇总整合和概念化。并且，当仿生组织模型发展到一定程度时，有望去支持基于关键事件研究的风险评估，并可在机体水平上判断关键事件如何引起不良反应的发生。

第四节　机体水平和群体水平的反应

Tox21（NRC，2007）强调，将来常规的毒性测试将依赖于人体细胞的体外试验或探测人体毒性通路及分子水平上的试验。但是，专著也指出，在某些情况下，尽管整体动物研究将不作为风险评估所需信息的常规方法，但可能仍有必要开展，这取决于特定风险评估项目涉及的问题的性质。美国 EPA 关于新一代风险评估的报告（EPA，2014b；Krewski 等，2014；Cote 等，2016）也强调了与风险评估问题的性质相关的不同类型信息的需求。该专著审议了三种类型的评估：筛选和优先评估、限定范围评估以及深入评估。后者可能涉及广泛的毒性测试方法，包括整体动物研究。对于风险评估中不确定性的分析，也可从体现群体变异性的啮齿动物和来源于不同个体的人类细胞相关的试验中获得信息。与分子和细胞水平上的毒性测试工具一样，不断采用和融入整体反应测试新技术和新方法的整体动物试验，对于限定范围评估以及深入评估，尤其是后者，可能会提供重要的信息。不同水平的评估方法强调了依赖于风险评估问题的为导向的测试或方法的组合设计。本节讨论新型动物模型，该模型可提高整体动物试验的有效性和检测能力。同时介绍了基于结构的计算模型和交叉参照方法的最新进展，这些新方法为预测毒理学数据缺失的化学物质在机体水平上的反应提供了机会。图 3-6 列出了一些机体水平和群体水平的反应。

图 3-6　暴露到结局的完整过程以及机体和群体反应的案例。

一、新型整体动物模型

随着遗传学、基因组学和生物体发育模型的进展，基因表征良好的整体动物模型已经成功建立，包括转基因啮齿动物系、基因纯化小鼠品系以及替代品系，后者例如斑马鱼和秀丽隐杆线虫，可以通过高通量技术对其进行研究。这些模型与毒理基因组学和新型成像技术相结合，可以建立研究化学物质在组织和细胞水平上相互作用的新方法，从而可以对传统啮齿动物研究进行改良。同源菌株也可为明确人类易感性的决定因素提供科学依据，特别是当与新的问询工具（interrogation tools）相结合时，同源品系可为明确新的毒性机制提供数据支撑。通常以某种假设为前提的有针对性的试验比之前的试验策略更关注是否可以帮助开发和提高新型动物模型和传统模型的价值。这些有针对性的试验可以用来探索一种化学物质引起的毒性机制、年龄和性别如何对结果产生的影响以及人群的易感性的可能差异会如何变化。它可以帮助弥补风险评估中的特定信息的缺乏，并可将体外试验和整体动物试验的分子、细胞或生理效应联系起来。有针对性的试验对评估和验证新计算模型、体外试验和测试组合的稳定性和可靠性至关重要（Andersen 等，2009；Krewski 等，2009）。正如本节所示，新型动物模型和结果－问询工具（outcome-interrogation tools）可以对整个机体提供更广泛的危害评估数据。

（一）转基因啮齿动物

转基因小鼠品系（如敲入、敲除、条件基因敲除、报告基因和人源化品系）的建立促进了生物医学研究的发展。目前一些转基因大鼠品系已经可以获得。新的基因编辑技术，如 CRISPR/Cas9，有可能在成年动物中产生可诱导的基因编辑，并在非传统的哺乳动物模型中创建转基因品系（Dow 等，2015）。基因编辑允许创建更加适合于各项任务的试验方法，包括对易感品系进行有针对性的试验以及基因—环境相互作用的探索。

虽然转基因动物已经有几十年的历史（Lovik，1997；Boverhof 等，2011），但是利用转基因动物开展试验以及将转基因模型获得的数据纳入风险评估目前仍非常有限，部分原因是基于风险评估适用性的问题以及对开发模型和通过多个转基因动物品系来评估化学物质的成本考虑。目前美国国家毒理学计划（NTP）在继续评估和开发这些模型。例如，NTP 使用转基因小鼠测试甜味剂阿斯巴甜，在标准试验中通常结果为阴性，但在更敏感的转基因小鼠品系则显示阿斯巴甜可引起脑肿瘤发生率有轻微增加，所使用的转基因 p16 模型被认为对脑胶质细胞肿瘤较为敏感。NTP 同时测定了转基因动物体内的阿斯巴甜水平，该转基因动物模型采用敲除肿瘤抑制基因并激活了癌基因的方式，以达到提高模型的易感性及与基因－环境相互作用相关疾病的风险。EPA 已经使用转基因啮齿动物突变数据来了解多种物质的致癌机制，例如丙烯酰胺（EPA，2010），但是除了这些应用之外，转基因啮齿动物模型在风险评估中的应用仍较为有限。也有研究报道，转基因啮齿动物模型有时被用于测试关于作用机制的特定假设，如邻苯二甲酸盐诱导肝癌的机制（Guyton 等，2009），以用于充分评估器官型、计算系统生物学、生理药代动力学（PBPK）或其他工具等的生物学意义。

（二）基因多态性啮齿动物

以前毒性测试一般仅使用少数几种物种和品系。尽管使用表征良好的小鼠或大鼠品系来测试化学物质的毒性是有优势的，但仍存在许多不足，包括动物品系对化学物质敏感性和代谢的差异性以及遗传和表型多态性的考虑不充分（Kacew 等，1996；Pohjanvirta 等，1999；De Vooght 等，2010）。某些品系（远交和近交）的自发性疾病的高发生率有时可使结果解释更加复杂化。例如，Sprague Dawley 大鼠心肌病的背景发病率可高达100%（Chanut 等，2013），一些品系对某些有害物质（Shirai 等，1990；Pohjanvirta 等，1999）完全耐受，而且事先并不清楚标准品系是否具有足够高的灵敏度来测试潜在的人体健康危害。

对已明确遗传背景的多个品系进行评估是一种很好的方法，用于阐述相对同源的实验动物品系的变异敏感性，并且回答个体间对毒素的敏感性问题。2005年，基于8个动物品系（其中包括3个野生型品系），新型重组小鼠品系组合即协作性交叉品系（Collaborative Cross，CC）被成功构建。CC品系具有类似于人类的遗传变异水平，可以捕获实验小鼠已知的近90%变异性（Churchill 等，2004）。完全重复基因组的杂交后代可以通过重组近交系（RIX）产生（Zou 等，2005）。因为CC品系和扩展RIX品系具有现有遗传变异随机化的种群结构，所以这些模型可提供与个体易感性相关的遗传学基础研究所需的测试能力。例如，CC小鼠比标准近交系模型（C57BL/6J）（Gra-ham 等，2015）更全面地可复制 West Nile 病毒感染的人类易感性、免疫力和结果。

下面列举几个CC在毒理学评价的案例。例如，三氯乙烯在人体和小鼠体内的代谢差别很大，代谢产物、毒性和器官特异性效应不同（NRC，2006）。这种差异性成为理解三氯乙烯对人体健康风险的一个重要障碍。为了解决三氯乙烯在毒性测试中所面临的挑战，一系列小鼠品系被用于评估 TCE 代谢的个体差异以及肝脏和肾脏毒性（Bradford 等，2011；Yoo 等，2015a，b）。在不同的小鼠品系中观察到毒性和代谢存在显著差异。人群 PBPK 模型被应用于该研究结果，以阐明来源于不同小鼠品系的数据如何提供人群药代动力学的变异性方面的信息（Chiu 等，2013）。

多品系的方法也显示了乙酰氨基酚的肝脏毒性机制和潜在的致死作用的生物标志物。Harrill 等（2009）使用了一组36个近交系小鼠品系的组合，发现乙酰氨基酚诱导肝损伤与4个基因的多态性有关，但对肝毒性的易感性与另一个基因（CD44）的多态性有关。随后的两个健康人群的研究结果表明，人类 CD44 基因的差异决定了乙酰氨基酚肝毒性的易感性。这一案例显示，不同的动物群体（该案例中特指小鼠）可以被用来表征和识别人类潜在的易感性。

多态性杂交种群（Diversity Outbred population，DO）是2009年从CC繁殖群

体中分离出来的144个非同源群体的异质性种群。每只DO小鼠都具有独特性，并且具有高水平的等位基因杂合性（Churchill等，2012）。因为多态性杂交种群的来源与CC小鼠有8个品系是一致的，所以其基因组可以高度精确地重建，从而促进全基因组相关研究和其他相似方法的发展。2015年NTP验证-概念研究（proof-of-concept study）采用DO小鼠来进行苯易感性的变异性研究，成功鉴定了两种磺基转移酶，后者能够修饰和消除具有苯毒性抗性的苯代谢物（French等，2015）。

使用基因多态性啮齿动物模型需要注意的是，使用该动物模型可能会增加动物的使用数量。在毒理学中最有效地使用这种模型需要运用适合于模型的新型计算方法、实验设计和统计方法，并处理这些研究产生的大量数据（Festing，2010）。例如，阶乘设计（factorial designs）可以最大限度地提高基因多态性、降低假阴性的风险，而不同于传统啮齿动物研究，后者主要利用大量动物来解决问题。此外，使用DO小鼠需要认同每个个体具有独特性，无法在传统意义上进行"生物复制"。研究人员和风险评估人员需要了解和掌握从这些研究中获得的一系列数据，并了解如何将数据与其他来源的信息（包括更多的传统动物模型）进行整合（见第七章）。适用于这些新型动物模型的特定计算工具目前是可以获得的，且易于被应用于毒理学试验（Zhang等，2012b；Morgan等，2015）。同时，数据分析、可视化和传播的工具也是可以获得的（Morgan等，2015）。与任何模型系统一样，这些啮齿动物模型只能被用于最适合解决的问题。NTP和其他小组正在建立框架和案例，以便有效使用这些模型，并且委员会也支持进一步讨论该议题。

（三）其他整体动物系统

基因组学、成像和仪器方面的新进展已经促进一些替代物种在研究中的应用，例如线虫（Caenorhabditis elegans）、黑腹果蝇（Drosophila melanogaster）和斑马鱼（Danio rerio）等，这些动物模型被用于进行危害识别和通路探索研究。许多先进技术可以在3种主要的非哺乳动物物种之间进行共享，但是斑马鱼有一些不同于其他2个物种的优点。斑马鱼和人类的基因组具有显著的同源性，总体保守率超过70%。此外，已知与人类疾病相关的80%的基因可以在斑马鱼中表达（Howe等，2013b）。斑马鱼的信号转导机制、解剖学和生理学与人类具有同源性（Dooley 2000），斑马鱼具有所有经典的感觉通路，这些通路与人类总体来说具有同源性（Moorman，2001；Colley等，2007）。

斑马鱼非常适合进行转化研究的另一个重要原因在于，人们已经在特定的细胞、组织和器官中表达荧光基因的转基因报告品系斑马鱼，且将其用于特定研究。斑马鱼模型生物数据库（Zebrafish Model Organism Database）收集了大量转基因鱼品系，并由斑马鱼国际信息网（Zebrafish International Information Network）维护（Howe 等，2013a）。斑马鱼疾病模型和药物筛选的多样性也有助于理解、预防和开发各种人类疾病的治疗方法，包括多种癌症（Feitsma 等，2008；Nguyen 等，2012；Gallardo 等，2015；Gordon 等，2015）、糖尿病和肥胖（Gut 等，2013；Dal-gi 等，2015；Schlegel 等，2015）、精神疾病（Panula 等，2010；Norton，2013；Jones 等，2015）、心脏疾病（Arnaout 等，2007；Chico 等，2008；Arnaout 等，2014；Asnani 等，2014；Walcott 等，2014）、神经退行性综合征（Bretaud 等，2004；Chapman 等，2013；Mah-mood 等，2013；Da Costa 等，2014；Martin-Jimenez 等，2015；Preston 等，2015）、自闭症（Tropepe 等，2003）、免疫缺陷（Meeker 等，2008；Cui 等，2011）、血液紊乱（Ablain 等，2013）。斑马鱼已被用于研究神经毒性物质（Levin 等，2007；Egan 等，2009；Irons 等，2010），方框3-1提供了采用斑马鱼开展行为评估的案例。

方框3-1 采用斑马鱼开展行为评估

目前体外筛选的局限性在于普遍缺乏识别化学物质神经毒性的可靠方法。斑马鱼胚胎和幼鱼光动力学反应观察提供了很好的神经系统缺陷的测定，该技术主要基于已建立的方法。例如，受精后18~24h（胚胎期），在开灯之前和之后测量光动力反应的指标为尾部弯曲。该试验已被证明是化学物质毒性筛选的一种高度敏感的工具（Kokel 等，2010；Reif 等，2016）。在受精后5天（幼鱼阶段），光线明暗交替的光动力反应指标为游泳活动的改变。这两个反应指标均可以在单独的孔中进行测量，所以这些复杂的行为分析非常适合进行高通量分析（Padilla 等，2012；Truong 等，2014）。成年斑马鱼越来越多地用于测量受化学物质暴露影响的神经生物学终点。目前已经设计了一系列的行为测试来探测涉及感觉运动系统、认知、学习、记忆和焦虑等反应的不同领域。事实上，斑马鱼成鱼和幼鱼表现出许多复杂的行为，如亲属识别（Mann 等，2003；Gerlach 等，2008）、群聚（Engeszer 等，2007；Miller 等，2012）、属地性（Spence 等，2005）、联想学习（Al-Imari 等，2008；Fernandes 等，2014）和非关联性反应，如习惯性（Best 等，2008）。已经建立了许多焦虑和探索方面的神经行为模型，而且还有一些类似于啮齿动物模型的保守应答的证据（Panula

等，2006；Egan 等，2009；Champagne 等，2010；Steenbergen 等，2011）。已经建立了惊吓试验以了解环境化学物质暴露对斑马鱼感觉运动反应的影响。这些试验方法已被用于检测化学物质对斑马鱼运动反应的影响，包括如氟化物（Chen 等，2013）、维生素 E 缺乏（Lebold 等，2013）、纳米粒子（Truong 等，2012）和农药（Sledge 等，2011；Crosby 等，2015）。总的来说，这些复杂的分析方法可以更多地用来评价化学物质对神经系统的影响。

由 Sanger 研究所承担的斑马鱼突变项目是另一项促进跨物种研究的重要成果。该项目旨在在斑马鱼基因组的每个蛋白质编码基因中建立一个基因敲除的等位基因，并描述其形态表征（Kettleborough 等，2013）。斑马鱼基因或表型数据库的深度挖掘为识别涉及化学诱导表型的基因创造了很好的机会。

斑马鱼另外一个优点是斑马鱼基因组是完全注释的，因此转录组学和其他组学方法均可以使用。通过反义吗啉代、siRNA 和 CRISPR/Cas9 等基因编辑技术可抑制鱼中某个基因的表达，这一方式常被用于评估正常鱼中该基因的功能，而且斑马鱼胚胎和幼虫几乎是透明的，所以可进行无创性观察。由于幼虫的体长小于几毫米，可以将其放入多孔板中，如 384 孔板（Rennekamp 等，2015）。仅需要少量受试物，即可在广泛的浓度范围内开展暴露 - 反应关系的评价，并且测试可以重复测试以提高数据的可信性。

虽然正在开展的大量转化研究应用的是成年斑马鱼（Phillips 等，2014；Pickart 等，2014），但生命早期阶段的斑马鱼更适合于开展快速筛选。在斑马鱼出生后的前 5 天，几乎所有的基因产物和信号传导通路均被表达（Pauli 等，2012）。因此，与其他脊椎动物一样，发育阶段是对化学物质暴露敏感性增强的时期。斑马鱼早期阶段还会表达一组完整的Ⅰ期和Ⅱ期代谢系统，其活性与人类极其相似（Goldstone 等，2010）。

尽管将斑马鱼早期阶段的使用纳入基于风险的决策具有明显的优势，但也有一些不足需要关注。首先，受试物通常直接添加到水性媒介中，而不同于细胞培养。然而，在发育过程中影响化学物质吸收和代谢的暴露途径可能完全不同。在胚胎发育的前两天，暴露的主要路径是被动经皮吸收。在发育的后期，可经鳃和经口吸收，体液循环在化学物质的体内分布中也发挥重要作用。对于不同的暴露路径，化学物质在组织中的浓度数据很少，因此很难将斑马鱼的剂量 - 反应结果与其他试验系统中数据进行直接的比对。

斑马鱼模型另一个局限性是，尽管斑马鱼与其他脊椎动物的代谢相似，但是代谢活性的细微差异可能会导致不准确的毒性预测结果，特别是当代谢激活或失活对于特定的测试化学物质的作用机制非常重要时。由于发育中的胚胎构成了一个完整的系统，所有启动毒性作用的潜在分子均可以在测试中发挥作用。因为化学污染物可能作用于生物靶标并破坏关键的分子事件，因此斑马鱼对测试溶液中的化学污染物非常敏感。

最后，与任何动物模型一样，每条通路组分的主要序列不一定是高度保守的。例如，斑马鱼细胞周期依赖性激酶20（cdc20）在氨基酸水平上与人体蛋白质有75%相同，而斑马鱼和人类芳香烃受体仅有40%相同。这两个案例说明，同源蛋白质在功能方面是保守的。尽管基因组的不同保守性是斑马鱼和人类之间存在不一致的原因，但这并不是斑马鱼所特有的，因为人类个体等位基因的变异也可导致对化学物质敏感性出现显著差异。

二、基于化学结构的计算机模型预测机体反应水平

人们早就认识到，具有相似化学结构的化学物质可以引起相同或相似的毒性反应，但几乎相同的化学物质也可能产生不同的生物学效应。类似的化学物质或其代谢物与关键生物分子（如靶蛋白）相互作用的程度，以及相似的作用机制是确定结构-效应关系的关键因素。近十年来，基于化学结构的计算方法取得了很好的发展，被用来预测化学物质对人类健康的影响。一些是考虑化学结构警示和潜在作用机制的计算机专家系统（computational expert systems），另一些是依赖于分子片段的统计相关性的定量结构-效应关系（QSAR）模型，还有一些是这些模型的混合模型。大规模数据库和计算能力的提高都促进了这些模型的构建。健康影响包括致癌性（Contrera等，2005；Valerio等，2007）、肝毒性（Greene等，2010；Hewitt等，2013）、生殖和发育毒性（Matthews等，2007；Wu等，2013）和皮肤致敏性等（Roberts等，2007a，b；Alves等，2015）。

（一）QSAR模型

定量结构-效应关系（QSAR）模型是性能和规范一致性最高的基于化学结构的计算机模型，被用于遗传毒性中（尤其是Ames试验）。Ames试验，即细菌回复突变试验，是一种用于评价化学物质诱导基因点突变的试验方法。QSAR模型的发展主要得益于Ames试验获得的已测试化学物质的公开数据和结构多样性。因此，计算机模型作为毒理学替代方法正在被接受，最近已在国际上被纳入药物中杂质的遗传毒性评价指南中，旨在控制药物中杂质的潜在致癌风险（ICH，2014）。其他影响人类健康的计算机方法正在被考虑纳入规范的制定中（Kruhlak等，2012），OECD已经公布了相关指南，描述了在标准制定中QSAR模型的必要组成部分

(OECD，2004），包括：明确的终点、明确的计算方法、明确的适用范围、合适的拟合优度、可靠性和预测性的衡量方法，必要时包括机制解释（Gavaghan，2007）。但除遗传毒性外，其他观察终点的 QSAR 模型仍很缺乏，这反映了模型的预测性尚不能满足实际应用的需求。大多数方法只能预测一种化学物质是否会造成不良影响，但无法预测产生毒性作用的血浆浓度，这限制了该模型在化学结构密切相关，但化学结构和毒性信息缺失的化学物质上的使用。

（二）交叉参照预测

交叉参照是使用二维化学-结构信息来识别毒理学数据很充分的化学物质（模拟物）的过程，然后进一步被用于预测毒性数据不足的类似化学物质的毒性，或基于毒性评价的目的对化学物质进行分组。结构相似性可以通过原子与原子的匹配度来确定，例如最终得出化学相似性评分；或通过识别在潜在毒性中具有重要作用的核心分子的结构或官能团。同时还应考虑类似物之间的物理化学性质的相似性，例如分配系数（如疏水性指标 $logK_{OW}$）的显著性差异将会对化学物质的药代动力学和药效动力学产生重要影响。欧盟化学物质登记、评估、授权和限制法规（REACH）已将交叉参照作为信息要求之一，其基本理念已被欧洲化学品管理局（ECHA）和成员国主管部门所接受（Patrlewicz 等，2013），因此该方法目前受到广泛关注。当一个或几个结构相关的化学物质有充分的毒理学数据时，可用此来推断未经充分测试的化学物质的活性。ECHA（2015）发布了交叉参照的框架，通过该框架可评价 REACH 下提交的交叉参照的材料。该框架将交叉参照组别分为六类，主要依据交叉参照物是单个类似物还是一组类似物，是否基于相同的代谢产物，以及一个系列的分组中各化学物质的相关性。

邻苯二甲酸酯类物质的雄性生殖毒性研究是一个很好的交叉参照的案例。邻苯二甲酸酯类物质一般为 4~6 个碳原子组成的碳链（如果有支链则碳原子数更多），具有睾丸毒性（Foster 等，1980），并对雄性大鼠生殖系统发育可产生不良影响（Gray 等，2000；NRC，2008）。胎鼠睾丸全基因表达研究结果显示，所有邻苯二甲酸酯类物质均具有发育毒性（Liu 等，2005），且作用机制相同。但较短链结构的邻苯二甲酸酯类物质，如邻苯二甲酸二甲酯和邻苯二甲酸二乙酯，对基因表达以及睾丸功能和雄性生殖系统发育的作用大小并不相同。因此，通过交叉参照的方法，这一组物质中毒理学资料充分的邻苯二甲酸酯类物质可作为其他含有 4~6 个碳原子组成的碳链的邻苯二甲酸酯的毒性基准物质。

但交叉参照方法也存在一些问题，在完全依赖其做出结论之前需谨慎对待。例如，沙利度胺具有两种异构体，即（S）-沙利度胺和（R）-沙利度胺，两者结构上仅仅是两个环的三维结构的方向相反（见图3-7），两者的物理性质也相同，所以按照交叉参照的方法可能会得出这两种化学物质具有相同或相似的毒性。然而，（S）-沙利度胺可导致出生缺陷、胚胎死亡或发育改变、发育迟缓和功能缺陷，而（R）-沙利度胺不会产生这些毒性作用。然而，这一对对应异构体可以在体内相互转化，因此仅仅给予（R）-沙利度胺也不能消除致畸作用。

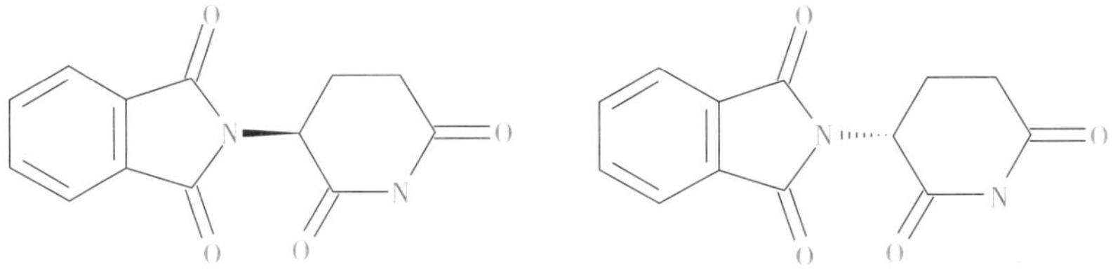

（i）S-沙利度胺　　　　　（ii）R-沙利度胺

图3-7 （S）-沙利度胺和（R）-沙利度胺的分子结构。

尽管交叉参照存在局限性，但在尚无数据可以开展评估的情况下，交叉参照仍然是风险评估的筛选方法。2015年的ECHA框架提供了有关蛋白质结合物、代谢产物和其他数据如何在交叉参照分析中使用的指导，以及如何克服该方法使用上的局限性。最近欧洲的一个研究小组提出了四类化学物质交叉参照的评估，包括：未经代谢发挥毒性的化学物质、通过化学结构相同或相似的代谢物发挥毒性的化学物质、低毒性化学物质、化学结构上相似但在假设机制上显示具有不同毒性的化学物质（Berggren等，2015），并从四类化学物质组合中各选择一组物质进行了案例分析。

Low等（2013）将相似性概念从化学结构扩展到生物活性，特别是各种体外和基因组测定的反应指标，提出了一种利用化学结构和生物学特征来确定交叉参照中化学物质相似性的危害分类和可视化方法。该方法结合机制数据可提高交叉参照的可信度。

交叉参照除作为一种筛选方法外，还可作为一种产生假设的练习。假设可以分为两大类：一类为新的化学物质被代谢为已被识别的化学物质（或者新的化学物质及其类似物均被代谢成相同的化学物质）；另一类为新的化学物质与其类似物在化学结构和性质上足够相似，生物活性是相同的（即具有相同的机制）。对于第一类而言，化学物质代谢的评价方法已建立较长时间，该方法可以用来支持或反驳新的化学物质是否已经被代谢为已被识别的化学物质。对于第二类来说，如果类似物的机制是已知的，那么测试其作用机制的初始事件（例如，受体拮抗作用或酶抑制）

的影响程度是非常合理的。然而，在大多数情况下，作用机制是不确定的。在这种情况下，仍然可以通过全球毒理学反应筛选评价系统来比较化学物质及其类似物的毒性作用。全球基因表达分析可提供全面的作用机制的相关数据，已知动物模型的靶组织，或代表靶组织的体外系统中的基因表达检测是比较类似物的作用机制假设的很好方法。在体外模型中通过测定基因表达来分析靶组织的未知作用机制是可能的，但可能需要测定多种类型的细胞。Lamb 等（2006）评估了大量药物引起的四种细胞类型的基因表达变化情况，明确了具有相同药理作用的药物之间的关联，并证明这种方法在毒理学评价中具有巨大的潜力。高通量筛选方法（如 ToxCast）也可以达到该目的，但需要确定当前方法是否覆盖了全部已知的毒性作用机制。如果可以证明这些模型对所探讨的生物学机制是至关重要的，那么也可以通过更高级的模型（如器官芯片或斑马鱼）来测试生物学相似性假设。随着数据流被更系统地应用到交叉参照中，可进一步开发整合方法，如贝叶斯模型，从而进行更多的评估并促进输出结果的一致性。图 3-8 介绍了几种交叉参照的情景以及如何应用其来推断危害和剂量-反应关系。

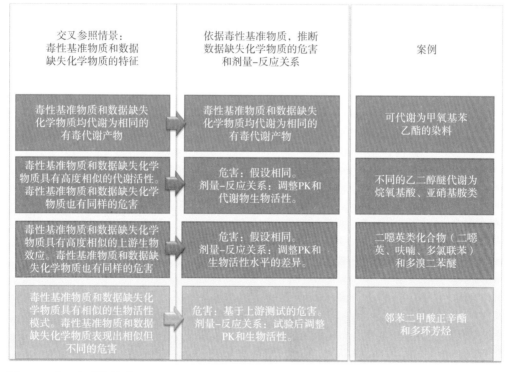

图 3-8　交叉参照的情景。

第五节　数据流合并

各种化学物质在暴露－结局过程中需要多个数据流来描述危害或风险。例如，药物动力学研究可能指出化学物质在特定组织的高浓度分布，体外研究表明化学物质可能通过主动转运增加其浓度。非细胞试验可能显示细胞反应中的一组关键受体，当组织中化学物质的浓度较高时，结果可能提示具有特定的风险，例如致癌性或生殖毒性。靶标研究可能显示组织病理学早期效应标志物，其基因表达可能与细胞分析结果一致。通过结构－效应分析可预测化学物质的活性，依据该信息，通过化学结构相似性可预测类似化学物质的活性。有效的评估结果将获得更多的潜在数据流，从而提供更丰富的信息，用以开展整合评估。第七章将进一步讨论多个数据流的整合。

第六节　毒理学发展的挑战和对策

本章展示了新兴的科学工具如何产生化学物质的危害和剂量－反应关系以及其他风险问题的毒理学证据。重点阐述了这些工具如何应用于暴露－结局过程的不同部分。一些工具，如 PBPK 和系统生物学模型，为这个过程中主要组成部分之间的关联研究奠定了基础。其他如高通量分析或靶标测试可以直接得出单个组分或多个组分的化学效应。这些工具在应用性能、化学物质分类适用范围以及可以解决的问题上都有所不同。委员会强调，各种工具所要求的性能将取决于所要解决的问题（背景）和机构的政策。

当前仍然存在一些具体的技术和研究挑战，基于分子和细胞有关分析的挑战尤为显著。本章前面部分已经对此进行了论述。下面介绍促进风险评估应用工具的一些重要挑战，并提供一些对策。

一、发展新的测试模式

挑战：实现 Tox21 中描述的展望是一项复杂和艰巨的任务，需要更多的关注和资源。传统的整体动物试验将被广泛的毒性试验策略所取代，该策略主要使用体外试验、计算机方法和有针对性/靶标的动物试验来评估化学物质的生物活性（NRC，2007）。实现这一展望的战略需要开展研究以了解可能产生人体毒性的扰动谱（spectrum of perturbations），以及由扰动引起的毒性的性质和程度，了解人类产生特异性的决定因素（如营养、遗传、疾病状态或生活阶段）和暴露持续时间如何影响生物反应或毒性。科学界需要认识到，目前毒性测试和数据分析的方法通常是分开建立的，因此也限制了化学物质整体毒性评价方法的建立。

对策：为达到 Tox21 的展望目的所需开展的一系列广泛测试研究的论证，已超出了本委员会的职责范畴，不过委员会指出，为实现展望，上述挑战中提及的研究应当予以优先重视。委员会同意 Tox21 委员会的对策，并强调测试的目的并不应该局限于建立一对一的替代方法，而是应该拓展到靶点或疾病相关的最显著和最具预测性的分析方法的发展。

二、优化工具来研究生物反应

挑战：全面开发体外系统是一个很大的挑战，这涵盖了化学物质暴露对人体健康产生不良影响的所有重要生物反应。ToxCast 中使用的多数试验方法是为了满足制药行业的需求而开发的，但大量动物和人体测试并没有覆盖全部的生物反应。因此，通过目前的方法并不能捕捉所有主要的毒性作用，且毒性－危害特性相关的活性测试受到限制。例如，几乎没有 ToxCast 或 Tox21 试验方法可以检测致癌作用的几个关键表征（Smith 等，2016）。另外，短期试验暴露如何与体内慢性暴露或发育暴露相关联仍存在疑问，更高水平的复杂生物学反应可能在细胞测试中无法体现。NRC（2007）认可的许多检测方法仍存在问题，包括是否覆盖必要的生物种群以确保人体对化学物质的毒性反应的敏感性和易感性信息均被充分获取。

对策：

（一）整体动物试验应超越标准方法，包括相关的试验设计和统计方法，以最大程度地提高其利用价值。目前有一系列的整体动物可供使用，可以更全面地解决风险评估方面的信息缺失问题，并阐述化学物质暴露的遗传敏感性的范围和造成人类反应差异性的其他关键因素。将这些整体动物纳入风险评估指南中可能会有利于其使用和采用。

（二）应鼓励使用包含组学技术的啮齿动物试验，如试验中采用特定组织的转录组学技术。这些试验设计应包括数据解释和分析方法，如贝叶斯方法。整体动物试验有利于获得当前分子和细胞水平检测范围以外更广泛的通路信息，可指导体外试验的发展方向，从而增加从体外试验到整体动物试验推导的准确性。在体外试验中测定整体动物的反应指标，可提供更好的危害识别和剂量－反应评估的基础数据。

（三）细胞中基因组学、表观遗传学、转录组学、蛋白质组学和代谢组学技术是非常先进的，提供了非靶标和非特定信号通路的细胞改变的相关信息。实际上，所有的毒性反应都伴随基因表达的特异性变化（蛋白质表达和代谢特征的变化），将这些体内外的新技术作为独立筛选方法，或作为体外筛选的补充，可能是覆盖更多生物种群的一种有效方法[①]。

三、了解和解决细胞系统的局限性

挑战：目前在开发和修订环境中化学物质的一系列筛选方法方面取得了持续进展，但细胞培养仍有几个重要的局限性。首先，通过检测代谢能力来确定细胞培养过程中化学物质的暴露水平，来代表导致人体可能产生毒性的暴露水平，该方面存在一定的挑战。细胞培养过程中对环境条件非常敏感，微环境中的变化可以改变细胞表型和细胞反应，并导致毒性筛选结果的偏差。此外，细胞三维培养比传统的单层培养更为敏感，从体外试验获得的反应结果取决于使用的细胞类型，例如肝细胞与神经元的反应不同，原代细胞与永生化细胞的反应不同。目前体外试验仅用来测试具有特定理化性质的化学物质，如易溶于二甲基亚砜，具有低挥发性，符合相对分子质量限定要求，且具有足够的纯度和数量。

对策：

（一）应建立合适的方法来表征化学物质的代谢能力，了解代谢物的毒性，但需要筛选出代谢能力不是主要考虑因素的试验方法。方法包括建立和应用更好的计算机模拟方法来预测代谢和排泄，以及建立涵盖代谢能力而不影响其他方面检测性能的方法。美国联邦机构已经启动了一些研究来解决代谢能力问题，委员会建议应对这些研究给予高度优先考虑。

（二）应开展相关研究，获得仅在特定细胞系中产生毒性的细胞类型。确定所有细胞类型的可能毒性通路，细胞的生物学特异性可能在识别器官特异性毒性作用方面有很大作用。

（三）细胞批次。即使是已建立的细胞系，在试验前、试验期间和试验后均应充分描述细胞批次。已出版的文献、公开访问的网站或平台均应描述细胞的遗传变异、表型特征和纯度。

（四）试验方法的发展应与信号通路中细胞反应的计算模型的发展协调一致，以在细胞水平上对剂量-反应曲线有更深入的理解。

---

① 如果为此目的使用体外方法，那么确定全覆盖所需的细胞类型的最小数目将是重要的。确定细胞类型将需要统计方法的组合，回顾性地分析可用的转录组数据和预期的实验以确定响应于广泛的机制的细胞类型的数目。同时捕获多种细胞毒性指标（包括线粒体完整性，细胞存活力，脂质积累，细胞骨架完整性和活性氧形成）的高含量成像技术（Grimm 等，2015）也可用于非定向筛选，并提供整合细胞功能多个方面的潜力。

四、面向整个人类和人群

挑战：暴露－结局过程实际非常复杂。化学物质可能影响多种通路，并产生不同类型的毒性。此外，毒性可能受到遗传、膳食、生活方式、社会因素、性别、生命阶段、健康状况以及过去和现在暴露情况的影响。所有这些因素均可在暴露－结局过程的不同阶段影响毒性反应，而这些因素存在于暴露环境和人类生命进程中。

对策：

（一）应尽量在体外和体内毒性试验中探索人类变异性信息。尽管这种方法只适用于遗传因素单个上游末端的变异性研究，但不同人群的多个细胞系的广泛测试可以发现一些群体的特异性敏感靶点。这需要更好的方法对食物、药物或环境中化学物质的各种不同毒性反应进行表征，而试验方法与计算机方法相结合可获得更好的表征。

（二）应使用成本较低、快速的分子和细胞分析方法来研究化学混合物的毒性。此外，人类不仅仅暴露于单一化学物质，而是暴露于环境中的无数化学物质、体内产生的内源性化学物质或因社会和行为因素而调节的内源性化学物质以及复杂的化学混合物中。基于细胞的分析方法，可以在分子和通路水平上探索在现有的外源性和内源性暴露的基础上增加化学物质的暴露是如何产生风险的。

参 考 文 献

Abdo, N., M. Xia, C.C. Brown, O. Kosyk, R. Huang, S.Sakamuru, Y.H. Zhou, J.R. Jack, P. Gallins, K. Xia, Y. Li, W.A. Chiu, A.A. Motsinger-Reif, C.P. Austin, R.R. Tice, I.Rusyn, and F.A. Wright. 2015. Population-based in vitro hazard and concentration-response assessment of chemicals: The 1000 genomes high-throughput screening study.Environ. Health Perspect. 123（5）: 458-466.

Ablain, J., and L.I. Zon. 2013. Of fish and men: Using zebrafish to fight human diseases. Trends Cell. Biol. 23（12）: 584-586.

Al-Imari, L., and R. Gerlai. 2008. Sight of conspecifics as reward in associative learning in zebrafish（Danio rerio）.Behav. Brain. Res. 189（1）: 216-219.

Alon, U. 2007. Network motifs: Theory and experimental approaches. Nat. Rev. Genet. 8（6）: 450-461.

Alves, V.M., E. Murastov, D. Fourches, J. Strickland, N.Kleinstreuer, C.H. Andrade, and A. Tropsha. 2015. Predicting chemically-induced skin reactions. Part I: QSAR models of skin sensitization and their application to identify potentially hazardous compounds. Toxicol. Appl. Pharmacol.284（2）: 262-272.

An, W.F., and N. Tolliday. 2010. Cell-based assays for highthroughput screening. Mol. Biotechnol. 45

（2）：180-186.

Andersen, M.E., and D. Krewski. 2009. Toxicity testing in the 21st century: Bringing the vision to life. Toxicol. Sci.107（2）：324-330.

Andersen, M.E., K. Betts, Y. Dragan, S. Fitzpatrick, J.L.Goodman, T. Hartung, J. Himmelfarb, D.E. Ingber, A. Jacobs, R. Kavlock, K. Kolaja, J.L. Stevens, D. Tagle, D.Lansing Taylor, and D. Throckmorton. 2014. Developing microphysiological systems for use as regulatory tools—challenges and opportunities. ALTEX 31（3）：364-367.

Anson, B.D., K.L. Kolaja, and T.J. Kamp. 2011. Opportunities for use of human iPS cells in predictive toxicology.Clin. Pharmacol. Ther. 89（5）：754-758.

Arai, K., R. Sakamoto, D. Kubota, and T. Kondo. 2013. Proteomic approach toward molecular backgrounds of drug resistance of osteosarcoma cells in spheroid culture system.Proteomics 13（15）：2351-2360.

Arnaout, R., T. Ferrer, J. Huisken, K. Spitzer, D.Y.R. Stainier, M. Tristani-Firouzi, and N.C. Chi. 2007. Zebrafish model for human long QT syndrome. Proc. Natl. Acad.Sci. US 104（27）：11316-11321.

Arnaout, R., S., Reischauer, and D.Y. Stainier. 2014. Recovery of adult zebrafish hearts for highthroughput applications.J. Vis. Exp. 94：e52248.

Asnani, A., and R.T. Peterson. 2014. The zebrafish as a tool to identify novel therapies for human cardiovascular disease.Dis. Model Mech. 7（7）：763-767.

Asphahani, F., M. Thein, K. Wang, D. Wood, S.S. Wong, J.Xu, and M. Zhang. 2012. Real-time characterization of cytotoxicity using single-cell impedance monitoring. Analyst.137（13）：3011-3019.

Astashkina, A., B. Mann, and D.W. Grainger. 2012. A critical evaluation of in vitro cell culture models for highthroughput drug screening and toxicity. Pharmacol. Ther.134（1）：82-106.

Beers, J., K.L. Linask, J.A. Chen, L.I. Siniscalchi, Y. Lin, W.Zheng, M. Rao, and G. Chen. 2015. A cost-effective and efficient reprogramming platform for large-scale production of integration-free human induced pluripotent stem cells in chemically defined culture. Sci. Rep. 5：11319.

Bender, A., J. Scheiber, M. Glick, J.W. Davies, K. Azzaoui, J. Hamon, L. Urban, S. Whitebread, and J.L. Jenkins.2007. Analysis of pharmacology data and the prediction of adverse drug reactions and off-target effects from chemical structure. Chem. Med. Chem. 2（6）：861-873.

Bento, A.P., A. Gaulton. A. Hersey, L.J. Bellis, J. Chambers, M. Davies, F.A. Krüger, Y. Light, L. Mark, S. McGlinchey, M. Nowotka, G. Papadatos, R. Santos, and J.P. Overington.2014. The ChEMBL bioactivity database: An update.Nucleic Acids Res. 42：D1083-D1090.

Berg, E.L., M.A. Polokoff, A. O'Mahony, D. Nguyen, and X.Li. 2015. Elucidating mechanisms of toxicity using phenotypic data from primary human cell systems—a chemical biology approach for thrombosis-related side effects. Int.J. Mol. Sci. 16（1）：1008-1029.

Berggren, E., P. Amcoff, R. Benigni, K. Blackburn, E. Carney, M. Cronin, H. Deluyker, F. Gautier, R.S. Judson, G.E.Kass, D. Keller, D. Knight, W. Lilienblum, C. Mahony, I. Rusyn, T. Schultz, M. Schwarz, G. Schüürmann, A.White, J. Burton, A.M. Lostia, S. Munn, and A. Worth.2015. Chemical safety assessment using read-across: Assessing the use of novel testing methods to strengthen the evidence base for decision making. Environ. Health Perspect.123（12）: 1232-1240.

Best, J.D., S. Berghmans, J.J. Hunt, S.C. Clarke, A. Fleming, P. Goldsmith, and A.G. Roach. 2008. Non-associative learning in larval zebrafish. Neuropsychopharmacology 33（5）: 1206-1215.

Bhogal, N., C. Grindon, R. Combes, and M. Balls. 2005.Toxicity testing: Creating a revolution based on new technologies.Trends Biotechnol. 26（6）: 299-307.

Birnbaum, L. 2011. Presentation at NIEHS Workshop: Engineered Tissue Models for Environmental Health Science Research, June 27-28, 2011, Washington, DC.Boverhof, D.R., M.P. Chamberlain, C.R. Elcombe, F.J. Gonzalez, R.H. Heflich, L.G. Hernandez, A.C. Jacobs, D. Jacobson-Kram, M. Luijten, A. Maggi, M.G. Manjanatha, J. Benthem, and B.B. Gollapudi. 2011. Transgenic animal models in toxicology: Historical perspectives and future outlook. Toxicol. Sci. 121（2）: 207-233.

Bowes, J., A.J. Brown, J. Hamon, W. Jarolimek, A. Sridhar, G. Waldron, and S. Whitebread. 2012. Reducing safetyrelated drug attrition: The use of in vitro pharmacological profiling. Nat. Rev. Drug Discov. 11（12）: 909-922.

Bradford, B.U., E.F. Lock, O. Kosyk, S. Kim, T. Uehara, D.Harbourt, M. DeSimone, D.W. Threadgill, V. Tryndyak, I.P. Pogribny, L. Bleyle, D.R. Koop, and I. Rusyn. 2011.Interstrain differences in the liver effects of trichloroethylene in a multistrain panel of inbred mice. Toxicol. Sci.120（1）: 206-217.

Braga, R.C., V.M. Alves, M.F. Silva, E. Muratov, D. Fourches, A. Tropsha, and C.H. Andrade. 2014. Tuning hERG out: Antitarget QSAR models for drug development. Curr.Top Med. Chem. 14（11）: 1399-1415.

Bretaud, S., S. Lee, and S. Guo. 2004. Sensitivity of zebrafish to environmental toxins implicated in Parkinson's disease.Neurotoxicol. Teratol. 26（6）: 857-864.

Browne, P., R.S. Judson, W.M. Casey, N.C. Kleinstreuer, and R.S. Thomas. 2015. Screening chemicals for estrogen receptor bioactivity using a computational model. Environ.Sci. Technol. 49（14）: 8804-8814.

Bulysheva, A.A., G.L. Bowlin, S.P. Petrova, and W.A. Yeudall.2013. Enhanced chemoresistance of squamous carcinoma cells grown in 3D cryogenic electrospun scaffolds.Biomed. Mater. 8（5）: 055009.

Champagne, D.L., C.C. Hoefnagels, R.E. de Kloet, and M.K. Richardson. 2010. Translating rodent behavioral repertoire to zebrafish（Danio rerio）: Relevance for stress research. Behav. Brain Res. 214（2）: 332-342.

Chanut, F., C. Kimbrough, R. Hailey, B. Berridge, A.Hughes-Earle, R. Davies, K. Roland, A. Stokes, A. Casartelli, M. York, H. Jordan, F. Crivellente, P. Cristofori, H.Thomas, J. Klapwijk, and R. Adler. 2013. Spontaneous cardiomyopathy in young Sprague-Dawley rats: Evaluation of biological and environmental variability. Toxicol.Pathol. 41（8）: 1126-1136.

Chapman, A.L., E.J. Bennett, T.M. Ramesh, K.J. De Vos, and A.J. Grierson. 2013. Axonal transport defects in a mitofusin 2 loss of function model of Charcot-Marie-Tooth disease in zebrafish. PLoS One 8（6）: e67276.

Chen, J., S.R. Das, J. La Du, M.M. Corvi, C. Bai, Y. Chen, X.Liu, G. Zhu, R.L. Tanguay, Q. Dong, and C. Huang. 2013.Chronic PFOS exposures induce life stage-specific behavioral deficits in adult zebrafish and produce malformation and behavioral deficits in F1 offspring. Environ. Toxicol.Chem. 32（1）: 201-206.

Chen, J., J. Wang, Y. Zhang, D. Chen, C. Yang, C. Kai, X.Wang, F. Shi, and J. Dou. 2014. Observation of ovarian cancer stem cell behavior and investigation of potential mechanisms of drug resistance in three-dimensional cell culture. J. Biosci. Bioeng. 118（2）: 214-222.

Cheng, F., Y. Zhou, J. Li, W. Li, G. Liu, and Y. Tang. 2012.Prediction of chemical-protein interactions: Multitarget-QSAR versus computational chemogenomic methods.Mol. Biosyst. 8（9）: 2373-2384.

Chico, T.J., P.W. Ingham, and D.C. Crossman. 2008. Modeling cardiovascular disease in the zebrafish. Trends Cardiovasc.Med. 18（4）: 150-155.

Chiu, W.A., J. Jinot, C.S. Scott, S.L. Makris, G.S. Cooper, R.C. Dzubow, A.S. Bale, M.V. Evans, K.Z. Guyton, N.Keshava, J.C. Lipscomb, S. Barone Jr., J.F. Fox, M.R.Gwinn, J. Schaum, and J.C. Caldwell. 2013. Human health effects of trichloroethylene: Key findings and scientific issues.Environ. Health Perspect. 121（3）: 303-311.

Churchill, G.A., D.C. Airey, H. Allayee, J.M. Angel, A.D.Attie, J. Beatty, W.D. Beavis, J.K. Belknap, B. Bennett, W.Berrettini, A. Bleich, M. Bogue, K.W. Broman, K.J. Buck, E. Buckler, M. Burmeister, E.J. Chesler, J.M. Cheverud, S.Clapcote, M.N. Cook, R.D. Cox, J.C. Crabbe, W.E. Crusio, A. Darvasi, C.F. Deschepper, R.W. Doerge, C.R. Farber, J. Forejt, D. Gaile, S.J. Garlow, H. Geiger, H. Gershenfeld, T. Gordon, J. Gu, W. Gu, G. de Haan, N.L. Hayes, C.Heller, H. Himmelbauer, R. Hitzemann, K. Hunter, H.C.Hsu, F.A. Iraqi, B. Ivandic, H.J. Jacob, R.C. Jansen, K.J.Jepsen, D.K. Johnson, T.E. Johnson, G. Kempermann, C.Kendziorski, M. Kotb, R.F. Kooy, B. Llamas, F. Lammert, J.M. Lassalle, P.R. Lowenstein, L. Lu, A. Lusis, K.F. Manly, R. Marcucio, D. Matthews, J.F. Medrano, D.R. Miller, G. Mittleman, B.A. Mock, J.S. Mogil, X. Montagutelli, G. Morahan, D.G. Morris, R. Mott, J.H. Nadeau, H. Nagase, R.S. Nowakowski, B.F. O'Hara, A.V. Osadchuk, G.P. Page, B. Paigen, K. Paigen, A.A. Palmer, H.J. Pan, L. Peltonen-Palotie, J. Peirce, D. Pomp, M. Pravenec, D.R. Prows, Z. Qi, R.H. Reeves, J. Roder, G.D. Rosen, E.E. Schadt, L.C. Schalkwyk, Z. Seltzer, K. Shimomura, S. Shou, M.J. Sillanpaa, L.D. Siracusa, H.W. Snoeck, J.L.Spearow, K. Svenson, L.M. Tarantino, D. Threadgill, L.A.Toth, W. Valdar, F.P. de Villena, C. Warden, S. Whatley, R.W. Williams, T. Wiltshire, N. Yi, D. Zhang, M. Zhang, F.Zou, and Complex Trait Consortium. 2004. The collaborative cross, a community resource for the genetic analysis of complex traits. Nat. Genet. 36（11）: 1133-1137.

Churchill, G.A., D.M. Gatti, S.C. Munger, and K.L. Svenson.2012. The diversity outbred mouse population. Mamm.Genome 23（9-10）: 713-718.

Colley, H., D. James, K. Diment, and M. Tedder. 2007.Learning as becoming in vocational education and training: Class, gender and the role of vocational habitus. J.Voc. Educ. Train. 55（4）: 471-498.

Contrera, J.F., P. MacLaughlin, L.H. Hall, and L.B. Kier.2005. QSAR modeling of carcinogenic risk using discrim-inant analysis and topological molecular descriptors. Curr.Drug Discov. Technol. 2（2）: 55-67.

Cote, I., M.E. Andersen, G.T. Ankley, S. Barone, L.S. Birnbaum, K. Boekelheide, F.Y. Bois, L.D. Burgoon, W.A.Chiu, D. Crawford-Brown, K.M. Crofton, M. DeVito, R.B. Devlin, S.W. Edwards, K. Guyton, D. Hattis, R.S.Judson, D. Knight, D. Krewski, J. Lambert, E.A. Maull, D.Mendrick,

G.M. Paoli, C.J. Patel, E. Perkins, G. Poje, C.J.Portier, I. Rusyn, P.A. Schulte, A. Simeonov, M.T. Smith, K. Thayer, R.S. Thomas, R. Thomas, R.R. Tice, J.J. Vandenberg, D. Villeneuve, S. Wesselkamper, M. Whelan, C.Whittaker, R. White, M. Xia, C. Yauk, L. Zeise, J. Zhao, and R. DeWoskin. 2016. The next generation of risk assessment multiyear study–highlights of findings, applications to risk assessment and future directions. Environ.Health Perspect. 121（11）: 1671-1682.

Crosby, E.B., J.M. Bailey, A.N. Oliveri, and E.D. Levin.2015. Neurobehavioral impairments caused by developmental imidacloprid exposure in zebrafish. Neurotoxicol.Teratol. 49: 81-90.

Cui, C., E.L. Benard, Z. Kanwal, O.W. Stockhammer, M.van der Vaart, A. Zakrzewska, H.P. Spaink, and A.H.Meijer. 2011. Infectious disease modeling and innate immune function in zebrafish embryos. Methods Cell Biol.105: 273-308.

Da Costa, M.M., C.E. Allen, A. Higginbottom, T. Ramesh, P.J. Shaw, and C.J. McDermott. 2014. A new zebrafish model produced by TILLING of SOD1-related amyotrophic lateral sclerosis replicates key features of the disease and represents a tool for in vivo therapeutic screening.Dis. Model Mech. 7（1）: 73-81.

Dalgin, G., and V.E. Prince. 2015. Differential levels of Neurod establish zebrafish endocrine pancreas cell fates. Dev.Biol. 402（1）: 81-97.

De Vooght, V., J. A. Vanoirbeek, K. Luyts, S. Haenen, B. Nemery, and P.H. Hoet. 2010. Choice of mouse strain influences the outcome in a mouse model of chemical-induced asthma. PLoS One 5（9）: e12581.

Dong, H., W. Xu, J.K. Pillai, C. Packianathan, and B.P.Rosen. 2015. High-throughput screening-compatible assays of As（Ⅲ）S-adenosylmethionine methyltransferase activity. Anal. Biochem. 480: 67-73.

Dooley, K., and L.I. Zon. 2000. Zebrafish: A model system for the study of human disease. Curr. Opin. Genet. Dev.10（3）: 252-256.

Dow, L.E., J. Fisher, K.P. O'Rourke, A. Muley, E.R. Kastenhuber, G. Livshits, D.F. Tscharganeh, N.D. Socci and S.W. Lowe. 2015. Inducible in vivo genome editing with CRISPR-Cas9. Nat. Biotechnol. 33（4）: 390-394.

ECHA（European Chemicals Agency）. 2015. Read-Across Assessment Framework（RAAF）［online］. Available: http: //echa.europa.eu/documents/10162/13628/raaf_en.pdf［accessed July 19, 2016］.

Edmondson, R., J.J. Broglie, A.F. Adcock, and L. Yang.2014. Three-dimensional cell culture systems and their applications in drug discovery and cell-based biosensors.Assay Drug Dev. Technol. 12（4）: 207-218.

Efthymiou, A., A. Shaltouki, J.P. Steiner, B. Jha, S.M.Heman-Ackah, A. Swistowski, X. Zeng, M.S. Rao, and N. Malik. 2014. Functional screening assays with neurons generated from pluripotent stem cell-derived neural stem cells. J. Biomol. Screen. 19（1）: 32-43.

Egan, R.J., C.L. Bergner, P.C. Hart, J.M. Cachat, P.R. Canavello, M.F. Elegante, S.I. Elkhayat, B.K. Bartels, A.K.Tien, D.H. Tien, S. Mohnot, E. Beeson, E. Glasgow, H.Amri, Z. Zukowska, and A.V. Kalueff. 2009. Understanding behavioral and physiological phenotypes of stress and anxiety in zebrafish. Behav. Brain Res. 205（1）: 38-44.

Engeszer, R.E., L.A. da Barbiano, M.J. Ryan, and D.M.Parichy. 2007. Timing and plasticity of shoaling behaviour in the zebrafish, Danio rerio. Anim. Behav. 74 (5): 1269-1275.

EPA (US Environmental Protection Agency). 2010. Toxicological Review of Acrylamide (CAS No. 79-06-1). EPA/635/R-07/009F [online]. Available: https://cfpub.epa.gov/ncea/iris/iris_documents/documents/toxreviews/0286tr.pdf [accessed July 19, 2016].

EPA (US Environmental Protection Agency). 2014a. FIFRA Scientific Advisory Panel Minutes No. 2015-01: ASet of Scientific Issues Being Considered by the Environmental Protection Agency Regarding Integrated Endocrine Bioactivity and Exposure-Based Prioritization and Screening, FIFRA Scientific Advisory Panel Meeting, December 2-4, 2014, Arlington, VA [online]. Available: https://www.epa.gov/sites/production/files/2015-06/documents/120214minutes.pdf [accessed July 19, 2016].

EPA (US Environmental Protection Agency). 2014b. Next Generation Risk Assessment: Incorporation of Recent Advances in Molecular, Computational, and Systems Biology. EPA/600/R-14/004. National Center for Environmental Assessment, Office of Research and Development, US Environmental Protection Agency, Washington, DC [online]. Available: https://cfpub.epa.gov/si/si_public_record_report.cfm?dirEntryId=286690 [accessed July 19, 2016].

EPA (US Environmental Protection Agency). 2015. Use of High Throughput Assays and Computational Tools in the Endocrine Disruptor Screening Program-Overview [online]. Available: https://www.epa.gov/endocrine-disru ption/use-high-throughput-assays-and-computationaltools-endocrine-disruptor [accessed December 1, 2016].EPA/NIH/NCATS/NTP (US Environmental Protection Agency, National Institutes of Health, National Center for Advancing Translational Sciences, and National Toxicology Program). 2016. Transform Tox Testing Challenge: Innovating for Metabolism-Challenge Overview [online].Available: https://www.challenge.gov/wp-content/uploads/2016/09/Transform-Tox-Testing-Challenge-Brief.pdf [accessed October 14, 2016].

Esch, E.W., A. Bahinski, and D. Huh. 2015. Organs-on-chips at the frontiers of drug discovery. Nat. Rev. Drug Discov. 14: 248-260.

EU (European Union). 2015. Mechanism Based Integrated Systems for the Prediction of Drug Induced Liver Injury [online]. Available: http://www.mip-dili.eu/ [accessed July 19, 2016].

Feitsma, H., and E. Cuppen. 2008. Zebrafish as a cancer model. Mol. Cancer Res. 6 (5): 685-694.

Feliu, N., P. Kohonen, J. Ji, Y. Zhang, H.L. Karlsson, L.Palmberg, A. Nyström, and B. Fadeel. 2015. Next-generation sequencing reveals low-dose effects of cationic dendrimers in primary human bronchial epithelial cells. ACS Nano. 9 (1): 146-163.

Fernandes, Y., S. Tran, E. Abraham, and R. Gerlai. 2014.Embryonic alcohol exposure impairs associative learning performance in adult zebrafish. Behav. Brain Res.265: 181-187.

Festing, M.F. 2010. Improving toxicity screening and drug development by using genetically defined strains. Methods Mol. Biol. 602: 1-21.

Foster, P.M., L.V. Thomas, M.W. Cook, and S.D. Gangolli.1980. Study of the testicular effects and changes in zinc excretion produced by some n-alkyl phthalates in the rat.Toxicol. Appl. Pharmacol. 54 (3): 392-398.

French, J.E., D.M. Gatti, D.L. Morgan, G.E. Kissling, K.R.Shockley, G.A. Knudsen, K.G. Shepard, H.C. Price, D.King, K.L. Witt, L.C. Pedersen, S.C. Munger, K.L. Svenson, and G.A. Churchill.

2015. Diversity outbred mice identify population-based exposure thresholds and genetic factors that influence benzene-induced genotoxicity. Environ. Health Perspect. 123（3）：237-245.

Gallardo, V.E., G.K. Varshney, M. Lee, S. Bupp, L. Xu, P.Shinn, N.P. Crawford, J. Inglese, and S.M. Burgess. 2015.Phenotype-driven chemical screening in zebrafish for compounds that inhibit collective cell migration identifies multiple pathways potentially involved in metastatic invasion.Dis. Model Mech. 8（6）：565-576.

Gavaghan, C. 2007. Practical Considerations in Using QSARs in Pharmaceutical Safety Assessment［online］. Available：http：//www.ukqsar.org/slides/ClaireGavaghan_2007.pdf［accessed January 3, 2017］.

Gerlach, G., A. Hodgins-Davis, C. Avolio, and C. Schunter.2008. Kin recognition in zebrafish：A 24-hour window for olfactory imprinting. Proc. Biol. Sci. 275（1647）：2165-2170.

Gieseck, R.L., III, N.R. Hannan, R. Bort, N.A. Hanley, R.A.Drake, G.W. Cameron, T.A. Wynn, and L. Vallier. 2014.Maturation of induced pluripotent stem cell derived hepatocytes by 3D-culture. PLoS One 9（1）：e86372.Gieseck, R.L., III, L. Vallier, and N.R. Hannan. 2015. Generation of hepatocytes from pluripotent stem cells for drug screening and developmental modeling. Methods Mol.Biol. 1250：123-142.

Godderis, L., R. Thomas, A.E. Hubbard, A.M. Tabish, P. Hoet, L. Zhang, M.T. Smith, H. Veulemans, and C.M.McHale. 2012. Effect of chemical mutagens and carcinogens on gene expression profiles in human TK6 cells.PLOS One 7（6）：e39205.

Goldstone, J.V., A.G. McArthur, A. Kubota, J. Zanette, T.Parente, M.E. Jonsson, D.R. Nelson, and J.J. Stegeman.2010. Identification and developmental expression of the full complement of cytochrome P450 genes in zebrafish.BMC Genomics 11：643.

Gordon, M.W., F. Yan, X. Zhong, P.B. Mazumder, Z.Y. Xu-Monette, D. Zou, K.H. Young, K.S. Ramos, and Y. Li.2015. Regulation of p53-targeting microRNAs by polycyclic aromatic hydrocarbons：Implications in the etiology of multiple myeloma. Mol. Carcinog. 54（10）：1060-1069.

Graham, J.B., S. Thomas, J. Swarts, A.A. McMillan, M.T.Ferris, M.S. Suthar, P.M. Treuting, R. Ireton, M. Gale, Jr., and J.M. Lund. 2015. Genetic diversity in the collaborative cross model recapitulates human West Nile virus disease outcomes. MBio 6（3）：e00493-15.

Gray, L.E., J. Ostby, J. Furr, M. Price, D.N. Veeramacheni, and L. Parks. 2000. Perinatal exposure to the phthalates DEHP, BBP, and DINP, but not DEP, DMP, or DOTP, alters sexual differentiation of the male rat. Toxicol. Sci.58（2）：350-365.

Greene, N., L. Fisk, R.T. Naven, R.R. Note, M.L. Patel, and D.J. Pelletier. 2010. Developing structure-activity relaitonships for the preduction of hepatotoxicity. Chem. Res.Toxicol. 23（7）：1215-1222.

Grimm, F.A., Y. Iwara, O. Sirenko, M. Bittner, and I.Rusyn. 2015. High-content assay multiplexing for toxicity screening in induced pluripotent stem cell-derived cardiomyocytes and hepatocytes. Assay Drug Dev. Technol.13（9）：529-546.

Guiro, K., S.A. Patel, S.J. Greco, P. Rameshwar, and T.L.Arinzeh. 2015. Investigating breast cancer cell behavior using tissue engineering scaffolds. PLoS One 10（3）：e0118724.

Gut, P., B. Baeza-Raja, O. Andersson, L. Hasenkamp, J.Hsiao, D. Hesselson, K. Akassoglou, E.

Verdin, M.D.Hirschey, and D.Y. Stainer. 2013. Whole-organism screening for gluconeogenesis identifies activators of fasting metabolism. Nat. Chem. Biol. 9（2）: 97-104.

Guyton, K.Z., W.A. Chiu, T.F. Bateson, J. Jinot, C.S. Scott, R.C. Brown, and J.C. Caldwell. 2009. A reexamination of the PPAR-alpha activation mode of action as a basis forassessing human cancer risks of environmental contaminants.Environ. Health Perspect. 117（11）: 1664-1672.

Harrill, A.H., P.B. Watkins, S. Su, P.K. Ross, D.E. Harbourt, I.M. Stylianou, G.A. Boorman, M.W. Russo, R.S. Sackler, S.C. Harris, P.C. Smith, R. Tennant, M. Bogue, K.Paigen, C. Harris, T. Contractor, T. Wiltshire, I. Rusyn, and D.W. Threadgill. 2009. Mouse population-guided resequencing reveals that variants in CD44 contribute to acetaminophen-induced liver injury in humans. Genome Res.（9）: 1507-1515.

Harris, P.A., C. Duraiswami, D.T. Fisher, J. Fornwald, S.J.Hoffman, G. Hofmann, M. Jiang, R. Lehr, P.M. McCormick, L. Nickels, B. Schwartz, Z. Wu, G. Zhang, R.W.Marquis, J. Bertin, and P.J. Gough. 2015. High throughput screening identifies ATP-competitive inhibitors of the NLRP1 inflammasome. Bioorg. Med. Chem. Lett.25（14）: 2739-2743.

Hewitt, M., S.J. Enoch, J.C. Madden, K.R. Przybylak, and M.T. Cronin. 2013. Hepatotoxicity: A scheme for generation chemical categories for read-across, structural alerts and insights into mechanism（s）of action. Crit. Rev. Toxicol.43（7）: 537-558.

Hornung, M.W., M.A. Tapper, J.S. Denny, R.C. Kolanczyk, B.R. Sheedy, P.C. Hartig, H. Aladjov, T.R. Henry, and P.K.Schmieder. 2014. Effects-based chemical category approach for prioritization of low affinity estrogenic chemicals.SAR QSAR Environ. Res. 25（4）: 289-323.

Hossini, A.M., M. Megges, A. Prigione, B. Lichtner, M.R.Toliat, W. Wruck, F. Schröter, P. Nuernberg, H. Kroll, E.Makrantonaki, C.C. Zouboulis, and J. Adjaye. 2015. Induced pluripotent stem cell-derived neuronal cells from a sporadic Alzheimer's disease donor as a model for investigating AD-associated gene regulatory networks. BMC Genomics 16: 84.

Houck, K.A., D.J. Dix, R.S. Judson, R.J. Kavlock, J. Yang, and E.L. Berg. 2009. Profiling bioactivity of the ToxCast chemical library using BioMAP primary human cell systems.J. Biomol. Screen 14（9）: 1054-1066.

Howe, D.G., Y.M. Bradford, T. Conlin, A.E. Eagle, D. Fashena, K. Frazer, J. Knight, P. Mani, R. Martin, S.A. Moxon, H. Paddock, C. Pich, S. Ramachandran, B.J. Ruef, L. Ruzicka, K. Schaper, X. Shao, A. Singer, B. Sprunger, C.E.Van Slyke, and M. Westerfield. 2013a. ZFIN, the Zebrafish Model Organism Database: Increased support for mutants and transgenics. Nucleic Acids Res. 41: D854-D860.

Howe, K., M.D. Clark, C.F. Torroja, J. Torrance, C. Berthelot, M. Muffato, J.E. Collins, S. Humphray, K. McLaren, L.Matthews, S. McLaren, I. Sealy, M. Caccamo, C. Churcher, C. Scott, J.C. Barrett, R. Koch, G.J. Rauch, S. White, W. Chow, B. Kilian, L.T. Quintais, J.A. Guerra-Assuncao, Y. Zhou, Y. Gu, J. Yen, J.H. Vogel, T. Eyre, S. Redmond, R. Banerjee, J. Chi, B. Fu, E. Langley, S.F. Maguire, G.K.Laird, D. Lloyd, E. Kenyon, S. Donaldson, H. Sehra, J.Almeida-King, J. Loveland, S. Trevanion, M. Jones, M.Quail, D. Willey, A. Hunt, J. Burton, S. Sims, K. McLay, B. Plumb, J. Davis, C. Clee, K. Oliver, R. Clark, C. Riddle, D. Elliot, G. Threadgold, G. Harden, D. Ware, S. Begum, B. Mortimore, G. Kerry, P. Heath, B. Phillimore, A. Tracey, N.

Corby, M. Dunn, C. Johnson, J. Wood, S. Clark, S.Pelan, G. Griffiths, M. Smith, R. Glithero, P. Howden, N.Barker, C. Lloyd, C. Stevens, J. Harley, K. Holt, G. Panagiotidis, J. Lovell, H. Beasley, C. Henderson, D. Gordon, K. Auger, D. Wright, J. Collins, C. Raisen, L. Dyer, K.Leung, L. Robertson, K. Ambridge, D. Leongamornlert, S. McGuire, R. Gilderthorp, C. Griffiths, D. Manthravadi, S. Nichol, G. Barker, S. Whitehead, M. Kay, J. Brown, C. Murnane, E. Gray, M. Humphries, N. Sycamore, D.Barker, D. Saunders, J. Wallis, A. Babbage, S. Hammond, M. Mashreghi-Mohammadi, L. Barr, S. Martin, P. Wray, A. Ellington, N. Matthews, M. Ellwood, R. Woodmansey, G. Clark, J. Cooper, A. Tromans, D. Grafham, C. Skuce, R. Pandian, R. Andrews, E. Harrison, A. Kimberley, J.Garnett, N. Fosker, R. Hall, P. Garner, D. Kelly, C. Bird, S. Palmer, I. Gehring, A. Berger, C.M. Dooley, Z. Ersan-Urun, C. Eser, H. Geiger, M. Geisler, L. Karotki, A. Kirn, J. Konantz, M. Konantz, M. Oberlander, S. Rudolph-Geiger, M. Teucke, C. Lanz, G. Raddatz, K. Osoegawa, B. Zhu, A. Rapp, S. Widaa, C. Langford, F. Yang, S. C.Schuster, N.P. Carter, J. Harrow, Z. Ning, J. Herrero, S.M.Searle, A. Enright, R. Geisler, R.H. Plasterk, C. Lee, M.Westerfield, P.J. de Jong, L.I. Zon, J.H. Postlethwait, C.Nusslein-Volhard, T.J. Hubbard, H. Roest Crollius, J. Rogers, and D.L. Stemple. 2013b. The zebrafish reference genomesequence and its relationship to the human genome.Nature. 496（7446）: 498-503.Huh, D., G.A. Hamilton, and D.E. Ingber. 2011. From 3D cell culture to organs-on-chips. Trends Cell Biol. 21（12）: 745-754.

IARC（International Agency for Research on Cancer）. 2006.Preamble. IARC Monographs on the Evaluation of Carcinogenic Risks to Humans. Lyon, France: IARC [online].Available: http: //monographs.iarc.fr/ENG/Preamble/CurrentPreamble.pdf [accessed July 19, 2016].

IARC（International Agency for Research on Cancer）.2015a. Diazinon in Some Organophosphate Insecticides and Herbicides. IARC Monographs on the Evaluation of Carcinogenic Risks to Humans Vol. 112 [online]. Available: http: //monographs.iarc.fr/ENG/Monographs/vol112/mono112-08.pdf [accessed May 15, 2016].

IARC（International Agency for Research on Cancer）.2015b. Malathion in Some Organophosphate Insecticides and Herbicides. IARC Monographs on the Evaluation of Carcinogenic Risks to Humans Vol. 112 [online]. Available: http: //monographs.iarc.fr/ENG/Monographs/vol112/mono112-07.pdf [accessed May 15, 2016].

ICH（International Conference on Harmonization）. 2014.ICH Harmonised Tripartite Guideline: Assessment and Control of DNA Reactive（Mutagenic）Impurities in Pharmaceuticals to Limit Potential Carcinogenic Risk. M7: Current Step 4 Version, June 23, 2014. International Conference on Harmonization of Technical Requirements for Registration of Pharmaceuticals for Human Use [online].Available: http: //www.ich.org/fileadmin/Public_Web_Site/ICH_Products/Guidelines/Multidisciplinary/M7/M7_Step_4.pdf [accessed July 22, 2016].Irons, T.D., R.C. MacPhail, D.L. Hunter, and S. Padilla. 2010.Acute neuroactive drug exposures alter locomotor activity in larval zebrafish. Neurotoxicol. Teratol. 32（1）: 84-90.

Jones, L.J., and W.H. Norton. 2015. Using zebrafish to uncover the genetic and neural basis of aggression, a frequent comorbid symptom of psychiatric disorders. Behav.Brain Res. 276: 171-180.

Kacew, S., and M.F. Festing. 1996. Role of rat strain in the differential sensitivity to pharmaceutical agents and naturally occurring substances. J. Toxicol. Environ. Health47（1）: 1-30.

Karakikes, I., M. Ameen, V. Termglinchen, and J.C. Wu.2015. Human induced pluripotent stem cell-derived cardiomyocytes: Insights into molecular, cellular, and functional phenotypes. Circ. Res. 117(1): 80-88.

Keiser, M.J., B.L. Roth, B.N. Armbruster, P. Ernsberger, J.J.Irwin, and B.K. Shoichet. 2007. Relating protein pharmacology by ligand chemistry. Nat. Biotechnol. 25 (2): 197-206.

Kettleborough, R.N., E.M. Busch-Nentwich, S.A. Harvey, C.M. Dooley, E. de Bruijn, F. van Eeden, I. Sealy, R.J.White, C. Herd, I.J. Nijman, F. Fenyes, S. Mehroke, C.Scahill, R. Gibbons, N. Wali, S. Caruthers, A. Hall, J.Yen, E. Cuppen, and D.L. Stemple. 2013. A systematic genome-wide analysis of zebrafish protein-coding gene function. Nature 496 (7446): 494-497.

Kleinstreuer, N.C., J. Yang, E.L. Berg, T.B. Knudsen, A.M.Richard, M.T. Martin, D.M. Reif, R.S. Judson, M. Polokoff, D.J. Dix, R.J. Kavlock, and K.A. Houck. 2014. Phenotypic screening of the ToxCast chemical library to classify toxic and therapeutic mechanisms. Nat. Biotechnol.32 (6): 583-591.

Kokel, D., J. Bryan, C. Laggner, R. White, C.Y. Cheung, R.Mateus, D. Healey, S. Kim, A.A. Werdich, S.J. Haggarty, C.A. Macrae, B. Shoichet, and R.T. Peterson. 2010. Rapid behavior-based identification of neuroactive small molecules in the zebrafish. Nat. Chem. Biol. 6 (3): 231-237.

Kolaja, K. 2014. Stem cells and stem cell-derived tissues and their use in safety assessment. J. Biol. Chem. 289 (8): 4555-4561.

Krewski, D., M.E. Andersen, E. Mantus, and L. Zeise. 2009.Toxicity testing in the 21st century: Implications for human health risk assessment. Risk Anal. 29 (4): 474-479.

Krewski, D., M. Westphal, M.E. Andersen, G. Paoli, W.Chiu, M. Al-Zoughool, M.C. Croteau, L. Burgoon, and I.Cote. 2014. A framework for the next generation of risk science. Environ Health Perspect.122 (8): 796-805.

Kruhlak, N.L., R.D. Benz, H. Zhou, and T.J. Colatsky. 2012. (Q) SAR modeling and safety assessment in regulatory review.Clin. Pharmacol. Ther. 91 (3): 529-534.

Lamb, J., E.D. Crawford, D. Peck, J.W. Modell, I.C. Blat, M.J. Wrobel, J. Lerner, J.P. Brunet, A. Subramanian, K.N. Ross, M. Reich, H. Hieronymus, G. Wei, S.A. Armstrong, S.J. Haggerty, P.A. Clemons, R. Wei, S.A. Carr, E.S. Lander, and T.R. Golub. 2006. The connectivity map: Using gene-expression signatures to connect small molecules, genes, and disease. Science 313 (5795): 1929-1935.

Landry, J.P., G. Malovichko, and X.D. Zhu. 2015. Highthroughput dose-response measurement using a label-free microarray-in-microplate assay platform. Anal. Chem.87 (11): 5640-5648.

Lebold, K.M., C.V. Lohr, C.L. Barton, G.W. Miller, E.M.Labut, R.L.Tanguay, and M.G. Traberet. 2013. Chronic vitamin E deficiency promotes vitamin C deficiency in zebrafish leading to degenerative myopathy and impaired swimming behavior. Comp. Biochem. Phys. C Toxicol. Pharmacol. 157 (4): 382-389.

Levin, E.D. Z. Bencan, and D.T. Cerutti. 2007. Anxiolytic effects of nicotine in zebrafish. Physiol. Behav. 90 (1): 54-58.

Liu, J., K. Mansouri, R.S. Judson, M.T. Martin, H. Hong, M. Chen, X. Xu, R.S. Thomas, and I. Shah. 2015. Predicting hepatotoxicity using ToxCast in vitro bioactivity and chemical structure. Chem.

Res. Toxicol. 28（4）：738-751.

Liu, K., K.P. Lehmann, M. Sar, S.S. Young, and K.W.Gaido.2005. Gene expression profiling following in utero exposure to phthalate esters reveals new gene targets in the etiology of testicular dysgenesis. Biol. Reprod. 73（1）：180-192.

Lounkine, E., M.J. Keiser, S. Whitebread, D. Mikhailov, J.Hamon, J.L. Jenkins, P. Lavan, E.Weber, A.K. Doak, S.Côté, B.K. Shoichet, and L. Urban. 2012. Large-scale prediction and testing of drug activity on side-effect targets.Nature 486（7403）：361-367.

Lovik, M. 1997. Mutant and transgenic mice in immunotoxicology：An introduction. Toxicology119（1）：65-76.

Lovitt, C.J., T.B. Shelper, and V.M. Avery. 2014. Advanced cell culture techniques for cancer discovery. Biology 3（2）：345-367.

Low, Y., A. Sedykh, D. Fourches, A. Golbraikh, M. Whelan, I. Rusyn, and A.Tropsha .2013. Integrative chemical-biological read-across approach for chemical hazard classification.Chem. Res. Toxicol. 26（8）：1199-208.

Mahmood, F., S. Fu, J. Cooke, S.W. Wilson, J.D. Cooper, and C. Russell. 2013. A zebrafish model of CLN2 disease is deficient in tripeptidyl peptidase 1 and displays progressive neurodegeneration accompanied by a reduction in proliferation. Brain 136（Pt. 5）：1488-1507.

Malik, N., A.G. Efthymiou, K. Mather, N. Chester, X. Wang, A. Nath, M.S. Rao, and J.P. Steiner. 2014. Compounds with species and cell type specific toxicity identified in a 2000 compound drug screen of neural stem cells and rat mixed cortical neurons. Neurotoxicology 45：192-200.

Mann, D.A. 2015. Human induced pluripotent stem cellderived hepatocytes for toxicology testing. Expert Opin.Drug Metab. Toxicol. 11（1）：1-5.

Mann, K.D., E.R. Turnell, J. Atema, and G. Gerlach. 2003.Kin recognition in juvenile zebrafish（Danio rerio）based on olfactory cues. Biol. Bull. 205（2）：224-225.

Martin-Jimenez, R., M. Campanella, and C. Russell. 2015.New zebrafish models of neurodegeneration. Curr. Neurol.Neurosci. 15（6）：33.

Matthews, E.J., N.L. Kruhlak, R. Daniel Benz, J. Ivanov, G. Klopman, and J.F. Contrera. 2007. A comprehensive model for reproductive and developmental toxicity hazard identification：Ⅱ. Construction of QSAR models to predict activities of untested chemicals. Regul. Toxicol. Pharmacol.47（2）：136-155.

Mattis, V.B., C. Tom, S. Akimov, J. Saeedian, M.E. Østergaard, A.L. Southwell, C.N. Doty, L. Ornelas, A. Sahabian, L. Lenaeus, B. Mandefro, D. Sareen, J. Arjomand, M.R. Hayden, C.A. Ross, and C.N. Svendesn. 2015. HD iPSC-derived neural progenitors accumulate in culture and are susceptible to BDNF withdrawal due to glutamate toxicity. Hum. Mol. Genet. 24（11）：3257-3271.

McGinnity, D.F., J. Collington, R.P. Austin, and R.J. Riley.2007. Evaluation of human pharmacokinetics, therapeutic dose and exposure predictions using marketed oral drugs.Curr. Drug Metab. 8（5）：463-479.

McKinstry-Wu, A.R., W. Bu, G. Rai, W.A. Lea, B.P. Weiser, D.F. Liang, A. Simeonov, A. Jadhav, D.J. Maloney, and R.G. Eckenhoff. 2015. Discovery of a novel general anesthetic chemotype using high-throughput screening. Anesthesiology 122（2）：325-333.

Meeker, N.D., and N.S. Trede. 2008. Immunology and zebrafish: Spawning new models of human disease. Dev.Comp. Immunol. 32（7）: 745-757.

Mehta, J., E. Rouah-Martin, B. Van Dorst, B. Maes, W. Herrebout, M.L. Scippo, F. Dardenne, R. Blust, and J. Robbens.2012. Selection and characterization of PCB-binding DNA aptamers. Anal. Chem. 84（3）: 1669-1676.

Miller, N., and R. Gerlai. 2012. From schooling to shoaling: Patterns of collective motion in zebrafish （Danio rerio）.PLoS One 7（11）: e48865.

Milo, R., S. Shen-Orr, S. Itzkovitz, N. Kashtan, D. Chklovskii, and U. Alon. 2002. Network motifs: Simple building blocks of complex networks. Science 298（5594）: 824-827.

Moorman, S.J. 2001. Development of sensory systems in zebrafish（Danio rerio）. ILAR J. 42（4）: 292-298.

Morgan, A.P., and C.E. Welsh. 2015. Informatics resources for the Collaborative Cross and related mouse populations.Mamm. Genome 26（9-10）: 521-539.

NASEM（National Academies of Sciences, Engineering, and Medicine）. 2015. Application of Modern Toxicology Approaches for Predicting Acute Toxicity for Chemical Defense.Washington, DC: The National Academies Press.NCATS（National Center for Advancing Translational Sciences）.2016. About Tissue Chip. Available: http: //ncats.nih.gov/tissuechip/about［accessed July 20, 2016］.

Ng, H.W., S.W. Doughty, H. Luo, H. Ye, W. Ge, W. Tong, and H. Hong. 2015. Development and validation of decision forest model for estrogen receptor binding prediction of chemicals using large data sets. Chem. Res. Toxicol.28（12）: 2343-2351.

Nguyen, A.T., A. Emelyanov, C.H. Koh, J.M. Spitsbergen, S.Parinov, and Z. Gong. 2012. An inducible kras（V12）transgenic zebrafish model for liver tumorigenesis and chemical drug screening. Dis. Model Mech. 5（1）: 63-72.

Norton, W.H. 2013. Towards developmental models of psychiatric disorders in zebrafish. Front. Neural Circuits 7: 79.NRC（National Research Council）. 2000. Scientific Frontiers in Developmental Toxicology and Risk Assessment.Washington, DC: National Academy Press.NRC（National Research Council）. 2006. Assessing the Human Health Risks of Trichloroethylene: Key Scientific Issues. Washington, DC: The National Academies Press.NRC（National Research Council）. 2007. Toxicity Testing in the 21st Century: A Vision and a Strategy. Washington, DC: The National Academies Press. NRC（National Research Council）. 2008. Phthalates and Cumulative Risk Assessment: The Tasks Ahead. Washington, DC: The National Academies Press.OECD（Organisation for Economic Co-operation and Development）.2004. The Report from the Expert Group on（Quantitative）Structure-Activity Relationships［QSARs］on the Principles for the Validation of（Q）SARs. ENV/JM/MONO（2004）24. OECD Series on Testing and Assessment No. 49. Paris: OECD［online］. Available: http: //www.oecd.org/officialdocuments/publicdisplaydocumentpdf/?cote=env/jm/mono（2004）24&doclanguage=en［accessedJuly 20, 2016］.

Padilla, S., D. Corum, B. Padnos, D.L. Hunter, A. Beam, K.A. Houck, N. Sipes, N. Kleinstreuer, T. Knudsen, D.J. Dix, and D.M. Reif. 2012. Zebrafish developmental screening of the ToxCast Phase I chemical library. Reprod.Toxicol. 33（2）: 174-187.

Panula, P., V. Sallinen, M. Sundvik, J. Kolehmainen, V.Torkko, A. Tiittula, M. Moshnyakov, and

P. Podiasz.2006. Modulatory neurotransmitter systems and behavior: Towards zebrafish models of neurodegenerative diseases.Zebrafish 3（2）: 235-247.

Panula, P., C.Y. Chen, M. Priyadarshini, H. Kudo, S. Semenova, M. Sundvik, and V. Sallinen. 2010. The comparative neuroanatomy and neurochemistry of zebrafish CNS systems of relevance to human neuropsychiatric diseases.Neurobiol. Dis. 40（1）: 46-57.

Papadatos, G., A. Gaulton, A. Hersey, and J.P. Overington.2015. Activity, assay and target data curation and quality in the ChEMBL database. J. Comput. Aided Mol. Des.29（9）: 885-896.

Patlewicz, G., N. Ball, E.D. Booth, E. Hulzebos, E. Zvinavashe, and C. Hennes. 2013. Use of category approaches, read-across and（Q）SAR: General considerations. Regular.Toxicol. Pharmacol. 67（1）: 1-12.

Pauli, A., E. Valen, M.F. Lin, M. Garber, N.L. Vastenhouw, J.Z. Levin, L. Fan, A. Sandelin, J.L. Rinn, A. Regev, and A.F. Schier. 2012. Systematic identification of long non-coding RNAs expressed during zebrafish embryogenesis.Genome Res. 22（3）: 577-591.

Pfuhler, S., R. Fautz, G. Ouedraogo, A. Latil, J. Kenny, C.Moore, W. Diembeck, N.J. Hewitt, K. Reisinger, and J.Barroso. 2014. The Cosmetics Europe strategy for animalfreegenotoxicity testing: project status up-date. Toxicol.In Vitro 28（1）: 18-23.

Pham, N., S. Iyer, E. Hackett, B.H. Lock, M. Sandy, L.Zeise, G. Solomon, and M. Marty. 2016. Using ToxCast to explore chemical activities and hazard traits: A case study with ortho-phthalates. Toxicol. Sci. 151（2）: 286-301.

Phillips, J.B., and M. Westerfield. 2014. Zebrafish models in translational research: Tipping the scales toward advancements in human health. Dis. Model Mech. 7（7）: 739-743.

Pickart, M.A., and E.W. Klee. 2014. Zebrafish approaches enhance the translational research tackle box. Transl. Res.163（2）: 65-78.

Pohjanvirta, R., M. Viluksela, J.T. Tuomisto, M. Unkila, J.Karasinska, M.A. Franc, M. Holowenko, J.V. Giannone, P.A. Harper, J. Tuomisto, and A.B. Okey. 1999. Physicochemical differences in the AH receptors of the most TCDD-susceptible and the most TCDD-resistant rat strains. Toxicol. Appl. Pharmacol. 155（1）: 82-95.

Preston, M.A., and W.B. Macklin. 2015. Zebrafish as a model to investigate CNS myelination. Glia 63（2）: 177-193.

Prozialeck, W.C., P.C. Lamar, and S.M. Lynch. 2003. Cadmium alters the localization of N-cadherin, E-cadherin, and beta-catenin in the proximal tubule epithelium. Toxicol.Appl. Pharmacol. 189（3）: 180-195.

Raoux, M., N. Azorin, C. Colomban, S. Rivoire, T. Merrot, P. Delmas, and M. Crest. 2013. Chemicals inducing acute irritant contact dermatitis mobilize intracellular calcium in human keratinocytes. Toxicol. In Vitro. 27（1）: 402-408.

Reif, D.M., L. Truong, D. Mandrell, S. Marvel, G. Zhang, and R.L. Tanguay. 2016. High-throughput characterization of chemical-associated embryonic behavioral changes predicts teratogenic outcomes. Arch. Toxicol. 90（6）: 1459-1470.

Rennekamp, A.J., and R.T. Peterson. 2015. 15 years of zebrafish chemical screening. Curr. Opin. Chem. Biol.24: 58-70.

Roberts, D.W., A.O. Aptula, and G. Patlewicz. 2007a. Electrophilic chemistry related to skin sensitization. Reaction mechanistic applicability domain classification for a published data set of 106 chemicals tested in the mouse local lymph node assay. Chem. Res. Toxicol. 20（1）: 44-60.

Roberts, D.W., G. Patlewicz, S.D. Dimitrov, L.K. Low, A.O. Aptula, P.S. Kern, G.D. Dimitrova, M.I.H. Comber, R.D. Phillips, J. Niemelä, C. Madsen, E.B. Wedebye, P.T. Bailey, and O.G. Mekenyan. 2007b. TIMES-SS-A mechanistic evaluation of an external validation study using reaction chemistry principles. Chem. Res. Toxicol.20（9）: 1321-1330.

Romero, A.C., E. Del Río, E. Vilanova, and M.A. Sogorb.2015. RNA transcripts for the quantification of differentiation allow marked improvements in the performance of embryonic stem cell test（EST）. Toxicol. Lett. 238（3）: 60-69.

Rotroff, D.M., D.J. Dix, K.A. Houck, T.B. Knudsen, M.T.Martin, K.W. McLaurin, D.M. Reif, K.M. Crofton, A.V.Singh, M. Xia, R. Huang, and R.S. Judson. 2013. Using in vitro high throughput screening assays to identify potential endocrine-disrupting chemicals. Environ. Health Perspect. 121（1）: 7-14.

Rous, P., and F.S. Jones. 1916. A method for obtaining suspensions of living cells from the fixed tissues, and for the plating out of individual cells. J. Exp. Med. 23（4）: 549-555.

Schlegel, A., and P. Gut. 2015. Metabolic insights from zebrafish genetics, physiology, and chemical biology. Cell.Mol. Life Sci. 72（12）: 2249-2260.

Scott, C.W., M.F. Peters, and Y.P. Dragan. 2013. Human induced pluripotent stem cells and their use in drug discovery for toxicity testing. Toxicol. Lett. 219（1）: 49-58.

Shah, I., and J. Wambaugh. 2010. Virtual tissues in toxicology.J. Toxicol. Environ. Health B. Crit. Rev. 13（2-4）: 314-328.

Sharma, P., D.M. Ando, A. Daub, J.A. Kaye, and S. Finkbeiner.2012. High-throughput screening in primary neurons.Methods Enzymol. 506: 331-360.

Shirai, T., A. Nakamura, S. Fukushima, A. Yamamoto, M.Tada, and N. Ito. 1990. Different carcinogenic responses in a variety of organs, including the prostate, of five different rat strains given 3, 2'-dimethyl-4-aminobiphenyl.Carcinogenesis 11（5）: 793-797.

Silva, M., N. Pham, C. Lewis, S. Iyer, E. Kwok, G. Solomon, and L. Zeise. 2015. A comparison of ToxCast test results with In vivo and other In vitro endpoints for neuro, endocrine, and developmental toxicities: A case study using endosulfan and methidathion. Birth Defects Res. B Dev.Reprod. Toxicol. 104（2）: 71-89.

Simmons, S.O., C.Y. Fan, and R. Ramabhadran. 2009. Cellular stress response pathway system as a sentinel ensemble in toxicological screening. Toxicol. Sci. 111（2）: 202-225.

Sinnecker, D., K.L. Laugwitz, and A. Moretti. 2014. Induced pluripotent stem cell-derived cardiomyocytes for drug development and toxicity testing. Pharmacol. Ther.143（2）: 246-252.

Sipes, N.S., M.T. Martin, P. Kothiya, D.M. Reif, R.S. Judson, A.M. Richard, K.A. Houck, D.J. Dix, R.J. Kavlock, and T.B. Knudsen. 2013. Profiling 976 ToxCast chemicals across 331 enzymatic and receptor signaling assays.Chem. Res. Toxicol. 26（6）: 878-895.

Sirenko, O., J. Hesley, I. Rusyn, and E.F. Cromwell. 2014a.High-content high-throughput assays for characterizing the viability and morphology of human iPSC-derived neuronal cultures. Assay Drug

Dev. Technol. 12（9-10）：536-547.

Sirenko, O., J. Hesley, I. Rusyn, and E. Cromwell. 2014b.High-content assays for hepatotoxicity using induced pluripotent stem cell（iPSC）-derived cells. Assay Drug Dev.Technol. 12（1）：43-54.

Sjogren, A.K., M. Liljevald, B. Glinghammar, J. Sagemark, X.Q. Li, A. Jonebring, I. Cotgreave, G. Brolén, and T.B.Andersson. 2014. Critical differences in toxicity mechanisms in induced pluripotent stem cell-derived hepatocytes, hepatic cell lines and primary hepatocytes. Arch.Toxicol. 88（7）：1427-1437.

Sledge, D., J. Yen, T. Morton, L. Dishaw, A. Petro, S. Donerly, E. Linney, and E.D. Levin. 2011. Critical duration of exposure for developmental chlorpyrifos-induced neurobehavioral toxicity. Neurotoxicol. Teratol. 33（6）：742-751.

Smith, A.J., M.K. Hancock, K. Bi, J. Andrews, P. Harrison, and T.J. Vaughan. 2012. Feasibility of implementing cellbased pathway reporter assays in early high-throughput screening assay cascades for antibody drug discovery. J.Biomol. Screen. 17（6）：713-726.

Smith, M.T., K.Z. Guyton, C.F. Gibbons, J.M. Fritz, C.J.Portier, I. Rusyn, D.M. DeMarini, J.C. Caldwell, R.J. Kavlock, P. Lambert, S.S. Hecht, J.R. Bucher, B.W. Stewart, R. Baan, V.J. Cogliano, and K. Straif. 2016. Key characteristics of carcinogens as a basis for organizing data on mechanisms of carcinogenesis. Environ Health Perspect.124（6）：713-721.

Soldatow, V.Y., E.L. Lecluyse, L.G. Griffith, and I. Rusyn.2013. In vitro models for liver toxicity testing. Toxicol.Res.（Camb）.2（1）：23-39.

Song, Y., V. Madahar, and J. Liao. 2011. Development of FRET assay into quantitative and high-throughput screening technology platforms for protein-protein interactions.Ann. Biomed. Eng. 39（4）：1224-1234.

Spence, R., and C. Smith. 2005. Male territoriality mediates density and sex ratio effects on oviposition in the zebrafish.Anim. Behav. 69（6）：1317-1323.

Steenbergen, P. J., M.K. Richardson, and D.L. Champagne.2011. The use of the zebrafish model in stress research.Prog. Neuropsychopharmacol. Biol. Psychiatry 35（6）：1432-1451.

Sung, J.H., and M.L. Shuler. 2010. In vitro microscale systems for systematic drug toxicity study. Bioprocess Biosyst.Eng. 33（1）：5-19.

Swat, M., and J.A. Glazier. 2013. Agent-based virtual-tissue simulations. Biomed. Comput. Rev.（Fall）：28-29.

Takahashi, K., K. Tanabe, M. Ohnuki, M. Narita, T. Ichisaka, K. Tomoda, and S. Yamanaka. 2007. Induction of pluripotent stem cells from adult human fibroblasts by defined factors. Cell 131（5）：861-872.

Theunissen, P.T., J.F. Robinson, J.L. Pennings, M.H. van Herwijnen, J.C. Kleinjans, and A.H. Piersma. 2012. Compound-specific effects of diverse neurodevelopmental toxicants on global gene expression in the neural em bryonic stem cell test（ESTn）. Toxicol. Appl. Pharmacol.262（3）：330-340.

Thon, J.N., M.T. Devine, A. Jurak Bgeonja, J. Tibbitts, and J.E. Italiano Jr. 2012. High-content live-cell imaging assay used to establish mechanism of trastuzumab emtansine（TDM1）-mediated inhibition of platelet production. Blood 120（10）：1975-1984.

Threadgill, D.W., and G.A. Churchill. 2012. Ten years of the Collaborative Cross. Genetics 190（2）：

291-294.

Tonk, E.C., J.F. Robinson, A. Verhoef, P.T. Theunissen, J.L.Pennings, and A.H. Piersma. 2013. Valproic acid-induced gene expression responses in rat whole embryo culture and comparison across in vitro developmental and nondevelopmental models. Reprod. Toxicol. 41: 57-66.

Tropepe, V., and H.L. Sive. 2003. Can zebrafish be used as a model to study the neurodevelopmental causes of autism?Genes Brain. Behav. 2（5）: 268-281.

Truong, L., K.S. Saili, J.M. Miller, J.E. Hutchison, and R.L. Tanguay. 2012. Persistent adult zebrafish behavioral deficits results from acute embryonic exposure to gold nanoparticles. Comp. Biochem. Physiol. C Toxicol. Pharmacol.155（2）: 269-274.

Truong, L., D.M. Reif, L. St Mary, M.C. Geier, H.D. Truong, and R.L. Tanguay. 2014. Multidimensional in vivo hazard assessment using zebrafish. Toxicol. Sci. 137（1）: 212-233.

Tse, A.C., K.Y. Lau, W. Ge, and R.S. Wu. 2013. A rapid screening test for endocrine disrupting chemicals using primary cell culture of the marine medaka. Aquat. Toxicol.144-145: 50-58.

Tyson, J.J., and B. Novák. 2010. Functional motifs in biochemical reaction networks. Annu. Rev. Phys. Chem.61: 219-240.

Valdivia, P., M. Martin, W.R. LeFew, J. Ross, K.A. Houck, and T.J. Shafer. 2014. Multi-well microelectrode array recordings detect neuroactivity of ToxCast compounds.Neurotoxicology 44: 204-217.

Valerio, L.G., K.B. Arvidson, R.F. Chanderbhan, and J.F.Contrera. 2007. Prediction of rodent carcinogenic potential of naturally occurring chemicals in the human diet using high-throughput QSAR predictive modeling. Toxicol.Appl. Pharmacol. 222（1）: 1-16.

Van Vliet, E. 2011. Current standing and future prospects for the technologies proposed to transform toxicity testing in the 21st century. ALTEX 28（1）: 17-44.

Varani, J., P. Perone, D.M. Spahlinger, L.M. Singer, K.L. Diegel, W.F. Bobrowski, and R. Dunstan. 2007. Human skin in organ culture and human skin cells（keratinocytes and fibroblasts）in monolayer culture for assessment of chemically induced skin damage. Toxicol. Pathol. 35（5）: 693-701.

Walcott, B.P., and R.T. Peterson. 2014. Zebrafish models of cerebrovascular disease. J. Cereb. Blood Flow Metab.34（4）: 571-577.

Wambaugh, J., and I. Shah. 2010. Simulating microdosimetry in a virtual hepatic lobule. PLoS Comput. Biol.6（4）: e1000756.

Wang, J.D., N.J. Douville, S. Takayama, and M. El Sayed.2012. Quantitative analysis of molecular absorption into PDMS microfluidic channels. Ann. Biomed. Eng.40（9）: 1862-1873.

Wheeler, H.E., C. Wing, S.M. Delaney, M. Komatsu, and M.E. Dolan. 2015. Modeling chemotherapeutic neurotoxicity with human induced pluripotent stem cell-derived neuronal cells. PLoS One 10（2）: e0118020.

Wilcox, K.C., M.R. Marunde, A. Das, P.T. Velasco, B.D.Kuhns, M.T. Marty, H. Jiang, C.H. Luan, S.G. Sligar, and W.L. Klein. 2015. Nanoscale synaptic membrane mimetic allows unbiased high throughput screen that targets binding sites for Alzheimer's-associated Aβ oligomers. PLoS One 10（4）: e0125263.

Williams, K.E., G.A. Lemieux, M.E. Hassis, A.B. Olshen, S.J. Fisher, and Z. Werb. 2016.

Quantitative proteomic analyses of mammary organoids reveals distinct signatures after exposure to environmental chemicals. Proc.Natl. Acad. Sci. US 113（10）: E1343-E1351.Wills, L.P., G.C. Beeson, D.B. Hoover, R.G. Schnellmann, and C.C. Beeson. 2015. Assessment of ToxCast Phase II for mitochondrial liabilities using a high-throughput-respirometric assay. Toxicol Sci. 146（2）: 226–234.

Wu, S., J. Fisher, J. Naciff, M. Laufersweiler, C. Lester, G.Daston, and K. Blackburn. 2013. Framework for identifying chemicals with structural features associated with the potential act as developmental or reproductive toxicants.Chem. Res. Toxicol. 26（12）: 1840–1861.

Xia, W., Y.J. Wan, X. Wang, Y.Y. Li, W.J. Yang, C.X. Wang, and S.Q. Xu. 2011. Sensitive bioassay for detection of PPARα potentially hazardous ligands with gold nanoparticle probe. J. Hazard Mater. 192（3）: 1148–1154.

Xu, J.J., P.V. Henstock, M.C. Dunn, A.R. Smith, J.R. Chabot, and D. de Graaf. 2008. Cellular imaging predictions of clinical drug-induced liver injury. Toxicol. Sci. 105（1）: 97–105.

Yamasaki, K., S. Kawasaki, R.D. Young, H. Fukuoka, H.Tanioka, M. Nakatsukasa, A.J. Quantock, and S. Kinoshita.2007. Genomic aberrations and cellular heterogeneity in SV40-immortalized human corneal epithelial cells. Invest.Ophthalmol. Vis. Sci. 50（2）: 604–613.

Yoo, H.S., B.U. Bradford, O. Kosyk, S. Shymonyak, T. Uehara, L.B. Collins, W.M. Bodnar, L.M. Ball, A. Gold, and I. Rusyn. 2015a. Comparative analysis of the relationship between trichloroethylene metabolism and tissue-specific toxicity among inbred mouse strains: liver effects. J. Toxicol.Environ. Health A. 78（1）: 15–31.

Yoo, H.S., B.U. Bradford, O. Kosyk, T. Uehara, S. Shymonyak, L.B. Collins, W.M. Bodnar, L.M. Ball, A. Gold, and I. Rusyn. 2015b. Comparative analysis of the relationship between trichloroethylene metabolism and tissuespecific toxicity among inbred mouse strains: Kidney effects.J. Toxicol. Environ. Health A. 78（1）: 32–49.

Zhang, Q., S. Bhattacharya, M.E. Andersen, and R.B. Conolly. 2010. Computational systems biology and dose-response modeling in relation to new directions in toxicity testing.J. Toxicol. Environ. Health B Crit. Rev. 13（2–4）: 253–276.

Zhang, X., S. Wiseman, H. Yu, H. Liu, J.P. Giesy, and M.Hecker. 2011. Assessing the toxicity of napthenic acids using a microbial genome wide live cell reporter array system.Environ. Sci. Technol. 45（5）: 1984–1991.

Zhang, Z., N. Guan, T. Li, D.E. Mais, and M. Wang. 2012a.Quality control of cell-based high-throughput drug screening.Acta. Pharma. Sin. B 2（5）: 429–438.

Zhang, W., R. Korstanje, J. Thaisz, F. Staedtler, N. Harttman, L. Xu, M. Feng, L. Yanas, H. Yang, W. Valdar, G.A. Churchill, and K. Dipetrillo. 2012b. Genome-wide association mapping of quantitative traits in outbred mice.G3（Bethesda）2（2）: 167–174.

Zhang, Q., S. Bhattacharya, R.B. Conolly, H.J. Clewell, N.E. Kaminski, and M.E. Andersen. 2014. Molecular signaling network motifs provide a mechanistic basis for cellular threshold responses. Environ. Health Perspect.122（12）: 1261–1270.

Zhang, Q., S. Bhattacharya, J. Pi., R.A. Clewell, P.L. Carmichael, and M.E. Andersen. 2015. Adaptive posttranslational control in cellular stress response pathways and its relationship to toxicity testing and safety assessment. Toxicol.Sci. 147（2）：302-316.

Zou，F.，J.A. Gelfond，D.C. Airey，L. Lu，K.F. Manly，R.W.Williams，and D.W. Threadgill. 2005. Quantitative trait locus analysis using recombinant inbred intercrosses：Theoretical and empirical considerations. Genetics 170（3）：1299-1311.

Zuang，V.，J. Barroso，S. Bremer，S. Casati，M. Ceridono，S. Coecke，R. Corvi，C.Eskes，A. Kinsner，C. Pellizzer，P.Prieto，A. Worth，and J. Kreysa. 2010. ECVAM Technical Report on the Status of Alternative Methods for Cosmetics Testing（2008-2009）. Luxembourg：Publications Office of the European Union［online］. Available：https：//eurlecvam.jrc.ec.europa.eu/eurl-ecvam-status-reports/files/ecvam-report-2008-2009［accessed July 19，2016］.

第四章 流行病学进展

流行病学是一门研究人群健康和疾病的科学。流行病学的标准定义强调两个方面：从人群、空间和时间三个层面获取疾病特点的描述性部分，以及确定疾病病因的病因学部分（Gordis，2013）。流行病学描述性要素包括追踪或监测健康和疾病的指标以及人群危险因素。探索疾病病因和影响因素的病因学研究主要包括病例-对照研究和队列研究。流行病学研究范围还包括干预研究，干预措施的随机分配和非随机分配，如疫苗接种或其他干预措施。

本章介绍了流行病学家用于研究环境因素与人类疾病关联性的方法学进展以及委员会对于流行病学在风险决策相关的21世纪科学中作用的描述。流行学基础知识在书本和其他地方很容易找到，因此本章并未对此做详细的介绍。本章主要讨论了流行病学在风险评估中的作用、流行病学进展、目前可获取的数据来源以及使用Tox21和ES21工具和方法时需要考虑的偏倚类型。最后本章重点介绍了组学技术在流行病学中的应用，并总结提出一些挑战和对策。

第一节 风险评估和流行病学

流行病学证据的作用早在《美国联邦政府风险评估：管理过程》（NRC，1983）以及之后的各种报告（Samet等，1998）中均有描述。流行病学研究中对疾病危险因素的识别和因果关系的推断为危害识别提供了重要的信息。一些机构（包括美国环境保护署和国际癌症研究机构）的证据评价指南中优先考虑了流行病学研究中获得的危害证据。提供危害信息并具有说服力的流行病学证据能够建立充分的因果关系，例如IARC致癌物分类方案。人类在环境中可能暴露于大量的化学物质，然而仅有相对较少的化学物质能够获得人类数据。在没有自然试验的情况下，观察性流行病学研究是唯一可用的科学方法，并且在研究人群中潜在有害物质的可能影响时，伦理上是可接受的。

除了提供危害识别证据之外，流行病学研究还可以提示暴露-反应关系。对于一些化学物质而言，暴露影响方面的研究主要是在特定的职业人群中进行，如石棉工人的石棉暴露水平一般远高于普通人群，使暴露-反应关系的进一步外推存在不确定性。如果可以获取普通人群的暴露数据，流行病学研究就能为大多数人群提供有关暴露风险的关键信息。例如，在大型队列研究中，包括美国癌症协会的癌症预防研究Ⅱ和欧洲空气污染效应队列研究（ESCAPE，2014）等的多项研究，评估了调查对象的空气污染物暴露水平。虽然在多数环境和职业暴露情况中，存在一些固有的暴露错误分类，但是有许多案例成功地将基于流行病学的暴露－反应关系融入风险评估中：例如电离辐射和癌症、颗粒物空气污染和死亡率、砷暴露和癌症、儿童铅暴露和神经心理发育等。目前已经开发了解决或校正测量误差的方法，这些校正一般会使暴露－反应曲线变得更为陡峭（Hart等，2015）。

如果能够获取研究调查对象的特征信息（如年龄、性别和基因组），流行病学研究也可通过标识易感性的影响因素来帮助理解暴露－反应关系。基于问卷、监测、模型和生物样本分析方法收集的流行病学研究或人群监测数据，对于描述暴露分布非常有价值。

流行病学研究也可为全人群的暴露风险提供信息，后者是风险特征描述的一部分内容。最初用于估计吸烟导致的肺癌疾病负担的人群归因风险统计量能够对由某病因引起的疾病负担进行估计（Levin，1953）。因此，人群数据能够有助于开展第一章中所阐述的风险评估案例的四个组成部分。

一、21世纪流行病学

流行病学研究方法并非一成不变。起初，关于非传染性疾病（主要包括癌症、心血管疾病、肺部疾病和代谢性疾病）病因的流行病学研究侧重于特定的危险因素；对职业性暴露研究而言，暴露评估主要通过问卷调查、检测和评价方法来完成；对环境暴露而言，暴露评估很大程度上使用相对粗略的指标来完成。一些研究通过测定生物样品中化学物质的含量，如铅或镉的浓度，来估计暴露水平；也有一些研究使用大量数据构建模型，来估计暴露水平。例如，在对广岛和长崎原子弹爆炸幸存者的研究中，采用精细算法估计辐射剂量，该算法结合了爆炸时的地理位置和体位等信息。非传染性疾病的流行病学研究始于20世纪50年代，主要研究个体的危险因素水平；后来的一些研究开始将危险因素结合到更高层次的社会或组织结构中，包括家庭、居住地、工作地以及国家水平。目前围绕概念框架已经开展了研究工作，这些概念框架反映了对影响健康状况和疾病风险相关的结构、社会和文化因素的理解。近几十年来人们日益重视整个生命阶段，从而了解生命早期暴露（甚至在子宫内和跨代中的暴露）对疾病风险的重要性。此外，后来的许多环境与健康研究旨在反映社区间和社区内环境暴露的变化。

最近，其他领域的进展对流行病学研究的发展产生了极大的影响。21世纪初，与流行病学有关的技术、医学、生物学和遗传学方面取得迅速发展（Hiatt等，2013）。计算和数据存储能力的提高至关重要。例如，基因组学和基因组学联合研究（GWAS）的出现，在促进流行病学实践应用的转化方面发挥了重要作用。

获得足够多的样本为研究提供充足的统计效能，以及在独立研究人群中重复新发现的需求，促进了大型流行病学研究团队、多中心研究联盟、meta分析工具开发和数据共享的发展。最近几十年，我们见证了拥有对单个数据集和样本的专有控制的单一研究小组，通过更广泛的数据、方案和分析方法的共享，发展为基于团队的、具有科学性和可再现性特质的研究联盟。（Guttmacher等，2009；Tenopir等，2011）。事实上，一些基金资助机构力图通过支持经过验证的科学研究方案的发展和传播来进一步促进转型，这些方案旨在确立大批的表型度量指标，以便独立研究小组（在设计新研究时）能够更好地分享和协调多个研究（PhenX ToolkitNHGRI）之间的数据。

流行病学研究的传统方法——病例-对照研究和队列研究将继续做出强有力的贡献。特别是病例-对照研究将继续有助于及时深入调查具有特定罕见结局的人群，如罕见癌症或生殖结局（包括特定的出生缺陷）。队列研究将在帮助识别早期疾病前兆、临床前生物标志物和危险因素方面继续发挥重要作用，并有助于为转化研究和精准医学奠定基础。如果队列研究开始的足够早，能够为早期生命暴露的重要性及其对整个生命过程的影响提供丰富的信息。委员会预计越来越多的队列研究将对多种来源（包括卫生保健系统）中的治疗和健康结局信息进行整合。包含对同伴生物信息库中的样本进行分析的研究会成为连接组学和其他人类发病机理评估中确立机制的重要来源。更广泛的地理位置信息的可及性，将允许记录有人群健康及社会环境信息的新兴数据流融入现有的以及新的研究中。

总之，21世纪流行病学领域的重塑包括：跨学科性的延伸；科学探究复杂性的增加，包括多水平分析以及对整个生命阶段中疾病病因和疾病进展的考虑；数据生成的新来源和技术的出现，如新医疗和环境来源的数据以及组学技术；暴露特征的进展；以及对基础、临床和人口科学新知识进行融合的需求（Lam等，2013）。目前正在记录过去和现在的数据，以便特定问题的数据可以被识别和组合。也有一些模型可用以整合不同研究的数据（例如，国家癌症研究队列联盟和农业健康队列），研究人员意识到协调数据收集对将来数据的汇总很有必要（Fortier等，2010），他们还考虑了如何建立全球生物库（Harris等，2012）。

二、新数据的获取来源

流行病学一直是一个使用大量信息的学科，其目标是确定针对个人或群体的危险因素，最终达到降低疾病发病率和死亡率的目标。如今，现代技术（包括基因组学、蛋白质组学、代谢组学、表观基因组学和转录组学平台以及复杂的传感器和建模技术）有助于生成和收集新型数据。这些数据的使用可以产生新的假设，也可以用来补充传统研究数据以增强其研究发现的可信度（见方框 4-1）。新数据来自医学实践的改变，如何提供医疗保健，以及系统如何存储和监测医疗保健数据（AACR2015）。生物信息库由多种机构建立，这些机构能够提供临床护理，并可能组成新数据来源[①]。生物信息库通常包括生物样本（血液、尿液、手术和活检标本）的收集，提供人口统计学和生活方式信息的临床病人信息，可能是关于生活方式、环境和职业暴露的问卷，以及从临床记录中确定的健康结局。因此，可应用于各种组学和其他技术的人类数据和生物样本可能来自机会性研究，这些机会性研究依赖于可能已被收集和存储的非研究性数据。然而，从特定人群中通过便利抽样获取的人体组织和医学数据的研究证据可能不易推广。此外，这些研究与其他非试验研究数据一样具有相同的潜在偏倚，但是这些研究并没有通过考虑周全的研究设计、数据收集和采集方案来解决这些偏倚。因此，新数据流和技术虽然很有前景，

方框 4-1 应用传统研究

传统研究已经积累了大量关于各种环境暴露的信息，例如烟草使用、职业暴露和空气污染；包括基因数据的个人因素；以及几十年随访期间发生的疾病事件。其中一些为生物标本库以及通过影像、生理试验和其他评估方法获取的疾病表型和中间结局的测量指标。一些研究已被应用于组学技术（EXPOSOMICS，2016）。通过增加对具有足够空间分辨率的新暴露模型所生成的居住地空气污染的评估，人们利用多种队列来解释环境空气污染与疾病发病率和死亡率之间的关系。将多项研究的数据进行合并可为增加统计学效能提供机会，并在暴露种类多样性和参与者异质性增加时使结果更为准确。

[①] 委员会指出，生物样本库并不是一种新的创造。例如，以监测为目的开展的全国健康和营养调查，收集和分析了很多标本，其产生的数据对于暴露评估是非常有价值的。目前已经建立了许多以人群为基础的其他生物信息库，通常包括健康人群。最大的生物信息库包括欧洲癌症和营养前瞻性调查（IARC 2016）和英国生物信息库（2016）。

但也产生了重要的方法学问题和挑战，并促进开发新的研究设计和分析方法来解释特定技术的特点（Khoury 等，2013）。研究人员提出，需要注意每一种新方法都有增加假阴性或假阳性以及死亡结局的可能性，并要求对分析性能、可重复性、概念有效性以及伦理和法律影响仔细地进行评估（Alsheikh-Ali 等，2011；Khoury 等，2013）。

跨越基因、分子、临床、流行病学、环境和数字信息的海量数据已是 21 世纪流行病学所面对的现实（Khoury 等，2013）。使用现有方法系统而有效地处理、分析和解释数据或在潜在的海量数据中找到有价值的信息极具挑战性。为了解决这些问题，美国政府在 2012 年提出了"大数据"倡议，并承诺资助多个机构开展数据科学研究（Mervis，2012）。在为大量复杂性数据集的存储和稳定性分析进行顶层规划和基础奠定的工作中，流行病学家将会发挥核心作用。根据多学科团队经验，流行病学家还可与临床和基础科学、生物医学信息学、计算生物学、数学和生物统计学以及暴露科学方面的专家合作，来指导数据的解释。例如云计算等的技术进步，并战略性地建立新的学术产业合作伙伴关系，以促进将最先进的计算技术整合到生物医学研究和医疗保健中（Pechette，2012），只是在新数据能够正确和有效地结合到未来的流行病学研究之前必须面对一些初级挑战。

三、偏倚类型与外在效度相关的挑战

如前所述，当代流行病学正面临着临床和卫生保健管理数据、组学数据、社会和环境数据空前的激增。影响流行病学证据的偏倚通常可以分为三类：暴露或结局的变量和协变量的测量误差导致的信息偏倚；由调查对象被选择进入流行病学研究的方法引起的选择性偏倚；以及所研究暴露和其他暴露的混合效应引起的混杂偏倚。外在效度是指研究结果的普遍性，是风险评估中需要考虑的重要因素。对研究对象选择过程的理解、测量的准确性和分析结果的解释对于在风险评估中使用流行病学数据至关重要，包括从卫生保健数据库中结合暴露评估创建新的及可能的大型队列。

数据来源的多重性、多样性和数据资源的规模已经引起研究人员对新的研究可能性的广泛关注（Roger 等，2015a，2015b）。然而，使用这些数据将会遇到一些挑战。例如，仅依赖电子病历来建立队列可能会由于患者的就诊行为增加样本的选择偏倚；由于临床病案管理的动机和做法方面的变化，增加了表型、临床诊断和程序的误分类或记录不完整；由于评估混杂所需的关键因素，特别是那些与环境暴露相关的记录，并未常规收集在医疗记录中导致的混杂偏倚。尽管电子病例系统可能支持生成大量的调查队列，但是大样本量并不能减小偏倚的可能性，而且会增加有统计意义的假阳性结果的可能性。此外，典型的电子医疗记录几乎不包含职业和环境暴露的信息，与暴露数据库的关联可能存在问题，重要的潜在混杂因素信息（如烟草使用）可能非常少，并且未以研究所需要的标准形式收集。在评估环境因素造成的危险时，流行病学家和暴露研究科学家通常共同合作，通过扩大所研究的暴露种类，提高暴露测量的精确性，并考虑那些对暴露评估造成不可避免影响的错误，来加强流行病学研究中所使用的暴露评估。在ES21（NRC，2012）和本专著第二章中提及的暴露科学研究进展已经应用于流行病学研究。当暴露方法被恰当地结合到研究设计中时，将有助于探究暴露变量和协变量中的测量误差。长期以来，这种误差使得风险评估中的流行病学证据严重受限；非随机误差会引起明显的向上或向下的偏倚，而随机误差通常会掩盖相关性和剂量－反应关系。测量误差可以通过使用过去20年来开发并使用的验证性研究和统计模型的数据来进行校正，例如饮食和疾病风险，放射和癌症，空气污染和健康等研究（Li等，2006；Freedman等，2015；Hart等，2015）。

第二节　流行病学和组学数据

历史上，流行病学研究已经将新兴技术纳入新型研究和当前研究中。然而，随着分子流行病学模式的引入，在过去几十年间将新型科学纳入研究中的需求与日俱增，新模式的出现取代了"黑匣子"流行病学。"黑匣子"流行病学评估了危险因素与疾病的关联，但并未阐述干预机制。分子流行病学模式通过将暴露、易感性和疾病的生物标志物进行整合来打开黑匣子。它强调通路及其干扰的重要性，这与21世纪科学和特定组学技术提供的机遇高度相关。这种方法也强化了Bradford Hill关于因果关系准则之一的证据基础：理解生物学合理性（见第七章）。例如，癌变被认为是一个多因素的过程，其中突变和选择性微环境发挥着重要作用，过程中的关键步骤可以用生物标志物来进行探索。分子流行病学模式通常作为一个有效的方法来生成生物标志物数据。

如前所述，分子流行病学研究主要集中于生物学机制（暴露和疾病发病机制），而不是经验观察。因此，随着组学技术的出现，它们已经被整合到当前的研究中，并影响着研究设计，尤其是标本收集和管理环节。从基因组革命开始，组学方法的加入可以追溯到大约20年前。在目前的一些队列研究中，对已经妥善保存的血液样本进行了单核苷酸多态性（SNPs）和其他标志物的分析，用以寻找与疾病风险相关的基因，包括那些与环境因素有关的基因修饰的危险因素。

将组学技术引入流行病学研究的实用性已经被许多纳入基因组学的研究所证实。众所周知，探索疾病遗传基础的起点是 GWAS，它包括对那些患有和不患有所研究疾病或状态的人群的基因组生物标记物进行比较。流行病学研究中应用的组学方法目前已扩展到基因组学之外，包括表观基因组学、蛋白质组学、转录组学和代谢组学（见方框 1-1）。表 4-1 列出了它们应用的优缺点。附录 B 提供了在特定情况下应用的具体例子，其中描述了空气污染流行病学研究中，组学方法的研究意义和局限性。虽然新方法有可能为流行病学研究带来新的视野，但是在应用这些方法上还是存在着许多挑战。目前正在设计的一些新研究旨在前瞻性地储存样本用于现有和未来组学技术，例如第一章所述的欧盟资助项目 Helix 和 EXPOSOMICS。从人群研究中获取相应数据（类似于从体外或体内毒性评估获得的数据）已经成为可能，并且为暴露和剂量进行协调性比较提供了可能性。

表 4-1　组学技术的优点和局限性

优点	可大规模、无假设地研究相关生物分子的完整组成。 更好地理解表型 - 基因间关系。 有助于深刻理解环境条件与基因型间的交互作用以及疾病病因学的机械论观点
局限性	试验成本、可用的生物标本质量（如 RNAs 的不稳定性）以及所需的劳动力数量都可能产生一定的局限性。 技术仍处于探索阶段，新线索需要经过仔细调查，并与体内和体外实验中现有的生物学信息进行对比。 新发现的中间标记物需要在其他独立研究中，最好是在不同的平台上得到证实。 从有前景的技术到生物标志物成功应于职业和环境医学中，不仅需要标准化和验证性技术，还需要合适的研究设计和复杂的统计分析，以解释研究结果，特别是对非靶向方法（多重比较和假阳性问题）

来源：引自 Vineis 等，2009。

原则上，组学方法现在支持基因组学对基因，转录组学对 mRNA，蛋白质组学对蛋白质，及代谢组学对代谢物的非靶向探索。除基因组学外，其他组学的测量通常只反映细胞在一个或几个时间点的变化，而用于人体的组织主要是其替代物，如血液、尿液和唾液。然而，结合不同的组学工具，可以提高更好地理解外部暴露与内部分子相互作用的可能性，例如通过诱导突变（基因组学），引起表观遗传变化（表观基因组学）或以更复杂的方式修饰内部细胞环境。后者的变化可以用蛋白质组学、转录组学或代谢组学进行监测。

一、中间会合方法

将组学技术融入流行病学研究中的信息化策略之一是中间会合方法（Vineis 等，2013）。该方法为支持因果推断的生物合理性提供了见解。在人群研究中，这种方法通常包括对与潜在疾病相关的中间生物标志物的前瞻性探索，中间标志物数量在最终发病人群中会增加；同时还包括连接中间生物标志物与环境暴露因素的回顾性研究。如图 4-1 所示，中间会合方法包括三个步骤：调查暴露和疾病之间的关系，评估暴露、暴露生物标志物及早期效应之间的关系，以及评估疾病结局和中间生物标志物之间的关系。如果图 4-1 中的三种关键关系（A，B 和 C）都被证实有关联，可以增强暴露与疾病之间因果关系的推断。

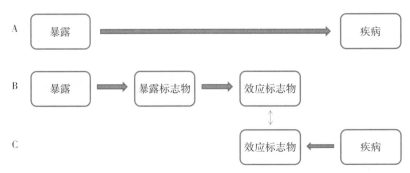

图 4-1　中间会和方法的核心是研究（A）暴露与疾病之间的关系，（B）暴露与暴露标志物或效应标志物之间的关系，以及（C）疾病与暴露标志物或效应标志物之间的关系。

最近对表观遗传学和肺癌的研究（Fasanelli 等，2015）就是很好的案例。该研究的生物标志物是 AHRR 基因和 F2RL 基因的甲基化状态，这两种基因在吸烟者中呈低甲基化（图 4-1B 所示）（Vineis 等，2013；Guida 等，2015）。基因的低甲基化也与肺癌有关（图 4-1C 中的疾病）。问题是，这些生物标志物是否位于吸烟引起的肺癌的因果关系通路上？Fasanelli 等（2015）利用中介作用分析的统计方法进行研究的结果表明，37% 的肺癌可以通过这两个基因的甲基化状态来解释。因此，这两个基因可能是位于因果关系通路上的生物标志物，并且能说明暴露和疾病的"中间会和"，即中段生物标志物。然而，委员会指出，因果关系的充分评估除统计分析之外，还需要更多额外步骤。

二、暴露组相关研究

正如第一章所定义，暴露组是指从受孕到死亡的全部暴露。有些人质疑这种定义的暴露组无法实际测量，因此不适用于科学研究方法（Miller 等，2014）。为了将暴露组定义为一个可测量的实体，Rappaport 等（2010）提出首先考虑人体内部的化学环境以及身体如何对这些化学物质的暴露做出反应[①]。他们将这些暴露视为内暴露组，区别于身体外部的外暴露组，并提议内暴露和外暴露是相互补充的。例如，内暴露评估可确定环境和健康的相关性（即对疾病病因学产生新的假设），但需要外暴露评估来确定来源，考虑暴露途径，并解决暴露在空间和时间上的变化（Turner 等，出版中）。因此，可以在假设产生之后进行外暴露评估，并寻找内部变化的环境来源。这两种研究设计是相互补充的，其中一种设计是"自下而上"的从外部测量（外暴露组评估）寻找内部变化的方法，另一种是"自上而下"的根据内部信号（内暴露组评估）寻找外部来源的方法。

可以用来获得内暴露组的组学工具，使得在概念和方法上与 GWAS 平行的非靶向分析成为可能。这种设计的研究被称为暴露组学联合研究（EWAS）[②]。具体而言，EWAS 方法包括研究大量小分子、蛋白质或脂质与疾病或中间表型的关系，以鉴定暴露或疾病的生物标志物。Rappaport 等（2010）描述了一种通用 EWAS 方法来产生疾病因果关系的新假说。图 4-2 展示了一个研究设计，可以在病例-对照研究中生成关于化学物质危害评估的新假设。靶向和非靶向的代谢组学方法用于比较有特定疾病病例的暴露与无该种疾病人群（对照）之间的暴露差别。经过最初的探索阶段，试验设计可通过具有前瞻性背景的测试阶段（将病例-对照研究嵌入前瞻性队列研究中）来改进。该方法考虑了时间性，通过使用在病症出现之前收集的生物样品来避免或减少潜在的逆向因果关系。与研究结局显著相关的未确认的特征将通过第二章中所阐述的方法进行化学鉴定，例如，使用 NMR、IMS-MS/MS 或化学信息学技术，或通过合成和评估化学标准品来确定待选化学物质。下一步将尽量通过在一个以上队列研究进行复制，来评估关联的有效性和最终因果关系，并评价其生物学的合理性。

使用蛋白质组学、代谢组学或其他方法可以探索与疾病相关的生物学机制，生物合理性可通过对可获得的人体组织的靶向分析进行评估。或者使用第三章中所描述的新型动物模型或高通量体外试验来检测待选化学物质，并生成生物应答数据。该生物应答数据可与用 EWAS 鉴定的与疾病相关的应答相比较。理想情况下，对

[①] 在这个概念中加入生物学反应有助于将化学物质的外暴露扩展到许多类型暴露，包括心理或生理压力、感染和肠道菌群。如产生内源性化学物质（如氧化分子）和疾病相关性反应（如炎症，氧化应激和脂质过氧化）。

[②] 委员会指出，缩略词 EWAS 最初是由 Patel 等 2010 年提出，是指全环境关联研究，但是另一些人，如 Rappaport（2012）认为 EWAS 具体是指暴露组学联合研究。委员会在此处使用的是暴露组学联合研究。

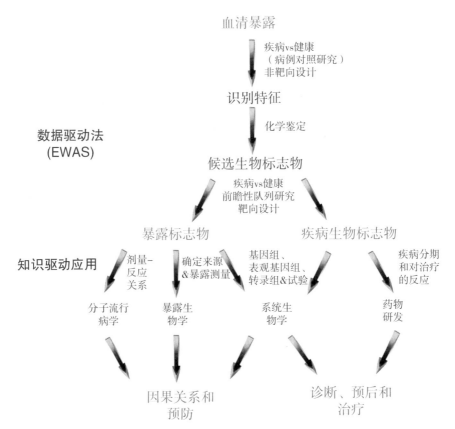

图 4-2 用于发展暴露引起疾病新假设的研究设计。委员会指出,用于研究"因果关系和预防"的暴露和生物通路的方法和工具与用于研究与药物研发相关的生物通路方法和工具无本质差别。
来源:Rappaport,2012。

生物合理性的评估还包括暴露的改进、人类暴露与检测系统中暴露的系统性比较。该检测系统可用于生成具有支持性的生物应答数据。如果使用类似的毒性数据和模型,可以直接将队列中研究对象对暴露的反应与检测系统中对暴露的反应进行比较;这种比较将为生物合理性的可能性提供额外证据,如果两者对暴露的反应类似,那么这种生物合理性的可能性会更大;如果两者对暴露的反应不相似,则这种生物合理性的可能性会更小。例如,使用这种方法来研究结肠癌。该研究从三个横断面病例-对照研究开始,发现未确认的代谢组学特征(被分析物)与结肠癌之间存在关联(Ritchie 等,2013)。该关联后来在欧洲癌症和营养队列前瞻性研究中被确认,该代谢特征被确定为一组超长链脂肪酸(Perttula 等,2016)。

EWAS 方法提供了非常好的机会,但同时也存在一些需要解决的挑战。"大数据"应用中面临的挑战与多重暴露研究中遇到的挑战类似。研究设计和分析必须认真选择,并根据所有经典偏倚对其进行评估,以建立因果关系,也就是采用单一暴露和结局的靶向设计原则。EWAS 方法带来了挑战，即在众多相关暴露中确定哪些暴露具有因果作用，哪些暴露是由其他因素引起的生物学干扰。暴露的时间动态研究需要通过维持介质浓度的稳定性来解决。EWAS 方法应用的另外一个前提是有用的、生物信息丰富的生物标志物可以被识别，也就是说，所研究的化学物质不能是太短暂存在的，而且暴露不能过于分散，以至于不能通过横断面研究或者队列研究来获取一个或几个生物样本的暴露数据。

委员会指出，使用 EWAS 的回顾性病例-对照设计，不能确定所观察到的关联是否能够反映暴露与疾病结局之间的因果关系，或者这些关联是否由疾病或其治疗所引起。正如 Thomas 等（2012）总结的那样，孟德尔随机化技术（Davey 等，2004）是解决逆向因果关系和非受控混杂的一种方法；一个基因被用作工具变量（Greenland，2000）来评估生物标志物对疾病发生风险的因果效应。在一个与中间会合方法相并行的方法中，针对使用两个基因作为工具变量的甲基化研究已经提出了新的两步法：一是评估暴露-甲基化之间的关联，二是评估甲基化-疾病之间关联（Cortessis 等，2012；Relton 等，2012）。这种方法存在一个固有假设，即工具变量确实是暴露研究的一个合适工具。

三、新分析方法带来的挑战

将组学技术和数据整合到流行病学研究中面临着巨大的挑战，需要稳健的高维度分析技术来整合和分析全部数据。例如，在缺乏先验信息的情况下，同时考虑多种暴露变量的统计分析，如 EWAS，由于多重检验而大大增加观察的随机关联性（假阳性）的风险。因此，多重暴露分析的统计工具有助于研究人员从 GWAS 数据分析中吸取经验教训（Shi 等，2011；Thomas 等，2012），后面将对这些经验教训进行描述。一般来说，高维度数据的统计技术（例如机器学习、降维和变量选择技术）必须适应纵向数据累计情况，以解释诸如随时间变化的暴露和延迟效应之类的问题（Buck 等，2012）。

多步骤分析方法已经被用来评价与不同类型暴露或暴露组合相关的健康风险。例如，EWAS 分析方法可以通过使用经典回归模型，在无先验信息的情况下，进行定量评价，并控制假阳性率，这与 GWAS 分析方法的应用是一致的（Patel 等，2010，2013；Vrijheid 等，2014）。此外，柔性、平滑的模型技术（Slama 等，2005）可能被用来识别和描述可能的阈值或暴露-反应关系。

通路分析方法越来越多地运用于整合和解释由多组学技术生成的高维度数据，这些方法可以分析多种暴露与多种健康结局之间的关系。值得注意的是，通过对生物样品中的代谢物、蛋白质、转录物和DNA甲基化的探索性分析，通路分析方法已被用于鉴定与环境因素相关的分子特征（Jennen等，2011；Vrijheid等，2014）。正如Vrijheid等（2014）总结的，一旦生物标志物被确定，便可搜索和使用可用的生物学通路数据库去鉴别单独或联合暴露影响的相关生物学通路，这些数据包括基因本体数据库（Ashburner等，2000）、基因和基因组百科全书（Kanehisa等，2000）、反应途径（Fabregat等，2016）和比较性毒理学基因组数据库（Da-vis等，2015）。此外，生物学通路可以使用可用的软件进行分组和描述，如Ingenuity Pathway Analysis（Krämer等，2014），Cytoscape（Saito等，2012）和Impala（Kamburov等，2011）。通路分析方法已经被应用于几种类型的组学研究中，例如对2,3,7,8-四氯二苯并对二噁英以及其他环境化学物质和药物的毒性研究（Jennen等，2011；Kamburov等，2011）。

其他方法也可用于解决新分析方法带来的挑战。第一，在创建暴露组或暴露聚类之前，通过探索多个暴露来源的方差组成，利用协方差分析技术来整合个体暴露（如从个人可穿戴设备中获得）和外暴露（如从环境监测中获得）。第二，因素分析和潜类分析已被证明有助于在常见暴露的基础上，创建暴露指标的缩减集合，同时允许对具有类似暴露情况的人群进行分组。第三，为了解决表观遗传学数据的高维度性质，Siegmund等（2006）开发的聚类分析技术可以应用于暴露组－基因组的相关性研究，把表观遗传标记的聚类信息作为疾病发生的潜在风险因子（Cortessis等，2012）。第四，结构方程模型方法可以基于有向无环图（Budtz-Jørgensen等，2010）汇总的信息来定义联合暴露的变量。

贝叶斯回归模型可能被用来识别具有相似暴露组，但在所研究的健康结局变量上有显著差异的人群研究（Molitor等，2010；Papathomas等，2011；Vrijheid等，2014）。当研究影响结局的聚类成分时，基于模型的聚类技术可应用于分析暴露数据。例如，目前基于贝叶斯模型的聚类技术已被用于识别肺癌高危人群，该人群具有以下特征：生活在主要道路附近，PM_{10}（颗粒物空气动力学直径$\leqslant 10\mu m$）和NO_2暴露量较高，并且从事体力劳动（Papathomas等，2011；Vrijheid等，2014）。

处理这些数据时，通常需要谨慎对待由大数据分析引起的假阳性关联的潜在可能。委员会指出，除改善分析方法，如多重校正P值和使用错误发生率，流行病学调查结果还需要考虑其他相关证据，综合解释分析结果。风险评估中，如果没有更多的证据，危害识别极少会基于某一流行病学研究而确定。

第三节 促进流行病学发展的挑战和对策

随着 Tox21 和 ES21 方法的提出，委员会期望发现生物标志物与人类健康结局之间新的关联。流行病学研究在提供人群配对资料方面有潜在作用，后者通过分子流行病学和中间会合方法进行生物标志物的实验室测定及其数据解释。为此，流行病学家需要依据人体数据来开展以下工作：（1）协调体外高通量试验中使用的剂量和人群中与暴露相关的剂量；（2）探索同一化学物质暴露时试验系统的生物学通路与人类反应的相关性，并验证与人类疾病发生相关的体外试验通路检测的预测效能；（3）开发和验证人类易感性模型；（4）比较和验证体外试验和人群研究中的暴露-反应关系。

需要考虑基础研究框架，知晓不同来源的数据集综合在一起的难度，才能进一步将实验室中产生的组学数据与收集的人体数据相结合，以获得新的研究信息。委员会强调了流行病学研究所面临的一些挑战和解决这些挑战的对策。委员会提出以下几条对策来发展或扩大数据库。在所有情况下，数据库在开发、维护的过程中都应将数据管理和质量评价作为例行程序。

一、促进科学进步所需的基础框架和方法

挑战：当流行病学研究，尤其是那些调查对象百万人甚至更多时，组学方法可以获得大型生物数据库，这些数据库需要以便于访问和分析的方式来进行管理。使用假设驱动或探索性方法来分析大型数据库是另一个重要的挑战。

对策：应致力于快速开发数据库管理系统以适应大型数据集的使用，支持多种研究目的的分析，并促进数据共享以及有效且可靠的统计分析技术的开发，以分析健康结局与组学数据之间的关系，并进一步探索复杂问题，如基因-环境交互作用的关系。很多领域正在朝这方面做不懈的努力，如涵盖卫生保健数据的临床研究，也应扩展至流行病学研究。

挑战：已经生成并在各学科之间共享的数据需要有标准的方法。这个问题已经在基因组学研究中得到了重视，并促进了基因本体论的发展，类似的方法也应扩展到其他类型的组学数据。

对策：应该发展和延伸基因本体论，以便不同研究组之间、国际间和组学平台之间的数据可以协调一致。基因本体论通常并不包含流行病学家收集的数据。诸如 STROBE 等工具应延伸并适应新一代流行病学研究，STROBE 已经涵盖分子流行病学（Gallo 等，2011）。欧盟框架项目 7 倡议——代谢组学标准协调（COSMOS）

正在开发"代谢组学和其他 meta 数据的有效数据基础框架和交换标准"（Salek 等，2015），这种方法应扩展到其他组学数据。

二、数据共享

挑战：数据共享涉及许多复杂因素，特别是当数据来自人群研究时。然而，如果数据访问支持通过分层分析或 meta 分析进行统一分析和整合，则数据共享可能是十分有益的。数据共享也有利于开展危害评估和暴露-反应关系评价。一个非常好的案例是地下矿工氡暴露研究，这些暴露评估数据可以支持室内氡风险模型的开发（Lubin 等，1995）。

围绕数据共享的同样问题也出现在其他领域，在这些领域中，大数据方法正在兴起，并且还需要一种数据共享的文化氛围。就基因组学而言，测序数据的公布已成为一种常态（但要注意匿名）。类似的数据共享将扩展到其他组学数据中，从而引导数据共享文化的发展，固有的伦理问题得到了切实的解决，基因本体论和数据库被标准化。委员会指出，在临床试验方面围绕数据共享的讨论进展迅速，观察性研究数据也需要做出类似的努力（Mascalzoni，2015）。

对策：应采取措施确保与风险评估相关的观测数据得以分享，例如，发现的生物标志物应在不同的人群中进行验证。如上所述，为了达到这个目标，应该开发标准的基因本体论，并用于捕获和编码关键变量。此外，还需要系统探索可能的逻辑和伦理障碍，以分享从人群中提取的潜在海量数据集。

三、合作和培训下一代科学家

挑战：基于生物信息库和大型临床人群队列的新型研究模式将成为组学和生物标志物分析的宝贵资源，但是仍存在着一些内在与偏倚相关的局限性，而且可获得的电子记录的范围非常有限。同时访问私人和机密的医疗记录，并共享这些数据也涉及一些复杂的问题。

对策：随着生物信息库和患者队列研究的发展，相关技术开发人员应该与流行病学家和暴露科学家就暴露数据的采集进行沟通交流，以确保采集到最佳和最全面的数据。获取暴露信息的方法十分具有挑战性，而且很可能需要在巢式研究中采集辅助数据。

挑战：大量的生物样本正在被收集和储存，以期在将来得到使用。因此，需要统一完善存储方法和知情同意程序来支持将来的使用。

对策：流行病学家应预测在流行病学研究或其他方面（如筛选或监测）收集未

来可用的生物样本，并确保这些样品及其处理和储存方式可以在未来支持多种试验。这种着眼于未来的样本收集应该有很好的设计，并且应该从正在开发新试验的科学家那里获得支持。

挑战：迫切需要新一代的研究人员，他们可以开展大规模人群研究，将基因组学和其他新兴技术结合到人群研究中。而且，新一代研究人员还需要接受充分的多学科培训，才能与暴露科学家和数据科学家进行合作。

对策：应该加强对流行病学家的培训，使其更加深入了解人类疾病潜在生物学机制以及用于探索这些疾病的生物标志物。

挑战：流行病学研究的前景正在迅速发生变化，远离了过去传统的队列研究，如护士健康研究，而是发展到基于新的、可行的队列识别和随访方法的队列研究。也可能是大型国家级队列研究，如为精准医学的发展而正在开展的队列研究。这些队列研究旨在作为一个广泛研究平台，可以构建大型生物信息库，但是在暴露信息的使用方面仍会有一定的局限性。

对策：流行病学家、暴露科学家和实验室科学家应密切合作，确保将21世纪科学的全部潜力扩展和纳入流行病学研究中。应强调多学科性，并增加多学科合作的强度。随着新型队列研究的发展，确保其能够为环境暴露所导致的风险提供信息。

参 考 文 献

AARC (American Association for Cancer Research). 2015.AACR Cancer Progress Report 2015 [online]. Available：http://cancerprogressreport.org/2015/Documents/AACR_CPR2015.pdf [accessed July 21, 2016].

Alsheikh-Ali, A.A., W. Qureshi, M.H. Al-Mallah, and J.P.Ioannidis. 2011. Public availability of published research data in high-impact journals. PLoS One 6 (9): e24357.

Ashburner, M., C.A. Ball, J.A Blake, D. Botstein, H. Butler, J.M. Cherry, A.P. Davis, K. Dolinski, S.S. Dwight, J.T. Eppig, M.A. Harris, D.P. Hill, L. Issel-Tarver, A. Kasarskis, S. Lewis, J.C. Matese, J.E. Richardson, M. Ringwald, G.M. Rubin, and G. Sherlock. 2000. Gene ontology: Toolfor the unification of biology. The Gene Ontology Consortium.Nat. Genet. 25 (1): 25-29.

Buck Louis, G.M., and R. Sundaram. 2012. Exposome: Time for transformative research. Stat. Med. 31 (22): 2569-2575.

Budtz-Jørgensen, E., F. Debes, P. Weihe, and P. Grandjean.2010. Structural equation models for meta-analysis in environmental risk assessment. Environmetrics 21 (5): 510-527.

Cortessis, V.K., D.C. Thomas, A.J. Levine, C.V. Breton, T.M. Mack, K.D. Siegmund, R.W. Haile, and P.W. Laird.2012. Environmental epigenetics: Prospects for studying epigenetic mediation of exposure-response relationships.Hum. Genet. 131（10）: 1565–1589.

Davey Smith, G., R. Harbord, and S. Ebrahim. 2004. Fibrinogen, C-reactive protein and coronary heart disease: Does Mendelian randomization suggest the associations are non-causal? QJM 97（3）: 163–166.

Davis, A.P., C.J. Grondin, K. Lennon-Hopkins, C. Saraceni-Richards, D. Sciaky, B.L. King, T.C. Wiegers, and C.J.Mattingly. 2015. The Comparative Toxicogenomics Database's 10th year anniversary: Update 2015. Nucleic Acids Res. 43（Database issue）: D914–D920.

ESCAPE（European Study of Cohorts for Air Pollution Effects）.2014. ESCAPE Project [online]. Available: http://www.escapeproject.eu/index.php[accessed July 21, 2016].

EXPOsOMICS. 2016. About EXPOsOMICS [online]. Available: http://www.exposomicsproject.eu/ [accessed July 21, 2016].

Fabregat, A., K. Sidiropoulos, P. Garapati, M. Gillespie, K.Hausmann, R. Haw, B. Jassal, S. Jupe, F. Korninger, S.McKay, L. Matthews, B. May, M. Milacic, K. Rothfels, V.Shamovsky, M. Webber, J. Weiser, M. Williams, G. Wu, L. Stein, H. Hermjakob, and P. D'Eustachio. 2016. The Reactome pathway knowledgebase. Nucleic Acids Res.44（D1）: D481–D487.

Fasanelli, F., L. Baglietto, E. Ponzi, F. Guida, G. Campanella, M. Johansson, K. Grankvist, M. Johansson, M.B.Assumma, A. Naccarati, M. Chadeau-Hyam, U. Ala, C.Faltus, R. Kaaks, A. Risch, B. De Stavola, A. Hodge, G.G. Giles, M.C. Southey, C.L. Relton, P.C. Haycock, E. Lund, S. Polidoro, T.M. Sandanger, G. Severi, and P.Vineis.2015. Hypomethylation of smoking-related genes is associated with future lung cancer in four prospective cohorts. Nat. Commun. 6: 10192.

Fortier, I., P.R. Burton, P.J. Robson, V. Ferretti, J. Little, F.L'Heureux, M. Deschênes, B.M. Knoppers, D. Doiron, J.C. Keers, P. Linksted, J.R. Harris, G. Lachance, C. Boileau, N.L. Pedersen, C.M. Hamilton, K. Hveem, M.J.Borugian, R.P. Gallagher, J. McLaughlin, L. Parker, J.D.Potter, J. Gallacher, R. Kaaks, B. Liu, T. Sprosen, A.Vilain, S.A. Atkinson, A. Rengifo, R. Morton, A. Metspalu, H.E. Wichmann, M. Tremblay, R.L. Chisholm, A.Garcia-Montero, H. Hillege, J.E. Litton, L.J. Palmer, M.Perola, B.H. Wolffenbuttel, L. Peltonen, and T.J. Hudson.2010. Quality, quantity and harmony: The DataSHaPER approach to integrating data across bioclinical studies. Int.J. Epidemiol. 39（5）: 1383–1393.

Freedman, L.S., J.M. Commins, J.E. Moler, W. Willett, L.F.Tinker, A.F. Subar, D. Spiegelman, D. Rhodes, N. Potischman, M.L. Neuhouser, A.J. Moshfegh, V. Kipnis, L.Arab, and R.L. Prentice. 2015. Pooled results from 5 validation studies of dietary self-report instruments using recovery biomarkers for potassium and sodium intake. Am.J. Epidemiol. 181（7）: 473–487.

Gallo, V., M. Egger, V. McCormack, P.B. Farmer, J.P. Ioannidis, M. Kirsch-Volders, G. Matullo, D.H. Phillips, B.Schoket, U. Stromberg, R. Vermeulen, C. Wild, M. Porta, and P. Vineis. 2011. STrengthening the Reporting of OBservational studies in Epidemiology-Molecular Epidemiology （STROBE-ME）: An extension of the STROBE statement. PLoS Med. 8（10）: e1001117.

Gordis, L. 2013. Epidemiology, 5th Ed. Philadelphia: Elesevier and Saunders. 416 pp.

Greenland, S. 2000. An introduction to instrumental variables for epidemiologists. Int. J. Epidemiol. 29 （4）: 722–729.

Guida, F., T.M. Sandanger, R. Castagné. G. Campanella, S.Polidoro, D. Palli, V. Krogh, R. Tumino,

C. Sacerdote, S.Panico, G. Severi, S.A. Kyrtopoulos, P. Georgiadis, R.C.Vermeulen, E. Lund, P. Vineis, and M. Chadeau-Hyam.2015. Dynamics of smoking-induced genome-wide methylation changes with time since smoking cessation. Hum.Mol. Genet. 24（8）: 2349-2359.

Guttmacher, A.E., E.G. Nabel, and F.S. Collins. 2009. Why data-sharing policies matter. Proc. Natl. Acad. Sci. US 106（40）: 16894.

Harris, J.R., P. Burton, B.M. Knoppers, K. Lindpaintner, M. Bledsoe, A.J. Brookes, I. Budin-Ljøsne, R. Chisholm, D. Cox, M. Deschênes, I. Fortier, P. Hainaut, R. Hewitt, J. Kaye, J.E. Litton, A. Metspalu, B. Ollier, L.J. Palmer, A. Palotie, M. Pasterk, M. Perola, P.H. Riegman, G.J.van Ommen, M. Yuille, and K. Zatloukal. 2012. Toward a roadmap in global biobanking for health. Eur. J. Hum.Genet. 20（11）: 1105-1111.

Hart, J.E., X. Liao, B. Hong, R.C. Pruett, J.D. Yanosky, H.Suh, M.A. Kiomourtzoglou, D. Spiegelman, and F. Laden.2015. The association of long-term exposure to PM 2.5 on all-cause mortality in the Nurses' Health Study and the impact of measurement-error correction. Environ. Health.14: 38.

Hiatt, R.A., S. Sulsky, M.C. Aldrich, N. Kreiger, and R.Rothenberg. 2013. Promoting innovation and creativity in epidemiology for the 21st century. Ann. Epidemiol.23（7）: 452-454.

IARC (International Agency for Research on Cancer). 2016.The European Prospective Investigation into Cancer and Nutrition (EPIC) Study [online]. Available: http: //epic.iarc.fr/ [accessed July 21, 2016].

Jennen, D., A. Ruiz-Aracama, C. Magkoufopoulou, A. Peijnenburg, A. Lommen, J. van Delft, and J. Kleinjans. 2011.Integrating transcriptomics and metabonomics to unravel modes-of-action of 2, 3, 7, 8-tetrachlorodibenzo-p-dioxin (TCDD) in HepG2 cells. BMC Syst. Biol. 5: 139.

Kamburov, A., R. Cavill, T.M. Ebbels, R. Herwig, and H.C.Keun. 2011. Integrated pathway-level analysis of transcriptomics and metabolomics data with IMPaLA. Bioinformatics 27（20）: 2917-2918.

Kanehisa, M., and S. Goto. 2000. KEGG: Kyoto Encyclopedia of Genes and Genomes. Nucleic Acids Res. 28（1）: 27-30.

Khoury, M.J., T.K. Lam, J.P. Ioannidis, P. Hartge, M.R.Spitz, J.E. Buring, S.J. Chanock, R.T. Croyle, K.A. Goddard, G.S. Ginsburg, Z. Herceg, R.A. Hiatt, R.N. Hoover, D.J. Hunter, B.S. Kramer, M.S. Lauer, J.A. Meyerhardt, O.I. Olopade, J.R. Palmer, T.A. Sellers, D. Seminara, D.F.Ransohoff, T.R. Rebbeck, G. Tourassi, D.M. Winn, A.Zauber, and S.D. Schully. 2013. Transforming epidemiology for 21st century medicine and public health. Cancer Epidemiol. Biomarkers Prev. 22（4）: 508-516.

Krämer, A., J. Green, J. Pollard, and S. Tugendreich. 2014.Causal analysis approaches in Ingenuity Pathway Analysis.Bioinformatics 30（4）: 523-530.

Lam, T.K., M. Spitz, S.D. Schully, and M.J. Khoury. 2013. "Drivers" of translational cancer epidemiology in the 21st century: Needs and opportunities. Cancer Epidemiol. Biomarkers Prev. 22（2）: 181-188.

Levin, M.L. 1953. The occurrence of lung cancer in man.Acta. Unio. Int. Contra. Cancrum. 9（3）: 531-541.

Li, R., E. Weller, D.W. Dockery, L.M. Neas, and D. Spiegelman.2006. Association of indoor nitrogen dioxide with respiratory symptoms in children: Application of measurement error correction techniques to utilize data from multiple surrogates. J. Expo. Sci. Environ. Epidemiol.216（4）：342-350.

Lubin, J.H., J.D. Boice, Jr., C. Edling, R.W. Hornung, G.R.Howe, E. Kunz, R.A. Kusiak, H.I. Morrison, E.P. Radford, J.M. Samet, M. Tirmarche, A. Woodward, S.X. Yao, and D.A. Pierce. 1995. Lung cancer in radon-exposed miners and estimation of risk from indoor exposure. J. Natl. Cancer Inst. 87（11）：817-827.

Mascalzoni, D., E.S. Dove, Y. Rubinstein, H.J.S. Dawkins, A. Kole, P. McCormack, S. Woods, O. Riess, F. Schaefer, H. Lochmüller, B.M. Knoppers, and M. Hansson. 2015.International Charter of principles for sharing bio-specimens and data. Eur. J. Hum. Genet. 23：721-728.

Mervis, J. 2012. US science policy. Agencies rally to tackle big data. Science 336（6077）：22.

Miller, G.W., and D.P. Jones. 2014. The nature of nurture：Refining the definition of the exposome. Toxicol. Sci.137（1）：1-2.

Molitor, J., M. Papathomas, M. Jerrett, and S. Richardson.2010. Bayesian profile regression with an application to the National Survey of Children's Health. Biostatistics 11（3）：484-498.

NRC（National Research Council）. 1983. Risk Assessment in the Federal Government：Managing the Process. Washington, DC：National Academy Press.NRC（National Research Council）. 2012. Exposure Science in the 21st Century：A Vision and a Strategy. Washington, DC：The National Academies Press.

Papathomas, M., J. Molitor, S. Richardson, E. Riboli, and P.Vineis. 2011. Examining the joint effect of multiple risk factors using exposure risk profiles：Lung cancer in nonsmokers.Environ. Health Perspect. 119（1）：84-91.

Patel, C.J., J. Bhattacharya, and A.J. Butte. 2010. An Environment-Wide Association Study（EWAS）on type 2 diabetes mellitus. PLoS One 5（5）：e10746.

Patel, C.J., D.H. Rehkopf, J.T. Leppert, W.M. Bortz, M.R.Cullen, G.M. Chertow, and J.P. Ioannidis. 2013. Systematic evaluation of environmental and behavioral factors associated with all-cause mortality in the United States National Health and Nutrition Examination Survey. Int. J.Epidemiol. 42（6）：1795-1810.

Pechette, J.M. 2012. Transforming health care through cloud computing. Health Care Law Mon. 5：2-12.

Perttula, K., W.M. Edmands, H. Grigoryan, X. Cai, A.T. Iavarone, M.J. Gunter, A. Naccarati, S. Polidoro, A. Hubbard, P. Vineis, and S. Rappaport. 2016. Evaluating ultra-long chain fatty acids as biomarkers of colorectal cancer risk.Cancer Epidemiol. Biomarkers Prev. 25（8）：1216-1223.

Rappaport, S.M. 2012. Biomarkers intersect with the exposome.Biomarkers 17（6）：483-489.

Rappaport, S.M., and M.T. Smith. 2010. Environment and disease risks. Science 330（6003）：460-461.

Relton, C.L., and G. Davey Smith. 2012. Two-step epigenetic Mendelian randomization：A strategy for establishing the causal role of epigenetic processes in pathways to disease.Int. J. Epidemiol. 41（1）：161-176.

Ritchie, S.A., J. Tonita, R. Alvi, D. Lehotay, H. Elshoni, S.Myat, J. McHattie, and D.B. Goodenowe. 2013. Low-serum GTA-446 anti-9 inflammatory fatty acid levels as a new risk factor for colon cancer. Int. J. Cancer. 132（2）：355-362.

Roger, V.L., E. Boerwinkle, J.D. Crapo, P.S. Douglas, J.A.Epstein, C.B. Granger, P. Greenland,

I. Kohane, and B.M.Psaty. 2015a. Roger et al. respond to "future of population studies." Am. J. Epidemiol.181（6）: 372-373.

Roger, V.L., E. Boerwinkle, J.D. Crapo, P.S. Douglas, J.A.Epstein, C.B. Granger, P. Greenland, I. Kohane and B.M.Psaty. 2015b. Strategic transformation of population studies: Recommendations of the working group on epidemiology and population sciences from the National Heart, Lung, and Blood Advisory Council and Board of External Experts. Am. J. Epidemiol. 181（6）: 363-368.

Saito, R., M.E. Smoot, K. Ono, J. Ruscheinski, P.L. Wang, S.Lotia, A.R. Pico, G.D. Bader, and T. Ideker. 2012. A travel guide to Cytoscape plugins. Nat. Methods 9（11）: 1069-1076.

Salek, R.M., S. Neumann, D. Schober, J. Hummel, K. Billiau, J. Kopka, E. Correa, T. Reijmers, A. Rosato. L. Tenori, P.Turano, S. Marin, C. Deborde, D. Jacob, D. Rolin, B. Dartigues, P. Conesa, K. Haug, P. Rocca-Serra, S. O'Hagan, J. Hao, M. van Vliet, M. Sysi-Aho, C. Ludwig, J. Bouwman, M. Cascante, T. Ebbels, J.L. Griffin, A. Moing, M.Nikolski, M. Oresic, S.A. Sansone, M.R. Viant, R. Goodacre, U.L. Günther, T. Hankemeier, C. Luchinat, D. Walther, and C. Steinbeck. 2015. COordination of Standards in MetabOlomicS（COSMOS）: Facilitating integrated metabolomics data access. Metabolomics 11（6）: 1587-1597.

Samet, J.M., R. Schnatter, and H. Gibb. 1998. Invited commentary: Epidemiology and risk assessment. Am. J. Epidemiol.148（10）: 929-936.

Shi, M., and C.R. Weinberg. 2011. How much are we missing in SNP-by-SNP analyses of genome-wide association studies? Epidemiology 22（6）: 845-847.

Siegmund, K.D., A.J. Levine, J. Chang, and P.W. Laird.2006. Modeling exposures for DNA methylation profiles.Cancer Epidemiol. Biomarkers Prev. 15（3）: 567-572.

Slama, R., and A. Werwatz. 2005. Controlling for continuous confounding factors: Non-and semiparametric approaches.Rev. Epidemiol. Sante Publique 53（Spec. No.2）: 2S65-2S80.

Tenopir, C., S. Allard, K. Douglass, A.U. Aydinoglu, L. Wu, E. Read, M. Manoff, and M. Frame. 2011. Data sharing by scientists: Practices and perceptions. PLoS One6（6）: e21101.

Thomas, D.C., J.P. Lewinger, C.E. Murcray, and W.J. Gauderman.2012. Invited commentary: GE-Whiz! Ratcheting gene-environment studies up to the whole genome and the whole exposome. Am. J. Epidemiol. 175（3）: 203-207.

Turner, M.C., M. Nieuwenhuijsen, K. Anderson, D. Balshaw, Y. Cui, G. Dunton, J.A. Hoppin, P. Koutrakis, and M.Jerrett. In press. Assessing the exposome with external measures: Commentary on the State of the Science and Research Recommendations. Annual Review of Public Health.

UK Biobank. 2016. Biobank [online]. Available: http://www.ukbiobank.ac.uk/ [accessed July 21, 2016].

Vineis, P., A.E. Khan, J. Vlaanderen, and R. Vermeulen.2009. The impact of new research technologies on our understanding of environmental causes of disease: The concept of clinical vulnerability. Environ. Health 8: 54.

Vineis, P., K. van Veldhoven, M. Chadeau-Hyam, and T.J.Athersuch. 2013. Advancing the application of omicsbased biomarkers in environmental epidemiology. Environ.Mol. Mutagen. 54（7）: 461-467.

Vrijheid, M., R. Slama, O. Robinson, L. Chatzi, M. Coen, P.van den Hazel, C. Thomsen, J. Wright, T.J. Athersuch, N.Avellana, X. Basagaña, C. Brochot, L. Bucchini, M. Bustamante, A. Carracedo,

M. Casas, X. Estivill, L. Fairley, D.van Gent, J.R. Gonzalez, B. Granum, R. Gražulevičienė, K.B. Gutzkow, J. Julvez, H.C. Keun, M. Kogevinas, R.R.McEachan, H.M. Meltzer, E. Sabidó, P.E. Schwarze, V.Siroux, J. Sunyer, E.J. Want, F. Zeman, and M.J. Nieuwenhuijsen.2014. The human early-life exposome (HELIX): Project rationale and design. Environ. Health Perspect.122 (6): 535-544.

第五章 风险评估新方向与 21 世纪科学应用

第二章至第四章描述的科学技术进步为改善环境和公共卫生决策而开展的风险评估或危害评估提供了机会。为了提升对新机遇的认识，本章首先讨论了风险评估的新方向，重点介绍了用于改进决策制定的 21 世纪科学的应用（见方框 1-3），提供了 21 世纪科学应用的具体方法以及毒理学和流行病学研究方法，展示了改进决策应用的证据，介绍了向利益相关者提供新方法的情况。最后简要讨论了目前该领域遇到的挑战，并提出应对挑战的对策。

第一节 风险评估新方向

1983 年美国国家研究委员会（NRC）报告"联邦政府风险评估：管理过程"（NRC，1983）将风险评估定义为"基于实际情况确定危害暴露对个体或人群健康的影响"。报告指出，风险评估包括四个步骤：危害识别、剂量－反应评估、暴露评估和风险特征描述，一般进行风险评估包含部分或全部四个步骤。同时指出，需要对毒理学、临床、流行病学和环境研究的各种数据流进行整合，提供定性或定量的风险描述，以形成基于风险的决策。报告明确提到，当一种特定物质的信息缺失或模棱两可时，或者当前科学理论存在缺陷时，会产生不确定性。因此，建议采用推理桥（inferential bridges）或推理准则来填补这些差距，以便评估过程能够顺利进行。风险评估在很大程度上依赖于相同类型的动物模型的不良反应结局的测量，例如肿瘤发生率和发育延迟，但这些数据并没有包括人体暴露或流行病学信息。

尽管目前的风险评估总体上支持 1983 年相同类型的决策，但提出和回答相关风险问题的工具已经发生了很大的变化。如本专著第二章～第四章所述，在暴露评估、毒理学和流行病学方面，现代工具已提高了信息收集的速度，并拓展了风险评估数据的应用范围。研究的重点也从观察疾病或死亡转向了其生物学机制或通路研究。这些工具被设计用来测量分子水平的变化，从而了解生物学通路的改变。因此，美国联邦机构关于控制和减少不良健康影响的基础机制研究也正日益增加。

Tox21（NRC，2007）确定了风险评估新方向，重点是识别毒性通路，其定义为"当在动物体内显示有足够的不良影响时，预期对健康产生不良影响的细胞反应通路"。自该专著发表以来，人们对疾病的潜在生物学通路的了解迅速增加，并为理解不同环境条件下通过相同通路产生影响，以及导致特定疾病的每种可能风险提供了机会。要建立基于作用机制的风险评估方法，有必要了解毒性通路的关键步骤，但刚开始时并不需要掌握所有通路。例如，一项大鼠亚慢性毒性研究结果显示，某种受试物可引起动物发育不良、体重增重减少以及部分动物死亡，但没有发现明显的靶器官效应。但有研究结果表明，该受试物是一种氧化磷酸化的解偶联剂。因此，流行病学研究可能需要侧重于能量消耗大的生物过程的研究，例如需要关注应激状态下的心肌。暴露科学可以用来测量或估计人群在空间和时间上应激源的暴露量，并将毒性数据与暴露数据进行比较，以便用于进行流行病学研究。因此，可以考虑依据化学结构来分析和筛选某种扰动信号，有助于描述具有类似作用的化学物质所产生的风险，并可对其他假设可以产生类似效应的化学物质进行暴露评估。

目前人们认识到疾病是由多因素引起的，即单一的不良结局可能来自多种作用机制，这些机制可能由多个组分组成（参见第七章）。因此，问题也从"A是否引起B"转变为"A是否增加B的风险"。图5-1具体解释了该概念，方框5-1提供了一个具体的案例。在图中，四种机制（M_1-M_4）和各种组分组合（C_1-C_6）会产生两个结果（O_1和O_2）。例如，激活机制M_1涉及三个组分（C_1，C_2和C_3），导致结果O_1，并且C_1是多个机制中的组分。在此，组分被定义为当与其他组分一起存在时产生疾病或其他不良结局的生物因素、事件或病症；机制被认为是由一种或多种在共同发生时引起疾病或其他不良结局的成分组成；通路被认为是机制的组成部分。该模型可能涉及影响暴露或易感性的社会因素（如贫穷），也可能涉及那些最终激活细胞反应的各种机制的社会因素。例如，在机制M_1中，社会因素可能扰动组分C_1，这与化学物质所扰动的组分相同。或者，社会因素可能扰动机制M_1的C_2和C_3，再加上化学物质对组分C_1的直接扰动，可以完全激活该机制。识别特定机制中各组分的贡献，并了解某一机制中单一组分的显著变化，对基于21世纪科学进行的风险决策至关重要。

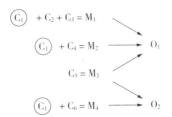

图5-1 具有四种机制（M）的疾病的多因素性质，其具有各种组分（C）并导致两种结局（O）。

方框 5-1　疾病多因素性质的案例

SHH（sonic hedgehog）是在哺乳动物胚胎中由神经管的脊索和基底合成的一种信号蛋白。其功能是为中枢神经系统发育建立腹中线。在早期胚胎发育过程中对 SHH 信号的干扰可导致出生缺陷，即大脑不能发育为两个半球。许多事件（图 5-1 中的"组分"）会干扰 SHH 的功能，包括导致功能部分丧失的 shh 基因的点突变（Roessler 等，1997）；7-脱氢胆固醇还原酶基因的突变会阻止胆固醇与蛋白质结合的 SHH 翻译后修饰（这是信号传导所必需的步骤，突变可能导致 Smith-Lemli-Opitz 综合征）(Battaile 等，2000）；胆固醇合成抑制药物，如 BM15 和 766，可作用于相同的酶（Kolf-Clauw 等，1997）；还有一些植物生物碱（如环巴胺）可抑制 SHH 翻译后修饰（Incardona 等，1998）。任何组分的剂量或反应速率足够高时均可引起全脑畸形；在某些情况下，一个或多个组分的剂量或反应速率尚不足以扰乱 SHH 信号，但加在一起可能会扰乱其功能。

在这个案例中，所有的组分均作用于相同的目标—SHH，但以不同的作用方式：一些影响蛋白质的完整性（基因的点突变），一些影响蛋白质的翻译后修饰，还有一些影响与其受体相互作用的能力。但结局是一致的，即由脊索或腹侧神经管分泌的 SHH 信号不足以建立一个腹侧区域。SHH 信号干扰是图 5-1 中的"机制"。

SHH 也在胚胎中的其他部位表达，在肢体和牙齿发育中起作用。在 Smith-Lemli-Opitz 综合征经常可观察到肢体异常，如多指或并趾。在图 5-1 中，该综合征将代表同一机制的第二个结果。如图 5-1 所示，不同的机制可以产生相同的结果。例如，视黄酸也是一种肢体发育的重要形态发生因子，视黄酸过量或不足会导致肢体缺陷。这代表一种独立的机制，这个机制可能涉及其他组分（例如，维生素 A 缺乏，抑制视黄醇转化为视黄酸的相关酶），但会导致相同的不良结局（指/趾缺陷）。图 5-1 说明了该案例（CSI：胆固醇合成抑制；DHCR7：7-脱氢胆固醇还原酶；R：视黄醇；RA：视黄酸）。

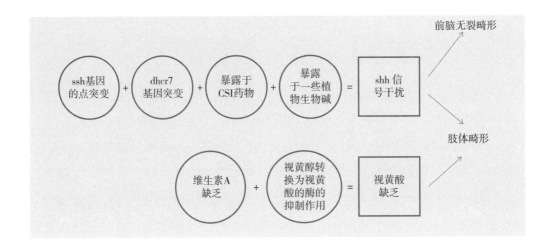

在多因素疾病的挑战性背景下，21世纪工具可更好保障风险评估新方向的实现，以明确风险决定因素的复杂性。21世纪工具可以确定多种疾病的病因，并增加对机制、通路和组分如何导致疾病发生的认识。这些工具可以用来探索特定化学物质，这些化学物质可能通过扰乱通路或激活机制，从而增加疾病发生的风险。这些新的工具提供了关于化学物质如何增加疾病过程的重要生物学信息，以及个体反应可能出现的不同情况。因此，可以用来解释人群剂量-反应关系的曲线形状，以及对《科学和决策：先进的风险评估》报告（NRC，2009）中个体易感性推测风险提供信息（NRC，2009）。NRC（2007，2009）报告中指出，人们的疾病诱发因素和暴露情况有所不同，因此任何特定化学物质的干扰通路和发病程度也因人而异。剂量-反应评估的挑战之一是描述全人群和敏感人群可能受到的影响程度，或者描述干扰作用是否超过了最小有害作用水平。

虽然上述讨论主要聚焦在毒理学和流行病学的新方向方面，但暴露科学也发挥了关键作用。暴露科学的技术进步所产生的暴露数据将提供大量必要的有价值的信息。例如，对环境和生物监测样本进行靶向和非靶向分析或使用计算暴露方法，将有助于识别人们暴露的化学混合物。这种综合评估有助于评估单个观察终点作用相似的一组化学混合物的风险，也有助于评估可能激发多种作用机制从而导致特定疾病的化学物质的暴露情况。加深对毒代动力学的理解，将有助于利用体外系统中观察到的剂量-反应关系来推算人群（易感人群）的剂量-反应关系，并降低风险评估的不确定性。个体暴露评估结果将提供个体暴露水平差异的重要信息，在基于通路的生物测试系统评估中补充毒代动力学变异性方面的信息。最终，暴露科学的发展，同时结合毒理学和流行病学的进展，将为风险评估的新方向提供更坚实的基础。

第二节 应用

NRC"科学与决策"、Tox21 和 ES21（NRC，2007；2009；2012）中所描述的风险评估新方向或远景尚不可能全面实施，但现在的数据可用于改进在某些领域的决策。如第一章所述（见方框 1-3），优先确定、化学评估、特定位点评估以及新化学物质的评估这些与风险有关的任务均可从 21 世纪科学中受益。各种任务所需要的方法和数据可能会有所不同，可信度一定程度上将取决于整体环境。例如，科学家在采用实验室数据来支持流行病学研究中的生物合理性方面有着丰富的经验，在这种情况下，新数据容易应用。相反，用于支持特定化学物评估的方法可能需要广泛的评价，风险评估者需要被培训如何使用这些方法。在接下来的部分中，委员会描述了在特定应用中使用的新的科学方法。

一、优先确定

在美国，数万种化学物质被用于商业活动（Muir 等，2006；Egeghy 等，2012），包括建筑材料、消费品和工艺用品等各种产品，并可通过产品使用以及与制造和处理有关活动向环境中释放。尽管环境中的化学物质数量很大，但毒性、暴露和流行病学数据完整的化学物质的数量仍然很少。鉴于政府机构和其他利益相关方在调查广泛存在于人体、环境和产品中的各种化学物质所带来的风险的资源有限，确定化学物质评估优先次序和确定适当的风险管理策略（减少使用、替代或消除）是必不可少的。

某些具有生物活性的化学物质，如药物和农药，按照法律规范要求通常需要进行一系列毒性试验。然而，多数化学物质并不需要大量的毒性测试，需要进行的毒性测试取决于设定的优先方案。例如，美国国家毒理学项目（NTP，2016）建立了毒性试验优先次序项目，主要基于人体暴露水平、可疑毒性或评估中填补数据缺失的必要性。欧盟化学品注册、评估和授权（REACH）测试要求主要基于化学品年生产量、人体潜在暴露水平或人类使用情况，例如通过终产品消费的化学品暴露情况（NRC，2006；Rudén 等，2010）。对潜在毒性的考虑通常基于化学物质的特定化学特征（如活性环氧化物）或与已知毒性物质的相似性。但仅考虑这些方面来确定优先次序显然存在局限性。涵盖更多生物学的危害信息以及更详细的多来源和多途径的暴露评估信息将改进优先确定过程。

随着高通量筛选、毒性基因组学和化学信息学等 Tox21 工具的问世，优先次序的确定已被认为是这些工具的主要初步应用。如第一章中描述的美国环境保护署（EPA）的 ToxCast 程序，高通量平台已经产生了数千种化学物质的数据。毒性基因组分析有可能增加基于体外细胞分析的生物学覆盖率，并可能成为优先确定的有效数据来源。例如，目前有研究采用阳性对照化学物质对一组人类细胞的转录反应进行评价，最终探索生物学途径是否可以根据特定的基因表达模式或全基因组转录组学来确定（de Abrew 等，2016；Lamb 等，2006）。体外和体内的结果不一致可能由几个原因造成的，例如体外测试中缺乏的代谢数据。正如第三章中所讨论的，某物质代谢活性数据的缺乏是体外研究中一个普遍存在的问题，目前科学界正在积极研究将代谢系统引入到高通量测定方法中。

化学信息学方法也可以用来确定化学测试的优先次序，用来评价一系列化学物质是否具有毒性相关的化学特征，例如通过使用 DEREK[①] 等专业工具，或者使用决策树方法评价是否有文献报道将具体化学特征与特定毒性结果（如发育毒性）关联起来（Wu 等，2013）。这些方法已经可以自动快速识别具有特定化学特征的化学物质，这些特定的化学特征被认为具有潜在的毒性作用，如具有活性功能基团，或与类固醇物质等有毒化学物质的化学结构具有高度相似性（Wu 等，2013）。

目前几种新的高通量方法已经被开发，例如 ExpoCast（Wambaugh 等，2013）或 ExpoDat（Shin 等，2015），可提供确定优先次序的基于暴露和风险的定量暴露评估方法。通过考虑到化学性质、化学物质产量、化学物质使用和人类行为（暴露的可能性）、潜在的暴露途径和可能的化学物质暴露量，新技术比以往旧的简单模型可以更精准地估计暴露量。通过高通量暴露计算所获得的信息可以改进优先确定计划。

根据具体情况，危害信息和暴露信息可被用于优先确定的很多方面。例如，仅基于危害信息进行优先筛选，更适合于涉及产品成分变化的情况，其中暴露信息未知或不断变化，假定产品以大致相同的暴露方式使用。目前已经提出了基于风险的优先次序确定的方法，该方法整合高通量暴露和危害信息，确定最高暴露量和最低测量效应浓度，并计算暴露边界（毒性和暴露之间的差异度量）（见图 5-2）。目前有研究也提出了优化暴露边界的方法，即通过使用逆向毒代动力学技术来评估暴露量（Wetmore 等，2013）。该方法的可信度将随着体外测试更广泛

---

① 见 http://www.lhasalimited.org/。

的生物学覆盖率、促进代谢活性的创新方法、与特定暴露途径（例如吸入）相关的毒性测试方法，以及计算暴露模型预测人类和生态系统暴露的准确性等的增加而增加。

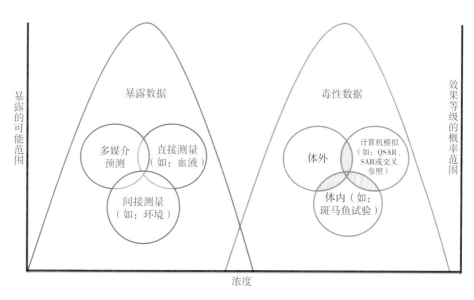

图 5-2　筛选法可以通过评价毒性或预测暴露量来对化学物质的风险进行排序，以考虑是否需要进一步测试或评估。暴露边界值较小的化学物质（即暴露上限值与产生毒性效应的剂量接近或重叠）应最优先考虑进行下一步的评估。

二、化学物质的评估

化学物质的评估涵盖综合风险信息系统评估的一系列分析，包括危害识别、剂量-反应评估、暴露评估和风险特征描述。此外，联邦机构评估了决策过程中数据缺乏的和数据充分的化学物质。以下几节将具体介绍在差异较大的情况下如何使用21世纪的数据。

（一）数据缺乏的化学物质的评估

一些数据缺乏的化学物质的评估可以从已知的作用机制开始着手。也就是说，一些毒性作用如遗传毒性和皮肤致敏性等的作用机制一般是众所周知的，这主要是基于体外试验的机制研究结果。例如，OECD已颁布了Ames试验和直接肽反应测定法的测试指南，这些试验可以作为危害评估的起点。有良好结果的体外测试可用于危害表征，其危害评估的过程也相对简单，可替代动物数据作为危害的起点。在大多数情况下，结论是定性的，例如，化学物质是或不是遗传毒性物质。然而，人们正在试图采用体外试验数据来提供定量的方法，用以描述化学物质的剂量－反应关系，并最终推导健康指导值，如参考剂量或参考浓度（见图 5-3）。使用动物试验和体外试验数据通常需要考虑不确定系数（UF），以解决种属间和个体间的差异以及从测试系统外推到人体的不确定性。而且，数学模型也可用于外推低剂量效应。方框 5-2 进一步讨论了不确定性、变异性、UF 和外推过程。

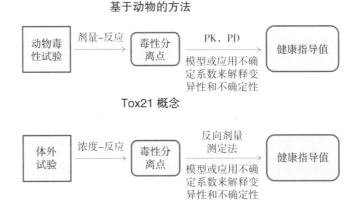

图 5-3　推导健康指导值的动物试验与体外试验（研究特定结果的生物学通路）的方法比较。这些方法的不确定系数（或模型）可能不同，但基于不确定性、变异性或剂量外推的结果，可以调整不确定系数。缩写：PD，药效学；PK，药物动力学；POD，毒性分离点；UF，不确定性系数。

方框 5-2　评估的不确定性和变异性

　　风险评估涉及估计与特定风险相关的风险以及与估计有关的内在不确定性的特征。对于基于动物数据的人类风险估计，不确定性包括与可能存在的物种之间的差异（实验动物和人类之间）、在药代动力学和灵敏度、人类种群的可变性，以及对生命周期的测试协议以及其他的预测。尽管每个不确定性的大小都可以通过（给予足够的资源和时间）来处理，但它们通常在非癌症评估中通过指定具有特定值（通常是 1、3 或 10）的不确定因子来获得毒性或风险估计。使用 21 世纪的科学，需要对与风险相关的不确定性以及它们的大小进行新的思考。不确定性的某些方面将被消除；例如，应用人类衍生的细胞和受体将消除在药效学敏感性中对于物种间差异的考虑。然而，应用体外方法引入了新的不确定性，例如，在一个完整的人体内，离体浓度是如何与暴露场景相关的，或者是上游分子水平的反应与下游疾病的定量关系。将多个分析或数据流的信息组合成集成测试策略的定量方法（Jaworska 等，2013；Rovida 等，2015）已被用于代表疾病的关键步骤，以克服与使用分子级反应相关的不确定性。

使用生物基础的剂量反应模型或其他经验模型来取代基于 UF 的外推法是有可能的；这与 NRC（2009）的建议一致，即剂量-反应模型是基于"对背景疾病过程的正式、系统的评估、可能的脆弱人群和行动模式"。"目前一种涉及 DNA 损伤和修复建模方法已经被用来确定一种毒性途径的剂量-反应关系（Bhattacharya 等，2011），这可以进一步发展来解决人类异质性的反应。"另一种估计个体间变异的方法是大规模体外分析多种人类细胞株（Abdo 等，2015a、b；Eduati 等，2015），但这仅仅是由于遗传差异造成的变化，在很多情况下，这是一个次要的贡献。我们不了解人类人口的变化涉及的暴露和反应的范围，但新技术应该提高我们量化一些不确定性因素的能力，包括人类在脆弱性暴露方面的异质性。表征新的不确定性并预估其大小将是十分重要的，这作为新方法将被纳入风险评估。

大多数毒性结局涉及多种通路，化学物质可通过这些通路产生不良影响，但多数结局并不能明确所有通路，如器官毒性和发育毒性。对于这些结局，简单使用体外试验替代动物试验是不可能的。评估化学物质的一个较好方法是使用已知有良好试验数据的化学结构类似物的毒性数据（见图 5-4）。根据化学结构、物理化学性质和生物活性的相似性选择类似物。类似物与目标化学物质的比较主要基于以下几个方面：目标化学物质的代谢物与类似物的代谢物相同或生物学上相似；目标化学物质和类似物在结构上非常相似，且具有相同或相似的生物活性（例如相同的激活受体）。总体来说，相似性基于以下结论，即尽管剂量不一定相似，但目标化学物质将会产生与类似物相同类型的危害。

图 5-4 中描述的方法首先需要一个综合的毒性数据库，该数据库可以通过化学结构进行搜索（例如 ACToR 或 DSSTox），并且可以选择合适的类似物查询。2010 年 Wu 等发表了一套识别类似物的规范，该规范基于类似性评估将结果分为以下几类：非常适合的、适合解释的、适合先决条件的（如新陈代谢）、不适合的。该规范考虑了化学物质的物理化学性质、潜在的化学活性以及代谢。

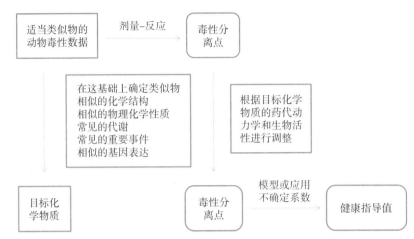

图 5-4　依据获得的化学结构类似化学物质的数据，推导健康指导值的方法。相似性可以基于化学结构、物理化学性质、代谢、生物通路中的关键事件或基因表达等特征，这些特征的相似性可增加类比的可信度。适当类似物的毒性分离点（POD）可根据目的化学物质与其类似物的重要生物活性（如受体活化）之间的药代动力学差异进行调整，同时考虑模型和应用不确定性系数。不确定性包括交叉参照的可信度（如确定的类似物的数量，类似物与目标化学物质的相似度以及类似物的数据量）。

多数情况下，基于原子－原子匹配的相似性可以将两个或多个化学物质归类为相互适用的类似物。然而，原子－原子匹配并不能满足所有情况。有时微小的化学结构差异可能改变化学活性，使一种代谢通路比另一种更为常见，或者不同生物分子的化学活性发生改变。在实际操作中，基于分子相似性的专家观点可能会极大地促进类似物的评估。此方法在一个案例研究中得到了验证，该研究使用了盲法，并被发现是有效的（Blackburn 等，2011）。鉴于传统动物毒性数据较多（ACToR 毒理学数据库中有数百万条记录，每个毒性结果可能有数以万计条记录），类似物方法可能有很好的实用价值。目前正在开发类似物方法，并将其用于欧洲 REACH 法规下提交的化学物质的交叉参照评估。

结构－效应评估可以被看作是一种可检验的假设，可以通过各种方法来进行测试，如第三章所述。通过已建立的方法检测体内和体外的不同生物代谢，从而对目的化学物质和类似物的代谢进行评估，但需要考虑到即使是化学结构简单的分子其代谢也可能是复杂的，如苯（McHale 等，2012）。对相似生物活性的测试可以参考某类化学物质产生毒性的主要通路信息。如果机制尚不清楚，则可能需要考虑影响目标化学物质和类似物生物活性的一些通路（例如使用 ToxCast 分析）或全部通路（例如使用全基因分析）。目前研究已发现毒理学基因组分析可用于进行体内和体外模型的机制研究（Daston 等，2010）。基于低成本的方法，小分子基因表达反应的大数据分析已经可以获得（例如，美国国立卫生研究院的基于网络的细胞特征库，LINCS），这些数据可以支持相似化学结构的化学物质之间进行充分的交叉参照分析（Liu 等，2015）。

结合化学信息学和实验室快速方法，可以采用类似物的数据作为替代数据进行风险评估，也可以根据药物代谢动力学差异和生物活性数据对替代数据进行调整（见图 5-5）。委员会在关于烷基酚的案例研究中采用了该方法（见方框 5-3 和附录 B）。

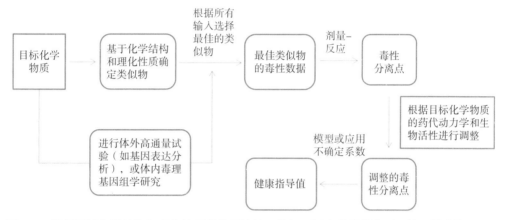

图 5-5　当仅通过化学结构和理化性质的数据比较不能识别适当的类似物时，推导健康指导值的方法。在这种情况下，体外高通量化学分析数据可以作为额外的信息来源，以确定最佳类似物，从而用来获得可接受值。

方框 5-3　案例研究：烷基酚

这个案例研究介绍了如何采用交叉参照来推导健康参考值。如附录 B 所述，将一种数据不足的烷基酚（对十二烷基酚）与两种数据充分的烷基酚（对辛基酚和对壬基酚）在二维化学结构和物理化学性质的基础上进行比较。ToxCast 的高通量体外数据可用于增加模拟选择的可信度。数据充分的烷基酚的大鼠多代生殖毒性研究的数据被用作推导健康参考值的毒性分离点，并且可基于 ToxCast 数据进行调整。这里讨论了分析的局限性，提出了可增加分析结果的可信度的信息。

最终，可能在没有足够的类似物数据的情况下需要对化学物质进行评估。可以采用化学信息学和实验室方法来对新的化学物质的可能活性进行假设，并且在系统生物学模型中进行虚拟测试,进而在更高级的体外模型中验证假设。如第三章所述,计算模型(如美国环境保护署开展的虚拟胚胎研究中使用基于细胞因子的模型)通过高通量筛选和血管通路关键基因信息作为模型构建的起始点,预测有效的抗血管生成剂对血管发育的影响(Kleinstreuer 等,2013)。该模型运行数千次可以模拟数千次试验,并可根据模拟结果对模型进行调整。该模型结果在体外血管生长试验和斑马鱼体内试验中进行了评估(Tal 等,2014),并发现其具有很好的预测效果。计算模型的方法主要基于特定过程的生物学效应及其干扰作用机制的研究结果,以及支持虚拟模型评估的复杂实验室模型。该方法需要一些关键事件的信息,这些关键事件将外源性化学物质初始作用的分子靶标与最终不良结局联系起来。

风险评估无论是采用的图5-4和图5-5中描述的传统方法,还是上述通路方法,都需要降低评估过程中的不确定性以支持最终的风险管理决策。由于暴露边界太窄,或者在分子水平或细胞水平的效应指标与不良结局之间的定量关系尚不明确,可能会导致作用机制尚未充分研究清楚。在这种情况下,更为复杂的模型(例如斑马鱼或特定啮齿动物试验)可能会被用来评估生物学活性与化学物质暴露结局。

(二)数据充分的化学物质的评估

一些化学物质具有大量的数据,可以充分证明暴露与效应之间存在因果关系。也就是说,危害识别不是决策过程中需要考虑的问题。然而,仍存在一些与决策相关的未解之题,例如低剂量效应、易感人群、可能机制以及与暴露相关的新的结局等。第二章~第四章论述了如何减少这些关键问题的不确定性。委员会以空气污染作为案例,探讨了如何利用21世纪的科学方法解决研究中的各种问题(见方框5-4和附录B)。

方框5-4 案例研究:空气污染

人们对空气污染的暴露后果进行了广泛调查,空气污染与肺癌之间的因果关系的证据非常充分,包括国际癌症研究机构在内的多家机构均得出结论,室外空气污染可导致癌症的发生。然而,仍有一些未解的问题,例如哪些成分是主要的致癌因素,是否在不同的成分之间存在相互作用或协同作用,低暴露可能产生什么影响,哪些人群可能具有更大的风险,如吸烟者。如附录B中所详述的，本案例研究的第一部分描述了暴露科学和毒理学的进展，特别是组学技术，有利于描述不良反应，进行精确暴露评估，并确定作用机制和风险分级。

案例研究的第二部分（见附录 B）讨论了一种新的研究成果，以一种研究充分的化学物质作为参照。在该案例中，证据表明儿童的神经发育与空气污染暴露有关。因为空气污染与任何特定的神经发育结果之间的因果关系尚未确定，该案例主要关注危害识别。同时描述了可以改善新的或持续的流行病学调查的暴露科学的进展，以及可用于评估与空气污染相关的发育神经毒性的毒理学进展。

三、累积风险的评估

依据已获得的机制研究结果可以有效开展累积风险评估。人体在环境中可以同时暴露多种化学物质，例如通过呼吸空气、摄入食物以及使用产品等。尽管具有相似机制和相似结果的化学物质在共同作用时被认为具有累积风险，但目前风险评估仍然主要对单个化学物质开展（EPA，2000；NRC，2008）。有时会对致癌物进行累积风险评估，但非致癌物的累积风险评估并不常见。累积风险评估中一个很好的案例是有机磷农药的风险评估，其共同作用机制是抑制乙酰胆碱酯酶。

生物组织基础水平（细胞或分子水平）的测试系统可能有助于识别具有共同作用机制的化学物质，并可促进混合物的风险评估。研究化学物质的整个通路（从分子起始事件到个体或群体疾病）有助于识别不同分子通路导致相同不良健康结局的化学物质。高通量筛选系统和全基因分析可获得这些信息。用于累积风险评估的技术也可用于第七章论述的多因素风险评估。

四、特定场所的评估

了解与化学物质泄露相关的风险或有害废弃物场所的治理程度取决于对各种化学物质的暴露及其毒性的了解。评估问题包含三个组分：现场化学物质的识别和定量、单一化学物质毒性表征、化学混合物的毒性表征。通常人们可能会认为这种情况是一个以暴露为起点的评估，如图 5-6 所示。在这种情况下，开展暴露评估首先要明确新的化学物质，获取以前在此场所发现的化学物质暴露情况的完整信息。方框 5-5 提供了由暴露启动评估的两个具体案例。

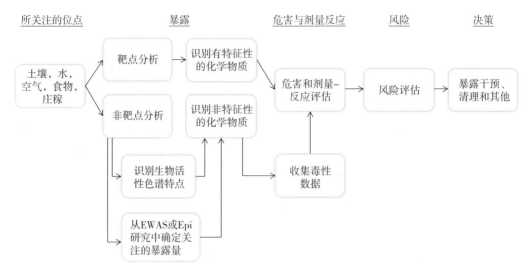

图 5-6　暴露驱动的评估的方法和决定的概述。缩写：EWAS：暴露组学联合研究；Epi：流行病学。

> **方框 5-5　暴露引发评估的两个案例**
>
> 在由暴露引发的第一个评估案例中，科学家们在俄勒冈州波特兰港口附近的 Superfund 发现了一些常见的多环芳烃（PAHs）的新型环境降解产物（O'Connell 等，2013）。确定为 38 个含氧多环芳烃，这些物质在毒理学上是未被表征过的 PAH 混合物。鉴于迫切需要进行测试，对波特兰港土壤和水介质中发现的代表性 PAH 混合物上进行了斑马鱼的高通量毒性测试（Knecht 等，2013），被动采样装置已被用作人类食物的水生生态系统物种上，用于采集水中 PAH 混合物浓度数据（Paulik 等，2016）。
>
> 在第二个案例中，美国健康家庭调查的空气中灰尘样本被收集起来被用于非靶向化学分析（Rager 等，2016）。非靶向分析显示了一种色谱特征（保留时间、峰面积和同位素标记），这些特征最初不能被划分为不同的化学成分，一些特征后来通过标准品被识别出来。例如，在美国 EPA 的 Distributed Structure-Searchable 毒性数据库中，在可能与化学结构相匹配基础上，使用标准品可对一些特征进行识别。采用 ExpoCast 数据库的暴露量和 ToxCas 数据库的生物活性估计值以及检测频率和浓度的信息，完成了对被鉴定化学物质（包括农药、尼古丁和全氟辛酸等）的初始筛选。这些信息以 ToxPi 的格式呈现。作者还报告了大量未被识别和未经测试的特征。该方法也被应用于其他环境介质，如 Superfund 所在地的土壤和水，以及公共饮用水，但只对少量化学物质进行了测试。

第二章至第四章描述的进展可以解决与特定场所评估相关的每个组分。靶向化学分析方法，特别是气相色谱或高效液相色谱与质谱联用的化学分析方法，可以识别和量化有标准品的化合物质。非靶向分析有助于将其归类为以前未经识别的化学物质。该委员会探讨了将暴露科学的进展应用于历史上受污染的大型场所的案例研究（见方框5-6和附录C）。

> **方框5-6 案例研究：特定场所的评估**
>
> 委员会创建了三个与特定场所评估有关的案例研究，探索问题的每个要素以及如何将21世纪科学纳入风险评估中。附录C提供了下述案例研究的细节。
>
> - 确定存在的化学物质。委员会选取了一个人群聚居区，历史上该地区的土地和地表水发生过污染，并描述了如何在该地区进行靶向和非靶向化学分析。
> - 表征毒性。委员会选取了2014年西弗吉尼亚州查尔斯顿市Elk河上游约1英里（1609m）处的一个饮水设施排放出的4-甲基环己烷甲醇，并描述了其暴露和毒性筛查工具，以帮助人们了解其对人群健康的风险。
> - 表征混合毒性。委员会对环境样品、组织和生物液体中观察到的复杂混合物的危害评估进行了审议，并说明了如何使用生物学交叉参照方法进行评估。

在对废弃物场所和化学物质泄露进行危害评估时，相关化学物质的毒性数据通常较少。针对废弃物场所，美国环境保护署采用暂定同行评议毒性参考值（provisional peer reviewed toxicity value，PPRTV）建立了大量化学物质的暂定毒性参考值。但由于现有数据的数量较少且可能存在数据质量问题，PPRTV值通常具有较大的不确定性。将类似物方法与高通量筛选方法相结合，可以改善PPRTV过程。通过选取适当的具有充分毒理学数据的类似物，可提供未经毒理学测试的目标化学物质的特定风险估计和潜在毒性作用。类似物的选取是否合适可以通过毒性作用靶点的高通量测试数据来进一步明确。尽管目前高通量方法和模型仍需进一步验证，但交叉参照方法可能会被很快应用。

在化学物质泄漏的情况下，各种化学物质可获得的数据可能很少（类似于废弃场所的情况），但可能需要迅速做出应对。委员会以化学物质泄露的情况为例，研究了如何使用 Tox21 方法快速提供数据缺失的化学物质的数据（见方框 5-6 和附录 C）。

为了解化学混合物的毒性，可采用高通量筛选方法确定混合物各组分是否可通过共同作用机制产生毒性作用，从而可能产生累积风险（EPA，2000；NRC，2008）。高通量方法也可用于评估特定场所的化学混合物的毒性，而不是评估单个化学物质。有报道称，在深海地平线灾难的原油泄漏中，高通量方法被用于评估分散剂，从而筛选具有更高的内分泌干扰作用或细胞毒性作用的分散剂（Judson 等，2010）。内分泌作用受到关注，主要是基于已知壬基酚乙氧基酯具有雌激素活性，其降解产物壬基酚被认为是雌激素样物质。

可以使用高通量分析数据作为复杂混合物的生物学交叉参照的基础。例如，可以在高通量或高含量测试中评估未表征的混合物，并且可以将结果与单个化学物质或已充分表征的混合物的现有结果进行比较。该过程类似于连通性映射方法（Lamb 等，2006），在这种方法中，单个化学物质的生物活性与大数据集中其他化学物质进行比较，并假设具有相似生物活性的化学物质具有同样的机制。表征单一化学物质的方法可用于未表征过的混合物。虽然并不知道生物活性是由单一的化学物质还是由多种化学物质造成的，但如果只涉及与该特定混合物有关的风险表征，则无关紧要。委员会指出，混合物可能会表现出一种以上的生物活性，特别是在高浓度下，但通过测试多种浓度的混合物可能会更好地了解生物活性。该委员会通过案例研究，进一步探讨了复杂混合物的生物学交叉参照方法，在第一个案例研究中考虑了假设场所（见方框 5-6 和附录 C）。

最后，暴露科学、组学技术和流行病学的新方法提供了另一种方法来产生关于化学物质和化学混合物在特定疾病状态中作用的假设，并收集与特定部位相关的潜在风险的信息。根据化学机制，特别是特定场所的化学混合物产生的信息，可能有助于确定高度特异性的生物标志物，这些生物标志物可以在关注地点工作或居住的人群中进行测量。生物标记物的测量有利于收集有关疾病结局的数据，因为许多相关疾病，如癌症，仅在慢性暴露后或长时间潜伏期后才表现出来。如果生物标志物可以在疾病减缓之前和之后进行测量，那么该数据在确定治疗效果方面非常有价值。在特定场所对人群暴露进行为实时个体监测也是必要的，可以提供暴露峰值或暴露持续时间等更丰富的数据。

五、新兴化学物质的评估

绿色化学涉及分子和产品的设计，这些分子和产品经过优化，具有最小的毒性以及有限的环境持久性。在理想情况下，绿色化学物质来自可再生资源，性能与其所替代的化学物质相当或更好。绿色化学方法通常包括合成无毒性作用的新分子，也可能没有类似物的新分子。绿色化学设计是应用现代体外毒理学方法的另一个案例，需要参照相关指南，即分子特性与毒性的关联性以及未影响已知毒性的生物学途径的化学物质危害识别等指南（Voutchkova 等，2010）。有一些体外毒性方法可用来确定化学物质的替代物是否具有更小的毒性。例如，Nardelli 等（2015）评估了邻苯二甲酸酯增塑剂的替代物对支持细胞功能的影响，并采用高通量方法评估了易拉罐内层的双酚 A 替代物（Seltenrich，2015）。在这种情况下，使用高通量方法与筛选最大疗效和最小脱靶效应的前瞻性治疗药物在概念上没有区别。方框 5-7 和附录 D 描述了新兴化学物质评估的案例研究。

> **方框 5-7　案例研究：新的化学物质的评估**
>
> 本案例研究假设加工过程中产生三个新的化学物质，并导致人体暴露。在附录 D 中，委员会描述了化学物质的体外高通量数据以及这些数据的意义。然后考虑了人体暴露的几种可能情境，并计算了与体外生物测定数据相对应的室内空气释放量。委员会最后讨论了如何将这些数据用于决策过程。

可以采用上述方法来对环境中新发现的化学物质进行危害评估，例如农药的意外降解产物。如果降解产物与其母体的化学分子结构相关，那么化学信息学（交叉参照）的方法也可适用于评估其毒性。

第三节　交流新方法

本章介绍的多数方法对于一些利益相关者来说是陌生的。如果结果得到适当的应用将对最终接受这些方法至关重要，以透明的、可理解的方式来说明这些方法的优点和局限性将是必要的。信息需求和沟通策略主要取决于利益相关者，这里讨论的四个利益相关者包括：风险评估者、风险管理者和公共卫生官员、临床医生和普通公众。

负责制定健康参考值的风险评估者需要掌握新方法的细节以及如何将其结果应用于预测风险。他们可能需要接受正式的培训来了解和应用暴露科学、毒理学和流行病学的新数据流。例如，交叉参照是本章所描述的替代方法中最为常用的方法，但是多数风险评估者仍需要大量培训来确定适当的化学类似物，以此为基础进行交叉参照，如果没有适当的类似物或化学结构匹配不完美，那么评估的可信度会降低。他们还需要发展新的合作伙伴，以帮助他们完成任务，例如，需要计算和药用化学家开发类似物搜索策略，评估每种类似物的适用性，或确定目标化学物质的可能代谢通路及其类似物，判定它们的生物转化是否相似。

大多数风险评估者已经非常熟悉利用传统数据开展风险评估，但是在理解如何整合新的数据流以及对新数据的可信度方面仍需要得到帮助。一种方法是将新方法结果与更熟悉的数据（特别是体内毒理学研究）进行比较。例如，美国 EPA 最近提出，高通量雌激素活性测定筛选方法可作为内分泌干扰物一级筛选中子宫增重试验的可行替代方法（Browne 等，2015；EPA，2015）。在这种情况下的沟通策略涉及筛选方法的目的的描述、筛选方法覆盖的生物空间的解释（即雌激素信号传导通路被评价的程度和测定的冗余度）、计算模型的描述（该计算模型是否整合了所有分析数据，并对真实反应和噪音进行辨析）以及与现有的某个方法进行比较。这类论文为风险评估者进一步进行技术交流提供了有用的模型。

风险管理者和公共卫生官员不需要提供关于评估或如何应用于风险评估的详细信息，但他们需要知道与风险评估相关的不确定性，同时他们应对评估结果给予充分信任。与风险管理者和公共卫生官员沟通需要解决这些问题。在某些情况下，新方法可以提供目前其他方法无法获得的信息，新信息将帮助他们决定是否修复现场或是否接受暴露水平。本章讨论了使用交叉参照来增加在 PPRTV 过程中评估化学物质的数量的可能性，附录 C 重点介绍了使用化学信息学方法来解决 4-甲基环己醇没有试验数据的情况下的潜在发育毒性问题。这两个案例均说明如何应用新方法来获得其他方法无法获得的信息。然而，还需要讨论新方法相关的不确定性。

随着科学家们提出识别疾病多个病因的愿景，与医生和公众沟通这些致病因素是如何被识别的，它们是如何如何关联的，是否减少一种或多种暴露因素以降低疾病风险是非常必要的。随着个体患者的基因组信息变得越来越容易获得和个性化医疗更易实现，医生们已经开始接受新的方法，但是仍然需要与主管的医生进行沟通，他们可能会参照新方法进行诊断和治疗。

对于公众来说，虽然多数是从医生那里获取健康信息，但有些人可能从互联网和大众媒体获得医疗信息。这些媒体所需要的关于新方法的信息与临床医生所需要的信息没有本质的区别，但需要以一种科普的、易于理解的方式来表达。最后，加强国内外科学界的沟通，对于全面实现 Tox21 和 ES21 中提出的目标，促使新方法在决策中的应用极为重要。交流应包括加强和更透明地收集来自研究实验室等的多个来源的数据和技术。大学可作为多个利益相关者（特别是临床医生和公众）的沟通桥梁，他们的参与具有战略性的杠杆作用。最终，一种更加多学科和包容性的科学论坛策略将有助于新工具获得广泛的理解和认可。

第四节 挑战和对策

正如本专著前面所阐述的内容，要充分实施风险评估的新方法是具有挑战性的。一些内容，例如模型和分析方法验证，将在后面的章节中讨论。在这里，委员会强调了本章所论述的应用和方法所面临的一些挑战，并提出了一些解决这些挑战的对策。

挑战：对于单个化学物质的风险评估，各种方法（如化学信息学和交叉参照法）已经在应用，因为现有的方法不足以满足需要评估的大量化学物质。然而，对化学物质进行分组，评估类似物的适用性以及评估数据质量和可信度的方法仍在开发中，或者说其应用尚不统一。

对策：应进一步开发交叉参照和化学信息学方法，并将其纳入环境－化学物质风险评估中。基于细胞的分析和高信息含量的高通量方法，如基因表达分析，提供了大量的数据，可以用于交叉参照过程中的检验，即目标化学物质是否与类似物具有相同的靶生物学和效应。交叉参照和化学信息学方法取决于高质量的数据库，数据管理和质量保证应该是数据库开发和维护的常规部分。使用化学信息学和交叉参照方法的新的案例研究，可以展示新方法的应用，需要给予支持和鼓励。

挑战：使用大量数据流进行危害评估的方法在整合信息方面面临挑战，这种方式支持决策的制定。

对策：应该进一步发展可以整合多个数据流的统计方法，这些方法应该易于被风险评估者和决策者使用，并使其透明化并方便用户使用。

挑战：测量疾病最上游的生物事件将在风险评估过程中引入新的不确定性。使用这些事件的数据作为风险评估的起点，需要新的风险评估方法，这些方法不同于目前的方法，这些方法可以确定 POD，并对不确定性采用默认值或使用数学模型推导而来。

对策：使用 21 世纪的工具和方法时，会出现新的不确定性，应进行研究以明确新的不确定性的来源及其大小。一些传统的不确定性来源可能会消失，因为将来科学家们几乎不再使用动物模型来预测毒性。

参 考 文 献

Abdo, N., B.A. Wetmore, G.A. Chappell, D. Shea, F.A.Wright, and I. Rusyn. 2015a. In vitro screening for population variability in toxicity of pesticide-containing mixtures.Environ. Int. 85: 147-155.

Abdo, N., M. Xia, C.C. Brown, O. Kosyk, R. Huang, S.Sakamuru, Y.H. Zhou, J.R. Jack, P. Gallins, K. Xiam Y. Li, W.A. Chiu, A.A. Motsinger-Reif, C.P. Austin, R.R. Tice, I.Rusyn, and F.A. Wright. 2015b. Population-based in vitro hazard and concentration-response assessment of chemicals: The 1000 genomes high-throughput screening study.Environ. Health Perspect. 123（5）: 458-466.

Battaile, K.P, and R.D. Steiner. 2000. Smith-Lemli-Opitz syndrome: The first malformation syndrome associated with defective cholesterol synthesis. Mol. Genet. Metab.71（1-2）: 154-162.

Bhattacharya, S., Q. Zhang, P.L. Carmichael, K. Boekelheide, and M.E. Andersen. 2011. Toxicity testing in the 21 century: Defining new risk assessment approaches based on perturbation of intracellular toxicity pathways. PLoS One 6（6）: e20887.

Blackburn, K., D. Bjerke, G. Daston, S. Felter, C. Mahony, J.Naciff, S. Robison, and S. Wu. 2011. Case studies to test: A framework for using structural, reactivity, metabolic and physicochemical similarity to evaluate the suitability of analogs for SAR-based toxicological assessments. Regul. Toxicol. Pharmacol. 60（1）: 120-135.

Browne, P., R.S. Judson, W.M. Casey, N.C. Kleinstreuer, and R.S. Thomas. 2015. Screening chemicals for estrogen receptor bioactivity using a computational model. Environ.Sci. Technol. 49（14）: 8804-8814.

Daston, G., and J.M. Naciff. 2010. Predicting developmental toxicity through toxicogenomics. Birth Defects Res. C.Embryo Today 90（2）: 110-117.

De Abrew, K.N., R.M. Kainkaryam, Y.K. Shan, G.J. Overmann, R.S. Settivari, X. Wang, J. Xu, R.L. Adams, J.P.Tiesman, E.W. Carney, J.M. Naciff, and G.P. Daston.2016. Grouping 34 chemicals based on mode of action using connectivity mapping. Toxicol. Sci. 151（2）: 447-461.

Eduati, F. L.M. Mangravite, T. Wang, H. Tang, J.C. Bare, R.Huang, T. Norman, M. Kellen, M.P. Menden, J. Yang, X.Zhan, R. Zhong, G. Xiao, M. Xia, N. Abdo, O. Kosyk, S.Friend, A. Dearry, A. Simeonov, R.R. Tice, I. Rusyn, F.A.Wright, G. Stolovitzky, Y. Xie, and J. Saez-Rodriguez.NIEHS-NCATS-UNC DREAM Toxicogenetics Collaboration.2015. Prediction of human population responses to toxic compounds by a collaborative competition. Nat.Biotechnol. 33（9）: 933-940.

Egeghy, P.P., R. Judson, S. Gangwal, S. Mosher, D. Smith, J. Vail, and E.A Cohen Hubal. 2012. The exposure data landscape for manufactured chemicals. Sci. Total Environ.414（1）: 159-166.

EPA（US Environmental Protection Agency）. 2000. Supplementary Guidance for Conducting Risk Assessments of Chemical Mixtures. EPA/630/R-00/002. Risk Assessment Forum Technical Panel, US Environmental Protection Agency, Washington, DC [online]. Available: https: //cfpub.epa.gov/ncea/raf/pdfs /chem_mix/chem_mix_08_2001.pdf [accessed September 30, 2016].

EPA（US Environmental Protection Agency）. 2015. Useof High Throughput Assays and Computational

Tools in the Endocrine Disruptor Screening Program-Overview [online]. Available: https://www.epa.gov/endocrine-disruption/use-high-throughput-assays-and-computationaltools-endocrine-disruptor [accessed December 1, 2016].

Incardona, J.P., W. Gaffield, R.P. Kapur, and H. Roelink.1998. The teratogenic Veratrum alkaloid cyclopamine inhibits sonic hedgehog signal transduction. Development 125 (18): 3553-3562.

Jaworska, J., Y. Dancik, P. Kern, F. Gerberick, and A. Natsch.2013. Bayesian integrated testing strategy to assess skin sensitization potency: From theory to practice. J. Appl.Toxicol. 33 (11): 1353-1364.

Judson, R.S., M.T. Martin, D.M. Reif, K.A. Houck, T.B.Knudsen, D.M. Rotroff, M. Xia, S. Sakamuru, R. Huang, P. Shinn, C.P. Austin, R.J. Kavlock, and D.J. Dix. 2010.Analysis of eight oil spill dispersants using rapid, in vitro tests for endocrine and other biological activity. Environ.Sci. Technol. 44 (15): 5979-5985.

Kleinstreuer, N., D. Dix, M. Rountree, N. Baker, N. Sipes, D.Reif, R. Spencer, and T. Knudsen. 2013. A computational model predicting disruption of blood vessel development.PLoS Comput. Biol. 9 (4): e1002996.

Knecht, A.L., B.C. Goodale, L. Troung, M.T. Simonich, A.J.Swanson, M.M. Matzke, K.A. Anderson, 1 and R.L. Tanguay.2013. Comparative developmental toxicity of environmentally relevant 2 oxygenated PAHs. Toxicol. Appl.Pharmacol. 271 (2): 266-275.

Kolf-Clauw, M, F. Chevy, B. Siliart, C. Wolf, N. Mulliez, and C. Roux. 1997. Cholesterol biosynthesis inhibited by BM15.766 induces holoprosencephaly in the rat. Teratology 56 (3): 188-200.

Lamb, J., E.D. Crawford, D. Peck, J.W. Modell, I.C. Blat, M.J. Wrobel, J. Lerner, J.P. Brunet, A. Subramanian, K.N. Ross, M. Reich, H. Hieronymus, G. Wei, S.A. Armstrong, S.J. Haggarty, P.A. Clemons, R. Wei, S.A. Carr, E.S. Lander, and T.R. Golub. 2006. The connectivity map: Using gene-expression signatures to connect small molecules, genes, and disease. Science 313 (5795): 1929-1935.

Liu, C., J. Su, F. Yang, K. Wei, J. Ma, and X. Zhou. 2015.Compound signature detection on LINCS L1000 big data.Mol. Biosyst. 11 (3): 714-722.

McHale, C.M., L. Zhang, and M.T. Smith. 2012. Current understanding of the mechanism of benzene-induced leukemia in humans: Implications for risk assessment. Carcinogenesis 33 (2): 240-252.

Muir, D.C., and P.H. Howard. 2006. Are there other persistent organic pollutants? A challenge for environmental chemists. Environ. Sci. Technol. 40 (23): 7157-7166.

Nardelli, T.C., H.C. Erythropel, and B. Robaire. 2015. Toxicogenomic screening of replacements for di (2-ethylhexyl) phthalate (DEHP) using the immortalized TM4 Sertoli cell line. PLoS One 10 (10): e0138421.

NRC (National Research Council). 1983. Risk Assessment in the Federal Government: Managing the Process. Washington, DC: National Academy Press.

NRC (National Research Council). 2006. Human Biomonitoring for Environmental Chemicals. Washington, DC: The National Academies Press.

NRC (National Research Council). 2007. Toxicity Testing in the 21st Century: A Vision and a Strategy. Washington, DC: The National Academies Press.

NRC (National Research Council). 2008. Phthalates and Cumulative Risk Assessment: The Tasks Ahead. Washington, DC: The National Academies Press.

NRC (National Research Council). 2009. Science and Decisions: Advancing Risk Assessment. Washington, DC: The National Academies Press.

NRC (National Research Council). 2012. Exposure Science in the 21st Century: A Vision and a Strategy. Washington, DC: National Academies Press.

NTP (National Toxicology program). 2016. Nominations to the testing program [online]. Available: http://ntp.niehs.nih.gov/testing/noms/index.html [accessed July 22, 2016].

O'Connell, S.G., T. Haigh, G. Wilson, and K.A. Anderson.2013. An analytical investigation of 24 oxygenated-PAHs (OPAHs) using liquid and gas chromatography-mass spectrometry.Anal Bioanal Chem. 405 (27): 8885-8896.

Paulik, L.B., B.W. Smith, A.J. Bergmann, G.J. Sower, N.D.Forsberg, J.G. Teeguarden, and K.A. 1 Anderson. 2016.Passive samplers accurately predict PAH levels in resident crayfish. Sci. Total Environ. 544: 782-791.

Rager, J.E., M.J. Strynar, S. Liang, R.L. McMahen, A.M.Richard, C.M. Grulke, J.F. Wambaugh, K.K. Isaacs, R.Judson, A.J. Williams, and J.R. Sobus. 2016. Linking high resolution mass spectrometry data with exposure and toxicity forecasts to advance high-throughput environmental monitoring. Environment Int. 88: 269-280.

Roessler, E., E. Belloni, K. Gaudenz, F. Vargas, S.W. Scherer, L.C. Tsui, and M. Muenke. 1997. Mutations in the Cterminal domain of Sonic Hedgehog cause holoprosencephaly. Hum. Mol. Genet. 6 (11): 1847-1853.

Rovida, C., N. Alépée, A.M. Api, D.A. Basketter, F.Y. Bois, F. Caloni, E. Corsini, M. Daneshian, C. Eskes, J. Ezendam, H. Fuchs, P. Hayden, C. Hegele-Hartung, S. Hoffmann, B. Hubesch, M.N. Jacobs, J. Jaworska, A. Kleensang, N. Kleinstreuer, J. Lalko, R. Landsiedel, F. Lebreux, T. Luechtefeld, M. Locatelli, A. Mehling, A. Natsch, J.W.Pitchford, D. Prater, P. Prieto, A. Schepky, G. Schüürmann, L. Smirnova, C. Toole, E. van Vliet, D. Weisensee, and T. Hartung. 2015. Integrated testing strategies (ITS) for safety assessment. ALTEX 32 (1): 25-40.

Rudén, C., and S.O. Hansson. 2010. Registration, Evaluation, and Authorization of Chemicals (REACH) is but the first step. How far will it take us? Six further steps to improve the European chemicals legislation. Environ. Health Perspect. 118 (1): 6-10.

Seltenrich, N. 2015. A hard nut to crack: Reducing chemical migration in food-contact materials. Environ. Health Perspect. 123 (7): A174-A179.

Shin, H.M., A. Ernstoff, J.A. Arnot, B.A. Wetmore, S.A.Csiszar, P. Fantke, X. Zhang, T.E. McKone, O. Jolliet, and D.H. Bennett. 2015. Risk-based high-throughput chemical screening and prioritization using exposure models and in vitro bioactivity assays. Environ. Sci. Technol.49 (11): 6760-6771.

Tal, T.L., C.W. McCollum, P.S. Harris, J. Olin, N. Kleinstreuer, C.E. Wood, C. Hans, S. Shah, F. A. Merchant, M.Bondesson, T.B. Knudsen, S. Padilla, and M.J. Hemmer.2014. Immediate and long-term consequences of vascular toxicity during zebrafish development. Reprod. Toxicol.48: 51-61.

Voutchkova, A.M., T.G. Osimitz, and P.T. Anastas. 2010.Toward a comprehensive molecular design framework for reduced hazard. Chem. Rev. 110 (10): 5845-5882.

Wambaugh, J.F., R.W. Setzer, D.M. Reif, S. Gangwal, J.Mitchell-Blackwood, J.A. Arnot, O. Joliet, A. Frame, J.Rabinowitz, T.B. Knudsen, R.S. Judson, P. Egeghy, D.Vallero, and E.A. Cohen Hubal. 2013. High-throughput models for exposure-based chemical prioritization in the ExpoCast project. Environ. Sci. Technol. 47（15）: 8479-8488.

Wetmore, B.A., J.F. Wambaugh, S.S. Ferguson, L. Li, H.J.Clewell, III, R.S. Judson, K. Freeman, W. Bao, M.A Sochaski, T.M. Chu, M.B. Black, E. Healy, B. Allen, M.E.Andersen, R.D. Wolfinger, and R.S. Thomas. 2013. Relative impact of incorporating pharmacokinetics on predicting in vivo hazard and mode of action from high-throughput in vitro toxicity assays. Toxicol. Sci. 132（2）: 327-346.

Wu, S., K. Blackburn, J. Amburgey, J. Jaworska, and T. Federle.2010. A framework for using structural, reactivity, metabolic and physicochemical similarity to evaluate the suitability of analogs for SAR-based toxicological assessments.Regul. Toxicol. Pharmacol. 56（1）: 67-81.

Wu, S., J. Fisher, J. Naciff, M. Laufersweiler, C. Lester, G.Daston, and K. Blackburn. 2013. Framework for identifying chemicals with structural features associated with the potential to act as developmental or reproductive toxicants.Chem. Res. Toxicol. 26（12）: 1840-1861.

第六章 模型和试验的验证与认可

毒性测试模型和测试系统在过去几十年里不断发生演化。关于它们的优势和劣势一直存有争议，但是普遍的共识是：模型总有优缺点。美国和其他国家的监管机构逐渐接受了由数学模型以及使用哺乳动物和细胞、细菌等其他实验生物的试验系统产生的数据，并用以评估暴露化学物质后的潜在危害，并对其风险进行定量分析。一些模型系统尽管存在众所周知的内在缺陷，但对于风险评估仍是不可或缺的，如啮齿类动物的癌症生物测试系统、多代生殖与发育测试系统，以及细菌突变试验等。这类试验和结果数据已经被普遍接受用于人类健康评估，并且经常作为目前新出现的试验方法和数据类型的基准值或参考值（Thomas 等，2012）。

新试验在用于特殊监管决策之前，例如农药登记，其方法的可靠性、相关性和适用性应当得到确认和记录。这些试验特性的界定已经演变为一种细致的过程，通常称之为替代方法的验证。美国、欧洲和很多亚洲国家已经建立了正式的验证机制。此外，还出现了一种验证方法的国际标准，来确保结果的重复性和一致性（Burden 等，2015）。根据经济合作与发展组织（OECD）的说法，验证是"为了一个确定的目的，对某种特定方法、过程或评估的相关性和可靠性进行确认的过程"（OECD，2005）。在这种情况下，"可靠性"指的是这种方法的再现性，即"在使用同一测试协议的情况下，在实验室内部和实验室之间结果的再现性"。"相关性"指的是确认该方法及其测量结果的科学基础，从而测试到"所关注的效应，以及此效应是否对某一特定目的有意义和有用。"美国医学研究所（IOM，2010）将验证的过程定义为"评估（一个）试验及其测量性能特征，（并且）确定在何种条件下，该试验可以提供可重复的、准确的数据。"

简而言之，验证是试验开发人员和使用者用以确认试验已经准备就绪，可以用于预期目的的过程。尽管验证的目的和准则一般是固定不变的，但是其相关过程一定会随着科学技术进步而不断演变。事实上，可用的新测试方法数量在急剧增长，其中很多方法在成本、时间、动物的使用和动物福利方面都具有各自的优势。采用新测试方法所评估的化学物质的数量也已大幅增加（Kavlock 等，2009；Tice 等，2013）。由于现有的验证过程无法与新测试方法的开发速度相匹配，因此新测试方法的可靠性受到了普遍关注。

学术界、企业和政府实验室的科学家们正在开发新的测试方法。有时，并不能立即知晓某个特定标记、试验或模型对于决策的效用。同样，在开发中投入的资源、时间和精力可能有很大悬殊，并且不能反映特定测试的最终效用。因此，测试的最初开发人员不应该参与决定测试是否适合某个特定的应用目的，或者是否能在特定决策环境中提供必要的信息确定度。

在本章中，委员会描述了用于验证新的替代方法或非传统方法、试验和模型的现有的框架和取得的成就，并就毒性测试验证的关键要素提出对策。委员会强调，验证尽管重要，但并不是新的测试方法获得监管许可的唯一影响因素。此外，委员会指出，尽管已经确立了毒性测试的试验和模型验证方法，但诸如暴露科学等其他重要学科但仍有待建立正式的标准和程序以确保可靠性。

第一节　体外和其他新测试方法的验证指导

一、美国

为解决日益增长的新毒物测试方法获得许可的需要，美国国家环境健康科学研究所（NIEHS）于1997年建立了替代方法验证多部门协调委员会（ICCVAM）（NIEHS，1997）。NIEHS 内设国家毒理学计划替代毒理学评价联合验证中心（NICEATMNTP），用于支持 ICCVAM"开发和评估用以识别对人类健康和环境的潜在危害的新的、改良的和替代的方法，重点是替代、减少或优化动物使用。"（Casey，2016）。自2000年后，ICCVAM 的活动由 ICCVAM 授权法令（2000）来管理。该法令规定，联邦政府，包括美国食品和药品管理局、美国环境保护署、消费者产品安全委员会、美国交通部、职业安全与健康管理局、美国农业部等在内的十五个机构，应该派代表参与 ICCVAM 活动。

ICCVAM 制定了《新的、改良的和替代的测试方法提名和提交指导纲要》（NIEHS，2003），并且成功地评估并推荐了大量的替代测试方法供管理部门使用。NICEATM 和 ICCVAM 已经评估并推荐使用的测试方法主要用于急性毒性、皮肤腐蚀性和刺激性、发育毒性、内分泌干扰、遗传毒性、免疫毒性（过敏性接触性皮炎）、生物制剂和纳米材料、热源性和眼毒性。评估过程不仅包括单独的测试方法，还包括计算性的和综合性的测试策略（Pirone 等，2014）。

然而，ICCVAM 推荐的方法并没有得到完全的推广实施，这也引起了越来越多的关注。近期的一个解决方案是将 NICEATM 的一些行动与美国联邦政府 Tox21

联盟的行动结合起来（Birnbaum，2013）。具体来说，现在 NICEATM 的任务包括：为 ICCVAM 提供支持；为 NTP 和 NIEHS 项目提供生物信息学和计算机毒理学的支持，特别是与 Tox21 相关的项目；对新的、改良的和替代的测试方法的数据进行分析和发布；向测试方法开发人员、监管人员和受监管的行业提供信息（Casey，2016）。

委员会在美国医学研究所（IOM）赞助下开展的另外一项与此密切相关的工作是提出关于慢性疾病生物标志物和替代终点的评估方法的报告（IOM，2010）。具体地说，委员会推荐了一个由三部分组成的生物标志物评估框架，包括分析验证（生物标志物能否被准确测量）、定性（生物标志物是否与所关注的临床终点有关联）和应用（建议应用的具体情境是什么）。尽管 IOM 框架的首要使用者是医疗和公共卫生领域中以证据为基础进行决策的利益相关方，但该框架与新测试方法的验证程序高度相关（见方框6-1）。

方框6-1　医学研究所提出的有效生物标志物评估方法概要

1.生物标志物评估过程应分成以下3个步骤进行：

a.分析验证：对一个试验的分析效能进行证据分析；

b.定性：对证明生物标志物和疾病状态之间有联系的现有证据进行评估，包括显示干预措施对生物标志物和临床结果存在影响的数据；

c.应用：基于所提出的特定用途，结合现有适用性证据开展背景分析，包括确定分析验证和资格认证过程是否为所提出的用途提供了足够的支持。

2a.对于其结果可能用于监管的生物标志物，美国 FDA 应召集专家小组来评估生物标志物和生物标志物的检测。

2b.对分析验证和资格认证的初步评估应该与特定的使用背景分开进行。

2c.专家小组应该针对不同情况，分个案逐个对分析验证、资格认证和应用情况反复不断地进行再评估。

资料来源：IOM，2010

二、欧盟

在欧盟，1991 年成立了欧洲替代方法验证中心（ECVAM），正式开始了动物试验替代方法验证的活动。自 2011 年以来，ECVAM 的任务已经被纳入了欧盟动物替代试验参考实验室（EURL ECVAM），这个实验室是欧洲委员会联合研究中心的一部分。EURL ECVAM 的总体目标和方法与 ICCVAM 类似，即通过研究、测试开发、验证和维护数据库（Gocht 2013），促进非动物试验的科学性并为监管机构所接受，并在欧洲区域内协调各方对用于特定目的测试方法的相关性和可靠性进行独立评估。EURL ECVAM 工作的指导原则是 ECVAM 在前瞻性研究中提出的关于替代方法验证的实用性和逻辑性方面的建议和意见（Balls 1995；Hartung 等，2004；EC 2016a）；这些建议和意见参见 ECVAM 内部指南和战略文件，例如 ECVAM《良好细胞培养操作指南》（Coecke 等，2005）、OECD 指南（见方框 6-2）和欧盟测试方法规定中的有关部分（EC，2008）。ECVAM 和欧洲动物试验替代方法合作联盟（Kinsner-Ovaskainen 等，2012）也做出了结论，并就综合方法的有效性验证提出了建议。

三、国际

在国际层面上，OECD 一直很活跃，特别是在过去 5 年里，OECD 协调了个体测试、替代方法和计算机模型验证的官方指南的建立（见方框 6-2）。1981 年《包括农药在内的化学品评估数据互认协议》C（81）30（Final）指出"欧盟成员国按照 OECD 试验指南和良好实验室规范（GLP）原则产生的化学品试验数据，应被其他成员国接受并用于以保护人类健康和环境为目的的评估和其他相关用途"。它为建立一个正式的验证测试方法的国际程序提供了动力。现在，已有了一个正式的程序来采纳和发展 OECD 的测试指南，一部分是官方验证，在这个过程中，提名通常从国家层面开始，通过专家委员会（从测试指南项目的国家协调员工作小组，到 OECD 化学和环境政策委员会），最终获得 OECD 理事会的批准。

> **方框 6-2　OECD 替代试验方法和模型验证指导的来源**
>
> ·危害评估新测试方法的验证和国际认可指导性文件（OECD 2005）
> ·（定量）结构-效应关系［（Q）SAR］模型验证指导性文件（OECD 2007）
> ·对体外试验方法的非指南性描述的指导性文件（OECD 2014）

四、其他科学团体关于验证的意见

鉴于验证新的毒物测试方法的重要性，以及新测试方法快速增长的现实，在过去的十年里，关于如何优化验证过程，人们提出了许多观点。尽管建议改进的方式不同，但是所有建议者都认同现有的框架不是最优的，并且有改进的空间。Hartung（2007）认为，应该摆脱与现有的"黄金标准"[①]进行对比的验证方式，所谓"黄金标准"仅是一种普通的测试方法，可能无法反映人体实际的分子和生理状况。Hartung 还认为，新开发的测试应该能够提供更多的作用机制信息，从而帮助建立因果关系。

Judson 等（2013）提出了以下的一般原则：根据现有的验证实践，尽可能切合实际地增加参照化合物质的使用，以证明试验的可靠性和相关性，弱化对实验室交叉测试的需要，并实现一个基于网络的、透明的和快速的同行评审过程。

Patlewicz 等（2013）认为，验证的规范操作步骤还应继续使用，并且任何新测试的验证过程必须阐明测试的科学和监管原理、测试所测量的指标和所关注的生物学效应之间的关系、详细的测试协议、适用范围、描述测试结果的标准、已知的局限性，以及确定测试方法性能良好的标准（阳性标准和阴性标准）。

最后，国际生命科学协会健康与环境科学研究所是一个受资助的非营利组织，最近开始了一个新的项目，开发"智能非动物方法安全评估框架"[②]。这项活动的任务是汇集来自学术界、工业界和政府的集体智慧，着眼于制定标准，以树立使用非动物方法进行监管决策的可信度，并围绕上述 IOM（2010）原则建立一个框架。

第二节　挑战和对策

以下部分描述了委员会认为的验证过程中最重要的方面和与之相关的挑战。委员会提出了一些对策，以及如何应对这些挑战，并提出继续促进验证过程，以满足评估新测试方法的需要。

一、将新试验的应用范围和目的确定为验证和认可过程中的关键因素

现有的指南中，大部分为处理试验验证程序的技术部分，但同样重要的是确定一个新的试验或测试是否可以取代现有的试验，或是一种新方法是否旨在促进决

[①] 黄金标准是指一个参考标准，它被认为是确定某一特定条件的最佳选择。黄金标准是新方法的对比基准。临床试验和流行病学研究的数据为药物或化学物质对人体的潜在影响提供了最好的基准。在毒理学方面，目前使用的方法被认为不足以预测人体毒性。在这种情况下，需要考虑其他验证方法。

[②] 见 http://old.hesiglobal.org/i4a/pages/index.cfm?pageid=3687。

策，并提供之前不能得到的关键信息。

对策：在确定某个特定的验证过程前，对于新测试的目标应该有明确的定义。必须确定测试是否适用于某个特定的决策背景，选择适当的参照物（例如，黄金标准、机理事件或生物标志物），并将验证的应用范围和建议的用途进行匹配。举个例子来说，一组新的试验或测试是否可以用来描述亚慢性或慢性健康有害作用终点的特征？测试性能特征（特异性、敏感性和覆盖范围）可能需要根据决策类型和背景进行调整。最终，应当清楚说明验证程序的目的是否基于测试的可靠性、有效性，或两者兼有。

二、启用目的适合性的验证

为新测试方法的目的适合性验证找到合适的参照物是相当困难的，因为在黄金标准的质量或者是否存在一个普遍的标准上难以达成一致。如果是用一个验证后的新试验方法替代现有的试验，那验证者必须决定采用哪种黄金标准作为参照物。需要专家判断来决定将现有方法或模型作为参照物的有效性。如果是验证一个新方法，那么在此决策背景下可以使用的信息和其他数据的可及性需要清楚地定义。统计学家已经解决了在没有黄金标准的情况下如何评估测试方法的有效性的问题（Rutjes等，2007）。其中一些方法涉及使用额外的信息或估算值来纠正不完善的参考标准。其他方法则是通过使用多个测试方法的结果来构造一个参考标准。每一种方法在取代动物毒性试验上都有各自的优点。

在科学界，仍有两个重要的问题未达成共识，一个是对那些并非旨在一对一替代体内毒性试验的测试方法的有效性评估问题，另一个是对来自使用人源性细胞或蛋白质的试验数据和几乎全部来自动物模型的毒性数据之间一致性的评估问题。对于那些在高通量背景下应用，在同时具有很多评估同一生物效应或通路的其他试验结果的背景下才能进行解释，Judson等（2013）提供了一些验证方法。这些方法还需要进一步讨论、调整和测试。至于一致性的问题，物种间缺乏一致性，很有可能不是由于高度保守的蛋白质功能的差异，例如类固醇受体，而是由于在药物动力学和代谢方面的差异。在分子层面上选择的跨物种一致性的研究将证明或否定这一假说。在验证工作中，为了解决可能存在的物种间的差异，可以使用文献中已有的能够允许对比的数据以及支持如何调整的结果。

对策：可以开展研讨会或其他形式的活动，以便在科学专家之间就定义适当的参照标准达成一致，活动报告或意见中应包括有关作者所属关系的免责声明，需要谨慎处理利益冲突。

三、建立新试验的用途和应用范围

验证的另一个重要方面是确定试验用途,并明确界定其适用范围、化学物质的生物转化能力、建立浓度-反应关系的能力、机理相关性以及其结果的适用性[①]。有必要确保的是,阴性试验结果并非是由于化学物质代谢数据缺乏、浓度测试不充分、化学物挥发、化学物与塑料结合或其他因素造成的。确定阴性结果的有效性是一个相当困难的问题,因为利益相关方会根据决策背景不同,在主观上更看重阳性结果或者阴性结果。同样地,理解一个新试验的结果的机理相关性也很重要;我们需要清楚地知道测试评估的是一个初始事件、关键事件、还是不良结局。

对策:应该提供测试的用途和应用范围来支持测试的验证过程、最终使用和数据解释。对于阴性结果和阳性结果的意义以及何为适宜的控制方法,应该有清晰的规定。

四、建立性能标准

数据质量是认可测试方法的关键决定因素。有关试验性能的指南,包括质量保障的衡量和日常操作的质量控制等,已经非常成熟(例如,OECD基于性能的测试指南TG455)。人们普遍认识到,这些信息需要被记录下来。性能标准[②]在方法验证中至关重要,并且是得到监管认可的重要步骤,例如那些成为OECD测试指南的内容;然而,性能标准并非对所有类型的试验均同等有效。例如,OECD提供的性能标准主要针对的是雌激素受体活性和皮肤刺激、腐蚀和致敏性[③]。

对策:应该为所有类型的试验建立性能标准,以评估相关的不良健康结局,并根据特定决策环境确定两者的相关性。

测试试验性能的另外一个重要部分是建立化学物质参照清单。一个用于指导试验方法开发人员的验证化学物质参照清单应该有助于缩小利益相关者之间的分歧。鼓励"利益相关方"如监管机构人员、非政府组织和行业共同参与建立清单,这将有助于认可使用该清单进行验证的试验所产生的数据。已经做了一些努力来应对这一挑战,并且创建了一些有价值的列表(Brown 2002;Eskes 等,2007;Casati 等,

---

① 适用范围定义了哪种物质可以在试验中被可靠地测试。例如,具有有限溶解度或易挥发性的物质是否可加以测试?
② 性能标准"为评估一种机理和功能相似的测试方法的可比性提供了基础。包括(1)测试方法的关键组成;(2)从用于证明已验证的测试方法具有被认可的性能的那些化学物质中选择出一些化学物质,建立一个参照化学物质最少清单;(3)推荐的测试方法在使用参照化学物质最少清单进行评估时,与已验证的测试方法比较,应当显示出的精确性和可靠性的水平"(OECD,2005)。
③ 见 http://www.oecd.org/chemicalsafety/testing/performance-standards.htm。

2009；Pazos 等，2010；EC 2016b）。然而，针对某个分子靶标，很少会使用多种明确定义的参照化学物来同时确定阳性和阴性结果的检测性能。

对策：应该提出适用于不同目的且可以不断更新的通用化学物质参照清单，并在可能的情况下用于试验和模型的验证。这将有助于科学界建立特异的、充分的新试验方法验证手段。

在多个实验室进行验证或测试是现有实践中的一个惯常做法；然而，如果某个测试是有专利的，或是使用超高通量，或是需要专门的设备或技术，那么进行环形比对验证[①]就耗时过长，且很难完成，因为有可能很难找到足够有资质的实验室来进行测试。在欧盟，已经建立了一个有资质的实验室网络，作为解决这个挑战的一种方式（欧盟替代方法验证实验室网络）。Judson 等（2013）提出了另外一种解决方法并建议使用以性能为基础的验证：与一个先前验证过的具有相同观察终点的试验（例如，一个可能经过了正式的"OECD 验证"的"黄金标准"）的结果进行比对，以验证一个新试验的性能。另一种选择是以多种测试达成的共识作为基准，并通过重新采样技术或 meta 分析来评估此共识的变异性（见第七章），每个测试与此基准对照来做评价。然而，真正的挑战在于，各研究实验室使用的许多测试协议是有专利的。Patlewicz 等（2013）强调，任何新的验证方法，都应允许对专利测试进行验证。验证专利测试的解决方案之一是由外部机构为检测实验室提供盲样，然后独立评估测试的准确性。

对策：政府机构应旗帜鲜明地激励学术界、政府或商业实验室参与验证。

在技术层面进行环形比对验证的另外一个替代选择（或额外的考虑）是对新试验的方法和所产生的数据进行同行审查。但是，同行审查验证需要更易理解、格式一致的数据。数据的透明度和现行由特定机构向公众发布数据的做法对此带来了许多挑战。例如，尽管 ToxCast 和 Tox21 项目已经建立了以多种格式标准公布数据的做法，美国的其他机构和美国以外的国家并没有跟进。数据访问涉及的法律问题有很多；不仅是因为试验可能存在专利问题，非专利性试验产生的数据也可能被视为商业机密信息。

对策：经由政府实验室的协调验证或筛选程序产生的数据或从政府机构合同渠道收集的数据，特别是有关于新测试方法的，应该尽快公开，最好是通过用户友好的网络数据平台进行公开。如果数据受到人为的保护或引起隐私问题，应对这些信息采取适当的反识别措施。

---

① 在一个环形比对验证中，给定的试验经过多个实验室进行检测，以确定其可靠性。

五、建立试验结果和测试条件报告标准

人们普遍了解在科学出版物中方法和实验条件描述的详细程度会受到篇幅和其他因素的限制。然而，在试验或模型验证操作的档案中包含足够的信息是至关重要的。有一些细节在试验或模型开发人员眼中可能是显而易见的，因而认为无需记录在文档中，但是结果的再现性和有效性可能会因信息的遗漏或不完整而受到严重影响。如果推理不正确，结果也可能在应用过程中被误解。

对策：参与试验和模型验证的政府机构和组织应该制定清晰的指导文件和培训材料，以支持验证，例如，涵盖良好体外试验开发和实践的各个技术方面，涵盖方法的报告等培训材料。试验的所有技术方面（例如，细胞的数量，使用的培养基、血清或添加剂，培养时间，示值读数的描述，需要的设备，阳性和阴性对照）应该尽可能完整地描述，达到可以完全重复所需的详细程度。委员会承认，出于专利的原因，某些信息可能需要被保密，但最佳做法应该是描述这些保密信息的性质和保密的原因。

对策：因化学物质的性质或粒子的属性（如分配系数和代谢率）以及试验系统（测试材料）的不同，化学物质或粒子浓度可能会与给予浓度（名义上的或假设的）不同，应该通过实测或质量－平衡模型估算的方法，对测试系统中与试验反应相对应的浓度进行量化。

六、在普通框架中建立清晰的评估数据整合和计算预测建模的指南

在21世纪的毒性测试模型中，特定试验的结果可能会与其他来源的数据相整合，从而对可能发生的风险进行最可信的评估。这种整合是第七章的主题。作为第七章的铺垫，委员会在这里围绕模型讨论了其性能问题。

对多种来源的数据进行综合分析会越来越多地用于监管决策，这些数据的整体使用可以被看作一种新的、综合的"试验"。然而，综合决策过程的多个方面在可靠性和评估上都存在挑战。对测试和评估进行整合的基础性框架（OECD，2008）提供了一个结构化的策略，用于将危害识别和评估的信息结合起来。在这里，重点是使用计算机方式进行数据整合的质量和可靠性，该整合方法也经常与传统试验方法配合使用。OECD（2007）用于验证定量结构－效应关系模型（QSAR）相关性和可靠性的多项规定可以应用于所有的统计和整合模型（更多的信息见第七章）。OECD关于QSAR的规定要求：（a）有确定的终点，（b）有明确的算法，（c）有化

学物质确定的适用范围，(d) 拟合优度、稳健性和可预测性的测量，且最好是 (e) 有合理的机理解释。(b) 项和 (d) 项在 QSAR 或任何统计模型中常常是最困难的，因为复杂的建模方案通常很难准确再现。对多变量预测模型的外部验证研究的系统综述发现并确认，大多数研究很少报告关键细节，并且对于验证是否真的来自模型基础信息之外缺乏明确的判断（Collins 等，2014）。最近的一项"针对个体预后或诊断的多变量预测模型的透明报告"（TRIPOD）首次提出建议：无论是出于诊断还是预后的目的，都要对开发、验证或更新预测模型的研究进行报告（Collins 等，2015）。

相似试验的重复和权重也对整合评估策略有所助益，因为生物过程复杂，并且一些化学物质可能不适用于某些试验，即使是机理相似的试验也可能会产生一定程度的差异，因此单一的体外试验可能无法提供一个"完美"的结果。此外，许多环境化学物质很可能具有较低的效能，因此不同试验的阳性反应之间也会存在差异。可能需要对关键靶标进行多重试验，并且借助计算模型加以综合分析（Browne 等，2015）。任何一个数据驱动的权衡方案都应经过仔细的交叉验证，以避免产生过于乐观或过分保守的最终方案。

如前所述，来自试验的数据可以与其他数据相结合，以指导决策，而试验数据结合的过程中产生的归档和透明度问题，与使用单一试验产生的数据带来的问题类似。

对策：对统计预测模型的技术方面应该有详细的描述，以便于所有主要步骤能够被独立地复制，并确保预测模型的效用和可靠性。统计预测模型经常会产生各种特征的隐式加权方案，如 QSAR 模型中的化学描述符。在可能的情况下，应公布所使用的最终特性和相对模型的贡献，为将来的审查打开"黑匣子"。

对策：如果预测性能或其他标准是基于现有数据，并用于新方案开发，那么试验整合使用的加权方案应该进行交叉验证。

对策：应该鼓励对统计模型和整合模型进行独立复制应用，最好是模型的可靠性得到了独立工作的多个计算小组的评估。

对策：软件工具和脚本应该通过多个调查人员的重复审查来验证，在可能的情况下，软件应该通过源代码开放机制来获得持续的质量控制。

参 考 文 献

Balls, M. 1995. Defining the role of ECVAM in the development, validation and acceptance of alternative tests and testing strategies. Toxicol. In Vitro 9 (6): 863-869.

Birnbaum, L.S. 2013. 15 years out: Reinventing ICCVAM.Environ. Health Perspect.121（2）: A40.

Brown, N.A. 2002. Selection of test chemicals for the ECVAM international validation study on in vitro embryotoxicity tests. European Centre for the Validation of Alternative Methods. Altern. Lab. Anim. 30（2）: 177-198.

Browne, P., R.S. Judson, W.M. Casey, N.C. Kleinstreuer, and R.S. Thomas. 2015. Screening chemicals for estrogen receptor bioactivity using a computational model. Environ. Sci. Technol. 49（14）: 8804-8814.

Burden, N., C. Mahony, B.P. Müller, C. Terry, C. Westmoreland, and I. Kimber. 2015. Aligning the 3Rs with new paradigms in the safety assessment of chemicals. Toxicology 330: 62-66.

Casati, S., P. Aeby, I. Kimber, G. Maxwell, J.M. Ovigne, E.Roggen, C. Rovida, L. Tosti, and D. Basketter. 2009. Selection of chemicals for the development and evaluation of in vitro methods for skin sensitisation testing. Altern. Lab.Anim. 37（3）: 305-312.

Casey, W.M. 2016. Advances in the development and validation of test methods in the United States. Toxicol. Res.32（1）: 9-14.

Coecke, S., M. Balls, G. Bowe, J. Davis, G. Gstraunthaler, T. Hartung, R. Hay, O.W. Merten, A. Price, L. Schechtman, G. Stacey, and W. Stokes. 2005. Guidance on good cell culture practice: A report of The Second ECVAM Task Force on Good Cell Culture Practice. ATLA 33（3）: 261-287.

Collins, G.S., J.A. de Groot, S. Dutton, O.Omar, M. Shanyinde, A. Tajar, M. Voysey, R. Wharton, L.M. Yu, K.G.Moons, and D.G. Altman. 2014. External validation of multivariable prediction models: A systematic review of methodological conduct and reporting. BMC Med. Res.Methodol. 14: 40.

Collins, G.S., J.B. Reitsma, D.G. Altman, and K.G. Moons.2015. Transparent reporting of a multivariable prediction model for Individual Prognosis or Diagnosis（TRIPOD）: The TRIPOD statement. J. Clin. Epidemiol. 68（2）: 134-143.

Cunningham, M.L. 2002. A mouse is not a rat is not a human: Special differences exist. Toxicol. Sci. 70（2）: 157-158.

EC（European Commission）. 2008. Council Regulation（EC）No 440/2008 of 30 May 2008 laying down test methods pursuant to Regulation（EC）No 1907/2006 of the European Parliament and of the Council on the Registration, Evaluation, Authorisation and Restriction of Chemicals（REACH）. OJEU 51（L142）: 1-739.

EC（European Commission）. 2016a. Validation and Regulatory Acceptance. Joint Research Centre [online]. Available: https://eurl-ecvam.jrc.ec.europa.eu/validation-regulatory-acceptance [accessed January 3, 2017].

EC（European Commission）. 2016b. EURL ECVAM Genotoxicity and Carcinogenicity Consolidated Database of AMES Positive Chemicals. Joint Research Centre [online].Available: https://eurl-ecvam.jrc.ec.europa.eu/databases/genotoxicity-carcinogenicity-db [accessed October 24, 2016].

Eskes, C., T. Cole, S. Hoffmann, A. Worth, A. Cockshott, I. Gerner, and V. Zuang. 2007. The ECVAM international validation study on in vitro tests for acute skin irritation: Selection of test chemicals. Altern. Lab. Anim. 35（6）: 603-619.

Gocht, T., and M. Schwarz, eds. 2013. Implementation of the Research Strategy [online]. Available:

http：//www.detect-iv-e.eu/wp-content/uploads/2013/09/SEURAT-1v3_LD.pdf［accessed January 3, 2017］.

Hartung, T. 2007. Food for thought…on validation. ALTEX 24（2）：67-80.

Hartung, T., S. Bremer, S. Casati, S. Coecke, R. Corvi, S.Fortaner, L. Gribaldo, M. Halder, S. Hoffmann, A.J. Roi, P. Prieto, E. Sabbioni, L. Scott, A. Worth, and V. Zuang.2004. A modular approach to the ECVAM principles on test validity. ATLA 32（5）：467-472.

IOM（Institute of Medicine）. 2010. Evaluation of Biomarkers and Surrogate Endpoints in Chronic Disease. Washington, DC：The National Academies Press.

Judson, R., R. Kavlock, M. Martin, D. Reif, K. Houck, T.Knudsen, A. Richard, R.R. Tice, M. Whelan, M. Xia, R.Huang, C. Austin, G. Daston, T. Hartung, J.R. Fowle, III, W. Wooge, W. Tong, and D. Dix. 2013. Perspectives on validation of high-throughput assays supporting 21st century toxicity testing. ALTEX 30（1）：51-56.

Kavlock, R.J., C.P. Austin, and R.R. Tice. 2009. Toxicity testing in the 21st century：Implications for human health risk assessment. Risk Anal. 29（4）：485-487.

Kinsner-Ovaskainen, A., G. Maxwell, J. Kreysa, J. Barroso, E. Adriaens, N. Alépée, N. Berg, S. Bremer, S. Coecke, J.Z. Comenges, R. Corvi, S. Casati, G. Dal Negro, M.Marrec-Fairley, C. Griesinger, M. Halder, E. Heisler, D.Hirmann, A. Kleensang, A. Kopp-Schneider, S. Lapenna, S. Munn, P. Prieto, L. Schechtman, T. Schultz, J.M. Vidal, A. Worth, and V. Zuang. 2012. Report of the EPAAECVAM workshop on the validation of Integrated Testing Strategies（ITS）. Altern. Lab. Anim. 40（3）：175-181.

NIEHS（National Institute of Environmental Health Sciences）.1997. Validation and Regulatory Acceptance of Toxicological Test Methods：A Report of the ad hoc Interagency Coordinating Committee on the Validation of Alternative Methods. NIH Publication No. 97-3981. NIEHS, Research Triangle Park, NC［online］. Available：https：//ntp.niehs.nih.gov/iccvam/docs/about_docs/validate.pdf［accessed July 29, 2016］.

NIEHS（National Institute of Environmental Health Sciences）.2003. ICCVAM Guidelines for the Nomination and Submission of New, Revised, and Alternative Test Methods. NIH Publication No. 03-4508. Prepared by the Interagency Coordinating Committee on the Validation of Alternative Methods（ICCVAM）and the National Toxicology Program（NTP）Interagency Center for the Evaluation of Alternative Toxicological Methods（NICEATM）［online］. Available：https：//ntp.niehs.nih.gov/iccvam/suppdocs/subguidelines/sd_subg034508.pdf［accessed July 29, 2016］.

OECD（Organisation for Economic Co-operation and Development）.2005. Guidance Document on the Validation of and International Acceptance of New or Updated Test Methods for Hazard Assessment. ENV/JM/MONO（2004）14. OECD Series on Testing and Assessment No.34. Paris：OECD［online］. Available：http：//www.oecd.org/officialdocuments/publicdisplaydocumentpdf/?cote=env/jm/mono（2005）14&doclanguage=en［accessed July29, 2016］.

OECD（Organisation for Economic Co-operation and Development）.2007. Guidance Document on the Validation of（Quantitative）Structure-Activity Relationships［（Q）SAR］Models. ENV/JM/MONO（2007）2. OECD Series on Testing and Assessment. Paris：OECD［online］. Available：http：//www.oecd.org/env/guidance-document-on-thevalidation-of-quantitative-structure-activityrelationshipq-sar-models-9789264085442-en.htm［accessed July 29，2016］.

OECD（Organisation for Economic Co-operation and Development）.2008. Guidance Document on Magnitude of Pesticide Residues in Processed Commodities. ENV/JM/MONO（2008）23. OECD Series on Testing and Assessment No. 96. Paris：OECD［online］. Available：http：//www.oecd.org/officialdocuments/publicdisplaydocumen tpdf/?cote=env/jm/mono（2008）23&doclanguage=en ［accessed July 29，2016］.

OECD（Organisation for Economic Co-operation and Development）.2014. Guidance Document for Describing Non-guideline in Vitro Test Methods. ENV/JM/MONO（2014）35. OECD Series on Testing and Assessment No. 211. Paris：OECD［online］. Available：http：//www.oecd.org/officialdocuments/publicdisplaydocumen tpdf/?cote=ENV/JM/MONO（2014）35&doclanguage=en ［accessed July 29，2016］.

Patlewicz, G., T. Simon, K. Goyak, R.D. Phillips, J.C. Rowlands, S.D. Seidel, and R.A. Becker. 2013. Use and validation of HT/HC assays to support 21st century toxicity evaluations. Regul. Toxicol. Pharmacol. 65（2）：259-268.

Pazos, P., C. Pellizzer, T. Stummann, L. Hareng, and S.Bremer. 2010. The test chemical selection procedure of the European Centre for the Validation of Alternative Methods for the EU Project ReProTect, Reprod. Toxicol.30（1）：161-199.

Pirone, J.R., M. Smith, N.C. Kleinstreuer, T.A. Burns, J.Strickland, Y. Dancik, R. Morris, L.A. Rinckel, W. Casey, and J.S. Jaworska. 2014. Open source software implementation of an integrated testing strategy for skin sensitization potency based on a Bayesian network. ALTEX 31（3）：336-340.

Rutjes, A.W., J. B. Reitsma, A. Coomarasamy, K.S. Khan, and P.M. Bossuyt. 2007. Evaluation of diagnostic tests when there is no gold standard. A review of methods.Health Technol. Assess. 11（50）：iii, ix-51.

Thomas, R.S., M.B. Black, L. Li, E. Healy, T.M. Chu, W.Bao, M.E. Andersen, and R.D. Wolfinger. 2012. A comprehensive statistical analysis of predicting in vivo hazard using high-throughput in vitro screening. Toxicol. Sci.128（2）：398-417.

Tice, R.R., C.P. Austin, R.J. Kavlock and J.R. Bucher.2013. Improving the human hazard characterization of chemicals：A Tox21 update. Environ. Health Perspect.121（7）：756-765.

第七章　风险决策中数据和证据的解释与整合

　　第二章~第四章强调，暴露科学、毒理学和流行病学的重大进展将有助于更好地了解疾病发生发展的途径、病因和机制。基于这些新工具和由此产生的数据将改进与对风险增加有关的暴露评估，并将加强化学物质的危害特征描述。第五章描述了基于生物学通路和过程的风险评估新方向。这种方法证实了致病原因的多因素性和非特异性，即多种病因可能导致某一疾病，某一病因也可能导致多种不良后果。这种新方法为阐明各种病因如何引起疾病提供了美好的愿景，但是 21 世纪科学具有多样性、复杂性，且具有大量潜在数据，也对风险评估中数据的分析、解释和整合提出了挑战。例如，在检测与风险评估相关的因素，并将检测结果与传统动物试验和流行病学研究结果相结合的过程中，需要使用透明的、可靠的和经过仔细审核的方法进行毒理学基因组相关数据分析。该方法也将应用于 21 世纪数据流的分析和整合，并最终被用于化学物质的危害识别、剂量－反应关系评估和高危人群等的推理。尽管很多机构都有试验系统、方法指南和默认假设，用以给存在潜在不确定性的风险评估提供持续有效的支持，但是这些方法也需要不断更新以满足新数据的要求。

　　委员会在本章提供了一些对策，以对使用新数据进行决策的方法进行改进。具体包括三个步骤：一是分析数据以确定生成了什么新证据（数据分析步骤）；二是在整合分析中将新数据与其他数据相结合（数据整合步骤）；三是将不同来源的证据进行整合，例如病因推断、暴露和剂量－反应关系描述、不确定性分析等方面的证据（证据整合步骤）。数据分析的目的在于确定从新数据中获取信息，如暴露数据或毒性试验结果。新数据可以在整合分析中与相似或互补的数据相结合，证据亦可与其他来源的证据相结合。鉴于各个机构和组织的报告中对各个步骤使用的术语不同，委员会在编写本专著时采用方框 7-1 中的概念和术语。

　　委员会首先考虑了使用新科学技术进行风险评估时的数据解释，然后讨论了评价和整合用于决策制定的数据和证据的一些方法，简要讨论了新数据和新方法带来的不确定性。本章最后描述了一些挑战，并提出了解决这些问题的对策。

> **方框 7-1　本专著中数据分析和整合的术语**
>
> 数据：通过实际检测或构建模型生成的定量或定性的值。
> 证据：就某个特定主题积累的知识体系。
> 数据分析：将数学和统计学方法应用于数据集，用以验证假设、进行评估和评价证据。
> 数据整合：将多种来源的数据进行综合分析的过程。
> 证据整合：对多种来源的证据进行综合定性或定量分析的过程。
> 因果推理：对所有疾病发生的相关来源的证据进行评价，以判断该关联是否为因果关系。

第一节　数据解释和关键推理

数据解释和基于证据的推理是制定风险决策的基本要素。无论是建立空气污染浓度限值，还是决定食品添加剂的安全性，基于数据得出结论的方法都是风险评估者和决策制定者面临的基本问题。基于通路分析法的人体健康风险的推理需要回答以下主要问题：

● 一种已知的通路在单独或与其他通路联合的情况下，在受到充分扰动时，是否会对人类（特别是敏感个体或脆弱个体）增加疾病或不良结局发生的风险？

● 可用的数据——体外数据、体内试验数据、计算毒理学数据以及流行病学数据——是否足以支持某化学物质干扰了一种或多种与不良结局相关的通路？

● 反应或通路激活如何随暴露发生改变？化学物质的暴露情况能够在多大程度上提高所关注不良结局的风险？

● 哪些人群受影响的可能性最大？是否有些人群因存在共同暴露、已患疾病或遗传易感性而更容易受到影响？青少年或老年人群的暴露是否备受关注？

为了更好地对上述问题进行数据解释和推理，委员会首先考虑构建一个有效的疾病因果模型。正如第五章所述，毒理学研究的重点已经从观察疾病或死亡转向导致疾病或死亡的生物学通路或机制。还有一种认识是，单一的不良后果可能由多种作用机制造成，这些机制可能有多个组分部分（见图 5-1）。21 世纪毒理学工具可以用来确定暴露量到达何种程度时会扰动通路或激活机制，从而为具有多病因的疾病的风险评估提供新的研究方向。

考虑疾病多因素性质的一种方法是使用充分/组合病因模型（sufficient-component-cause model）（Rothman，1976；Rothman等，2005）。充分/组合病因模型是反事实概念的延伸，考虑了一系列活动、事件或自然状态等共同导致不良结局的因素。该模型提供了一种解释多种病因成分联合导致个体或人群发病的方法。该模型提出了一个问题：可能产生某种特定结局的事件是什么？例如，一座房子着火可能源于一系列事件：壁炉里的火、木屋、强风，以及警报失灵，这些事件合并形成了充分的原因组合，但没有一个事件可以单独引起大火（Mackie，1980）。该模型提出病因可以分为必要病因、充分病因或其他病因。

图 7-1 展示了充分/组合病因模型的概念，并显示了同一结局可以由多种病因或机制引起；每一个饼图有多个组成部分（组分），同时包括多个组分之间的联合作用。尽管大多组分都不是产生疾病或结局的必要因素（存在于饼图中的一部分）或充分因素（饼图中只有一个组分），但是移除任何一个组分都会阻止一些结局的发生。如果这个组分是常见组合的一部分，或者是大多数组合的一部分，那么去除该组分就可以防止大多数疾病甚至所有疾病的发生（IOM，2008）。需要注意的是，预防疾病并不是需要知道或移除充分/组合病因模型中的所有组分。而且，该饼图的每一个组分的暴露并不需要在同一时间或同一空间发生，这取决于疾病致病过程的性质。相关的暴露可能会在人体的整个生命周期进行积累，也可能发生在某一特定的年龄段。因此，整个生命周期中多种化学物质的和非化学物质的暴露均可能通过多种机制影响多个组分。此外，人群暴露的变异性和易感性以及慢性疾病的多因素性意味着疾病的发生可能由多种机制引起。

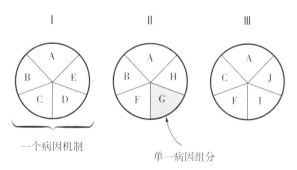

图 7-1 通过充分/组合病因模型展示疾病多因素性。其中饼图中代表疾病的各种全面致病机制（I、II、III）由不同组分（A-J）组成。

组分、机制和通路的定义见第五章中风险评估新方向的讨论部分。方框 7-2 提供了充分/组合病因模型背景下的定义。综合图 7-1 和方框 7-2 来看，一种疾病的形成机制通常包含多个组分或通路，疾病的发生也可能有多种途径。

> **方框 7-2　本专著中组分、机制和通路的定义**
>
> 组分：在充分/组合病因模型中，与其他组分同时存在时会引起疾病或产生其他不良健康影响的生物因素、事件或条件。
>
> 机制：一般来说，是指某种病因引起某种结局的详细过程描述。在充分/组合病因模型中，委员会考虑了多种组分同时存在时引起疾病或产生其他不良健康影响的机制。
>
> 通路：构成机制的事件序列或生物过程网络。在应用充分/组合病因模型的过程中，委员会认为通路是机制的组成成分。

在基于 21 世纪数据流进行风险评估的数据解释和推理方法中，充分/组合病因模型的概念非常有价值，可以用来解释上述四个关键推理问题，并且可以用来明确一个致病机制是否完整（产生疾病的所有必要病因是否全都存在或被允分激活），也可用于确定一个组分被消除或抑制到何种程度才能达到预防疾病的效果。

一、确定引起疾病的病因组分、机制和途径

作为疾病多因素概念和上游生物学特性研究的一个范例，癌症病因学研究在已知化学物质导致人类癌症的作用机制的基础上（见表 7-1），提出了致癌物的 10 个特征（IARC，2015；Smith 等，2016）。国际癌症研究机构（IARC）基于致癌物的 10 个特征正在对特定物质的致癌性机制数据进行整理（IARC，2016a）。委员会注意到，其他不良结局（如心血管和生殖毒性）的关键特征也可以用于指导试验中观察到的异常指标与毒性和风险的关系。

表 7-1　IARC 致癌物的 10 个特征

特点[a]	相关证据举例
具有亲电性或可被代谢活化	具有亲电结构的母体化合物或代谢物（如环氧化物或醌）、DNA 和蛋白质加合物形成
具有基因毒性	DNA 损伤（DNA 链断裂、DNA-蛋白质交联、DNA 异常合成）、嵌入、基因突变、细胞遗传学改变（例如，染色体畸变或产生微核）
改变 DNA 修复或引起基因组不稳定性	DNA 复制或修复（如拓扑异构酶 II、碱基切除或双链断裂修复）的改变

续表

特点[a]	相关证据举例
引发表观遗传性改变	DNA 甲基化、组蛋白修饰、microRNA 表达
引发氧化应激	氧自由基、氧化应激、大分子氧化损伤（如 DNA 或脂质）
引起慢性炎症	白细胞增多、髓过氧化物酶活性改变、细胞因子改变、趋化因子生成
具有免疫抑制性	免疫监视功能降低、免疫系统功能紊乱
受体介导的调节效应	受体激活或失活（例如，ER、PPAR、AhR）或内源性配体（包括激素）改变
引起永生化	抑制衰老、细胞转化
改变细胞增殖、细胞死亡或营养供应	增殖加快、凋亡减少、生长因子改变、细胞复制或细胞周期相关的能量和信号通路改变

[a] 任何一种特征都可能与其他特征（如氧化应激、DNA 损伤和慢性炎症）相互作用，而多项组合能够比单独一个特征提供更有力的致癌性机制证据。

资料来源：IARC，2016；Smith 等，2016。

IARC 提出的致癌物的 10 个特征（简称 IARC 特征）中包括可能导致癌症的组分和通路。例如，芳香烃受体的激活属于"受体介导的调节效应"，可引发下游事件，其中很多下游事件均与癌症的发生有关，如甲状腺激素诱导、外源性物质代谢、促炎症反应，以及细胞周期调控异常等。这些下游事件往往与其他的 IARC 特征相关联，例如细胞周期调控可改变细胞繁殖，是其他特征的组成部分。在分子水平，一些特殊的通路可能导致某些特殊癌症（例如，"染色体不稳定通路"导致胰腺癌）。这些特殊通路已被京都百科全书基因与基因组（http：//www.genome.jp/kegg/disease）数据库所收载。

评估一个组分或特定的生物通路是否会引起特定的不良结局或疾病，这是一个很大的挑战，因为必须从结局的上游远端的证据进行推理。能够识别各种组分和通路的扰动对疾病的作用，并了解其变化过程，对 21 世纪基于风险的决策至关重要。然而，这种理解也需要根据特定决策背景而有所变动。在某些情况下，当大量试验证明某因素即使在远超人类暴露量的情况下仍对某一生物学通路无任何明显的影响时，没有必要将该生物学通路与潜在的人类健康影响直接联系起来。在其他情况下，例如在进行化学物质的危害识别时，或经体外试验筛选出优先评估的化学物质，需要进一步确定要进行哪些动物试验时，探索一种通路是否与疾病有关是至关重要的。

为了将组分、通路或机制与某种特定疾病或其他不良结局联系起来，委员会提出该过程的一个起始点，即组分或通路以及其他致病因素能否引发疾病。委员会借鉴并采用因果推理的方法来对新型数据进行评估。因果推理指的是判断某证据是否可作为假定病因（如通路扰动）与所关注的效应（如不良结局）之间存在因果关系的过程。因果关系推断的准则是由 Bradford Hill（1965）和《1964 年吸烟与健康外科医生报告》编写委员会（DHEW，1964）提出，且已被证明对流行病学试验证据和机制证据的解释至关重要。这些准则也被用于不良结局通路的评估（OECD，2013）。方框 7-3 展示了上述因果关系准则，并提出了如何被用于健康效应评估以及组分、通路以及机制之间的因果关联研究。

该准则中，"仅发生于结局之前"（具有时序性）的组分是必要但不充分的，也需要对其他组分的某一特定观察性证据进行评价（关联的一致性和强度），并评价该证据与其他类型的证据是否具有一致性。该准则并不能通过简单算法或清单的形式被应用，而且目前这些准则也没有在各种情景条件下得到应用（例如，确定一致性需要一定数量的证据）。该准则也提出在使用数据的过程中可能存在误差和不确定性，以及对数据综合分析时需要有专业的判断。在实际应用中，应当随着将组分、通路和机制与健康效应关联证据和经验增加而不断改进。

还有一些将结局与通路或机制相联系的其他方法。例如，不良结局–通路和网络的方法可以绘制各种不同结局相关的通路（Knapen 等，2015），并且该方法的指导准则与上述准则类似（OECD，2013）。此外，第四章提到中间会合方法，该方法将暴露、早期效应的生物标志物，以及中晚期效应和结局的生物标志物相关联（图 4-1）。不同的科学方法，包括用于人群的传统流行病学，用于生物体的毒理学，以及用于机制研究的 21 世纪工具，均可将效应与通路或机制相关联。多种数据流，结合用于因果推理的专家判断系统将可能作为桥梁，将分析系统中观察到的作用与动物模型和人类疾病研究结果相互关联（见图 7-3）（DHEW，1964；EPA，2005，2015；IARC，2006）。最后，应该成立多学科的专家组，使内部或外部专家的判断均参与到评估中。

二、病因与通路扰动的关联

对于探究某种物质是否可以通过扰动通路或激活机制而引起疾病，委员会认为 IARC 提供了一个合理的方法。在评估某种病因是否属于 10 个致癌物特征时，IARC（2016）对经过同行评议的人类和试验系统的体内和体外数据进行了广泛、系统的研究，并基于 10 个致癌物特征形成了特定的机制证据。这种方法避免了对特定通路和假设的狭隘关注，并对机制证据进行了广泛、全面的考量（Smith 等，

2016）。IARC将每个致癌物特征的证据评价结果分类为"强""中等""弱"或"缺少重要数据而无法进行评估"。这些评价结果被纳入化学物质致癌性的综合判定中。最近，在完成10个致癌性特征的证据收集后，IARC将与这10个特征相关联的Tox21和ToxCast高通量筛选的结果进行了总结，并提醒"基于细胞的代谢试验结果存在差异性，通常具有局限性"（IARC，2015；IARC，2016a）。

目前正在研发采用整合方法来评估Tox21和ToxCast数据库中的高通量数据，用以检验毒性相关通路中化学物质的活性。定量和定性方法也在通路活性评分中得到了应用。例如，已经开发了用于"基因数据集"和"生物活性数据集"的评分系统。"基因数据集"评分系统可直接应用于受体激活通路，例如涉及雄激素、雌激素、甲状腺激素、芳香化酶、芳香烃和过氧化物酶体增殖物激活受体的途径；"生物活性数据"评分系统一般直接用于其他通路中，例如急性炎症、慢性炎症、免疫反应、组织重组和血管生物学（Kleinstreuer等，2014）。从高通量研究数据推断的作用机制往往与通过体内和机制研究获得作用机制的结果并不匹配（Silva等，2015；Pham等，2016）。因此，将化学物质与产生不良健康效应的通路或机制进行关联时，需要特别强调广泛审查的重要性。附录B提供了一个研究案例，在高通量试验中显示某种化学物质可能会激活雌激素通路，但数据相对缺乏，可以将数据缺乏的化学物质与数据充分且化学结构相似的化学物质进行比对，通过交叉参照进行推理。

方框7-3中因果关系评价标准的内容可以指导专家进行判断，在对出版文献和官方数据库中的证据进行广泛、系统分析的基础上，建立化学物质暴露和通路扰动之间的因果关联。由于对结局的测量均在暴露发生之后，因此试验结果通常不必考虑时序性。但对于流行病学研究来说，时间顺序可能是一个至关重要的考虑因素，因为在收集用于暴露评估的生物标本时，可能并不确定暴露水平与效应的作用机制和生物标志物的相关性，而且疾病的发展可能会影响暴露模式。针对Tox21数据背景下结果的可信度，如果某种特定通路或机制的试验结果显著，可以更好地说明所测试的化学物质具有扰动通路或激活机制的作用。在体内试验中通过认真筛选和设定已知的阴性和阳性对照物，可以评估化学物质扰动通路或激活机制的相对效能。如下文所述，产生大量数据的方法或技术具有特殊的挑战性，因此有必要从中筛选出重要数据。随着科学界经验的积累，反映最佳结果的量化准则和程序也可作为准则，用来指导在大量数据中筛选重要数据。考虑到数据一致性，应该尽量采用已发表文献、政府项目和使用合适的化学参照物的相同或相似试验的结果。在解释多项试验和化学空间的结果的一致性时应加以注意，因为这些试验可能会为了"达到目的"而有所不同（见第六章）。关于合理性和连贯性，需要考虑化学物质或化学结构相似化学物质的现有知识和关注结果之间是否一致，以及不同类型的试验结果和不同层次生物组织的试验结果是否一致。关于评价化学物质通路扰动证据的 Bradford Hill 准则的标准操作规程，委员会强调这些准则并不能以清单的形式被应用。

> **方框 7-3　评价健康影响和组分、通路以及机制因果关联的标准**
>
> 　　时序性（temporality）。对于时序性的解释是因果推断中至关重要的："因"一定先于"果"。由于通常无法知晓导致健康影响的完整时间序列，且机制中涉及的可能通路或组分很少被完全了解，因此时序性的判断可能因不确定性而变得复杂。
>
> 　　关联强度（strength of association）。尽管一个或多个试验中的显著性结果并不是因果关系的前提，与暴露有关的效应的大小对于识别因果关联仍然很重要。然而，通路扰动程度（如甲状腺激素水平）与结果（如 IQ 缺陷）之间的强烈关联会掩盖其他可能导致这种关联的因素。
>
> 　　一致性（consistency）。在最初的因果推理准则中，一致性指某个发现可以再现，即不同研究者在不同人群中进行多次观察研究得出的结果具有可比性。重复是科学进步的基础，在多种研究中可重复可以增强对新发现的可信度。在 21 世纪大数据的背景下，数据一致性还需考虑已经有一系列化学物质测试相关联的结局，这些测试使用了评价同一通路扰动的多项试验方法。对相似的通路和机制产生影响的化学物质是否会造成相关联的结局，并得到一致结果？结局的差异能否用人群差异或背景差异来解释？试验操作和适用范围的差别可能会导致不一致的结果，但不能排除是否具有因果关联。
>
> 　　合理性（plausibility）。合理性指通路扰动或机制激活与健康效应之间的关联是否合理。该关联是否违背目前化学物质各种扰动通路及其不良结局的现有认识？第四章的中间会合概念有助于解决该问题。对于一些能够预测疾病的中间生物标志物，该数据如何与已有的人群研究的观察结果相关联？但是将上述标准纳入准则时应注意，合理性本质上是以知识为基础的，而造成健康效应的机制作用可能已超出目前的生物学理解范畴。
>
> 　　特异性（specificity）。特异性通常解释为暴露和疾病之间的特殊关系，该标准通常不需要考虑。例如，吸烟是一个复杂的过程，可导致多种恶性肿瘤、心血管疾病和呼吸系统疾病，但这些疾病又有其他的病因。通过 21 世纪的新

工具，有助于回答关联特异性的问题，如干扰或阻断一个通路（例如，使用基因敲除小鼠）是否会阻止或改变结局的发生？

连贯性（coherence）。连贯性是合理性的要素之一，一般是指因果关联的不同证据之间的互补性。借助 21 世纪的新工具，连贯性获得了新的方向。垂直连贯性与不同生物系统的一致性相关，例如，人们可能会考虑不同生物系统的组蛋白去乙酰化酶抑制剂的效应。水平连贯性与同一生物系统上存在多个效应有关，例如，人们在考虑组蛋白去乙酰化的抑制作用时，在细胞水平上可能会考虑细胞凋亡率的增加和细胞增殖率的降低。

三、评估剂量-反应关系

第五章和附录的案例分析展示了 21 世纪数据在研究剂量-反应关系中的应用。第五章提到，将新工具应用于风险评估并不需要掌握某种特定疾病的所有通路或组分，可以应用这些新数据进行剂量-反应关系的分析。表 7-2 列出了一些相关分析，并举例说明了一些常用的推理或假设。

表 7-2　在不同分析中使用 21 世纪工具所需要的推理或假设举例

包括剂量-反应关系的分析	所需推理或假设举例
交叉参照：来源于化学结构或生物学相似的化学物质的健康指导值	• 用于交叉参照的化学物质具有充分的相似性，例如化学结构、生物学、代谢或机制等方面的相似性
	• 基于试验的药代动力学和生物活性等的比较
毒性基因筛选以确定环境暴露因素是否可以忽略不计	• 结果对一般人群和易感人群的普遍性
	• 暴露量大于环境暴露时对毒性基因作用的后果或重要性
	• 用于筛选和分析基因数据的程序的充分性；提出重要通路相关指标的假设
对体外试验的效应或基准剂量进行外推，以建立健康指导值[a]	• 充分了解人体药代动力学和药效学的变异性
	• 结果在一般人群和易感人群的普遍性
依据体外筛选试验对化学物质进行优先排序	• 用于化学物质排序的相关的细胞系统代谢能力和物种覆盖的充分性
	• 在人体暴露和人群变异性下药代动力学调整的充分性
（数据量足够时）明确剂量-反应曲线的最低点	• 对机制充分理解
	• 通路涉及的敏感指标已经通过机制研究进行了评价
通过人群变异性特征建立剂量-反应曲线（NRC，2009）	• 充分获取药物动力学和药效动力学变异性的来源，并将其与人群变异性特征进行整合

续表

包括剂量-反应关系的分析	所需推理或假设举例
剂量-反应特征描述的方法或模型的选择	• 在考虑机制、人群敏感性和暴露的基础上，选择低剂量线性模型、低剂量非线性模型或阈值模型（NRC，2009）

ᵃ 对于大多数情况，不可能简单地用体外试验结果来替代动物试验结果。在尚未充分理解所有相关通路时，不能进行直接替换。大多数情况下，由于细胞系统代谢能力缺乏和物种覆盖的局限性，使用体外试验结果来推导健康指导值仍具有很大挑战（见第三章和第五章）。

鉴于风险评估所关注的疾病多数具有多种病因，可以是内源性的或来自个人经历，例如卫生条件、化学物质联合暴露、食物、营养以及心理压力（NRC，2009）。这些因素可能与环境应激源关系不大，但会对疾病的发生风险和发病率产生影响（NRC，2009；Morello-Frosch 等，2011）。此外，这些因素可能会增加剂量-反应关系的不确定性和复杂性，而且采用作用机制数据或其他数据可能会获得敏感效应的剂量-反应关系，这些内容在 NRC（2009）报告《科学与决策：促进风险评估》中进行了详细阐述。21 世纪的新工具为解决这些不确定性提供了作用机制方面的数据。

委员会强调，在数据分析（特别是剂量-反应关系的数据分析）中所采用的生物学假设必须清晰易懂，并尽量保持一致性。而且，不断优化的最佳方法应该被逐渐纳入正式准则中，以确保在一个机构中可以一致地、透明地应用这些程序和假设。通过科学同行审议和公开征求意见，进一步对该准则进行审核和开发，这将有助于新数据在剂量-反应关系的分析中得到最佳应用。除了可以用于分析数据的生物和物理科学假设之外，该准则还应涉及统计和研究选择方面的问题。例如，在一般情况下，以剂量-反应关系为基础的研究比其他研究更能量化人体的剂量-反应关系。大数据统计分析相关的一些问题也需要给予考虑。在表 7-2 中提出了各种剂量-反应关系方面的问题，涉及数据域之内和之间的信息整合。整合工具以及相关的生物学假设将在本章后面部分进行讨论。

四、人类变异性和敏感人群的特征描述

人类对化学物质暴露的反应存在差异，因此暴露和反应的变异性是风险评估的一个重要考虑因素。例如，保护易感人群是许多防控风险策略的一个关键目标，如制定《洁净空气法》的空气污染物标准《国家环境空气污染物质量标准》。对化学物质暴露的反应的变异性来自人群的剂量-反应关系（NRC，2009），但是由于变异性的来源很多，包括：内在因素，例如基因组、生命阶段和性别等；外在因素，例如心理社会压力、营养和外源性化学物质的暴露等，描述这些变异性非常具有挑

战性。基因组常被认为是导致变异性的主要原因，但是研究表明其在很多疾病反应的变异性中作用甚微（Cui 等，2016）。因此，在应用和整合 21 世纪科学数据时，对反映基因变异性的数据赋予权重时应结合其他来源的人类变异性，进行综合考虑。

图 7-2 展示了多种不同因素如何共同影响人群中个体变异性的整体水平（Zeise 等，2013）。变异性是基于"来源到结局整个过程"（见第二章和第三章）背景下提出的。如第二章所述，环境化学暴露达到特定浓度时会导致内暴露，这受药代动力学因素的影响。如第三章所述，内暴露会导致分子改变，进而发展为不良结局。表 7-2 中展示了暴露和生物因素的变异性如何影响"来源到结局整个过程"的不同点，并导致个体的各种不良结局。现代暴露学、毒理学和流行病学工具，包括生物标志物与生理状态的测量数据，均能提示易感状态。这些指标可以通过试验获得并应用于模型中，以便进行相关变异性的推理。

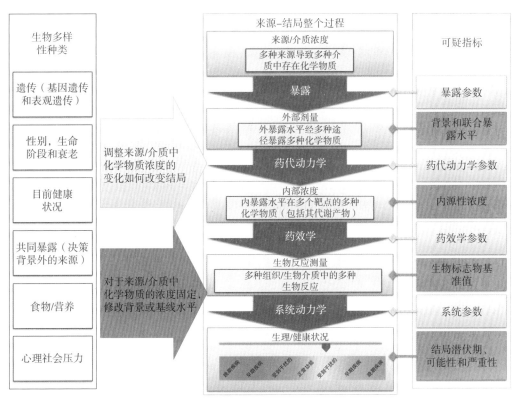

图 7-2 从来源到结局整个过程中，由各种内在和外在的，影响剂量和相应反应的因素导致的人类反应变异性的决定因素。

第二章介绍了不同复杂程度的药代动力学模型，可用于评估相同外暴露水平的情况下，人体内暴露水平的个体差异。第三章介绍了从具有遗传多样性的人群中获得淋巴母细胞系，用于探索个体变异性在单一通路中的遗传基础。本章阐述了如何采用遗传多样性的近交系小鼠进行变异性研究，以及如何使用该实验动物的研究结果来确定对乙酰氨基酚（Harrill等，2009）和四氯乙烯（Cichocki等，发表中）造成肝损伤的遗传因素。将这些试验系统与其他应激源相结合，可以研究变异性的其他方面。第四章描述了观察人群变异性的流行病学方法。

在一般情况和特定案例中，有数据支持的变异性特征描述可以替代各机构采用的常规默认值。在NRC（2009）指南的指导下，各种变异性得到充分研究，在对证据进行可靠的整合时，可以考虑使用有数据支持的变异系数。方框7-3中所示的因果指南修订版可以用于评价新出现的人类变异性的定性和定量证据，以下分析和整合方法也与此有关。

第二节 数据和证据的评估及整合方法

由于21世纪数据量大且复杂，这些数据的分析和与其他（传统）来源数据的整合具有很大挑战。如前所述，第一步必须是对毒理学试验结果和暴露数据进行分析。第二步是将新的数据与其他数据进行整合（相似性或补充性数据在综合分析中进行整合），该分析结果可与其他来源的证据相结合（证据整合）。以下内容将首先对个体数据进行分析和研究，即评价个体数据的质量，并阐述如何应对大数据的挑战。然后将描述各种研究、数据集和数据流的数据解释和整合方法，并建议与21世纪数据相结合使用。委员会发现，美国国家研究理事会、美国国家科学院、美国国家工程院和美国国家医学科学研究院的最新报告已广泛涉及数据和证据的整合问题（NRC，2014；NASEM，2015）。应该建立规范的整合方法，但应该注意，即使不使用复杂的分析和整合方法，某些调查结果仍具有很高的可信度。在这种情况下，可以直接根据调查结果来做出决策。

一、个体数据集和研究的分析

（一）评价单项研究

NRC的一些报告强调使用标准的或系统的程序来评价单项研究的必要性，并描述了评价偏倚和研究质量的方法（NRC，2011，第七章；NRC，2014，第五章）。同时，这些报告也指出需要开发一些方法和工具来评价环境流行病学、动物试验和机制研究中的偏倚风险。这些报告使环境流行病学和动物研究中因偏倚导致的风险的评价得到了发展（Rooney等，2014；Woodruff等，2014；NTP，2015a）。然而，目前机制研究中的偏倚仍然没有很好的评价方法，也没有特定高通量数据的证据支持。委员会强调了建立系统评价21世纪数据的需求，以及在分析中删除某个研究或一组数据集时必须确保其决策的透明度。此外，还需要应用数据可视化工具来帮助解释和交流结果。委员会指出，评价单项研究的质量是系统性整合中的一步，将在后面部分具体探讨。

（二）应对大数据挑战

21世纪科学的新技术产生了大量数据，为改进暴露评估和危害评估创造了很多机遇，与此同时也给数据分析带来了很多挑战，例如如何分析数据才能识别有效且有用的数据，并避免假阳性和假阴性结果。大数据的统计学分析和管理是研究和探讨的热门议题，因此委员会在方框7-4中提供了一些可行性对策，用以分析大数据或评价此类分析研究中常见的统计学问题。

> **方框7-4　毒理学大型数据集分析的最佳统计学方法的建立**
>
> 以下方法适用于毒理学大型数据集，如采用高通量筛选（HTS）进行化学物质的活性测量。有些用于分析单核苷酸多态性（single-nucleotide polymorphisms，SNP）与疾病或暴露条件的关联，也可以用于分析HTS研究中基因表达的剂量－反应关系。
>
> 多重比较：应清晰描述统计分析的总次数以及假阴性和假阳性（误差）的控制过程。误差控制过程包括控制误差率判断族（family-wise error，FWE）、错误发现率或零假设的贝叶斯后验概率的过程（Efron，2011；Gelman等，2012）。过于保守的用于控制FWE的方法，如Bonferroni控制法，可能会掩盖重要的生物信号。
>
> 筛选：可能会排除一些试验或化学物质。例如，如果试验中未发现任何化学物质具有生物活性、缺乏足以发现关联的统计能力，或者缺乏其他重要信息，那么这些试验可以被剔除。当某种关联本身已被用于筛选，应注意避免在评价这种关联时产生偏倚。
>
> 协变量校正：针对与主要假设无关的协变量进行校正可以增强统计能力，降低产生混杂的风险。高通量方法产生的大量数据常常因技术问题或批量处理操作，提供具有潜在变异性的证据（Leek等，2007）。不考虑这些变异性通常会产生严重误差（Leek等，2010）。已知的混杂因素可以通过回归分析或分层

分析来控制，未观察到的混杂因素可以通过潜在变量或替代变量分析来控制。

特性或通路的改进：此类方法用于识别联合后可能产生更强或更具有生物学合理性结果的一些特性。例如，体内某观察终点和某受体靶点之间的关联性试验。在理想情况下，可采用一组测试来描述数据的相关性，从而控制假阳性结果（Hosack 等，2003；Gatti 等，2010）。

网络与模块分析：采用关联或共表达分析可以识别预测因子或特性的网络或模块（Langfelder 等，2008）。该方法正在开发反映暴露或毒性终点变化的毒性反应的网络改变的识别能力。一种方法是从毒性反应的网络改变获得综合测量值，然后测量综合测量值与观察终点的相关性。

假设验证试验的整合：整合多个试验或重复性研究时，如果试验规模相当，并且试验数量相同，可以使用 meta 分析或经验贝叶斯方法。例如，要证明某种化学物质不会引起"组学"的任何不良影响，可以将独立的 P 值与 Fisher's 组合 P 值或其他方法进行结合（Zaykin 等，2007）。然而，如果在分析中共享了数据集中的部分数据，对多个单独的数据集进行综合分析便违背了独立假设原则。例如，比较两种或多种疾病的全基因组关联研究可能使用同一组对照（Wellcome Trust Case Control Consortium，2007），这种做法可能会导致综合分析产生偏倚（Zaykin 等，2010）。

损耗（shrinkage）和赢者诅咒校正：测量误差可以对多个试验或条件下的结果造成影响，从而使测量值比真实值的变异度更大。同样的原理也适用于效应量估计；例如，对众多 SNPs 的全基因组关联研究中，最显著带有某种特点或疾病的 SNPs，其表现出的关联性可能会大于其真实关联性。损耗技术校正或赢者诅咒校正方法则可以提供更真实的估计。

为了说明"赢者诅咒修正（winner's curse correction）"这一统计问题，可以用一类具有特定生物活性（如结合雌激素 α 受体）的化学物质的体外试验为例具体说明。这一试验可能需要识别其中最可能和最不可能产生潜在危害的化学物质或这类化学物质的生物活性范围。图 7-3 显示一组化学物质在某一试验中的生物活性可能会迥然不同，差别甚至超过两个数量级。如果试验结果具有这种程度的误差，结论便可能带有误导性。通过简单的贝叶斯方法和真实效应分层模型进行误差校正后，同组化学物质之间的差别可降至一个数量级以下，并且在试验中观察到最大生物效应的化学物质被移动到了第二位。

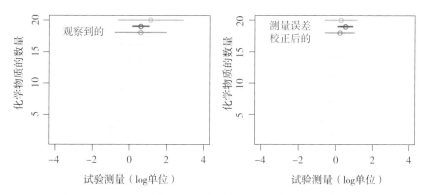

图 7-3 试验误差校正。左图，20 种化学物质的体外试验观察值均值（圆圈）±2 倍标准差（误差条）。右图，测量误差校正后的值。

另一案例是附录 C 中讨论的 4-甲基环己烷甲醇（MCHM）的研究（将该化学物质排放入西弗吉尼亚埃尔克河）。除了大量的体内和体外研究外，美国国家毒理学项目还进行了 MCHM 及排放入河中的其他化学物质的 5 天的大鼠遗传毒性试验。随甘油三酯（NTP，2015b）剂量增加，提示具有肝毒性的"分子生物学过程"的毒性基因组信号是在剂量达到 100mg/kg BW 产生的，此剂量低于产生确定的肝脏毒性的剂量 300mg/kg BW 和 500mg/kg BW。然而，通过减少误差和最大化重复的精确分析（S. Auerbach、国家毒理学计划以及个人通信，2016 年 11 月 1 日），在毒性基因组的活性测试中，与肝脏胆固醇平衡有关的至少五种基因的活性发生了改变，这时的剂量比之前认为产生活性的最低剂量还要低近 10 倍（基准剂量中位数为 13mg/kg BW）(NTP，2016）。此案例说明，在不排除重要生物信号的同时，建立解决假阳性问题的毒性基因组数据评价方法所面临的困难。随着在动物试验中毒性基因组数据产生和分析的增加，应继续总结以往经验，以发展出最佳实施方法。使用来自体外和流行病学研究的毒性基因组数据时也应考虑这些问题。

除了用于数据分析的统计方法外，在使用 21 世纪数据进行毒理学数据质量和潜在偏倚评价时，还需要考虑其他因素，特别是数据的适用性或普遍性。这些需要考虑的因素在本专著前面部分已经论述，包括体外试验中的代谢能力、体外试验中细胞特性以及体外系统中给予剂量的代表性。

二、从研究、数据集和数据流中整合信息的方法

（一）系统综述

按照美国医学研究所（IOM，2011，p.1）的定义，系统综述是一种科学的调查研究方法，针对特定的问题，使用简明的、给定的科学方法对相似但独立的研究

结果进行鉴别、筛选、评价并总结。具体地说，系统评价方法是回答某个先验问题的方法，这个问题明确说明了人群或参与者（研究中的暴露人群）、暴露（介质和暴露环境）、对照者（暴露量低者）以及关注的结果；随后进行全面的文献搜索查找所有相关文章；然后根据给定的纳入和排除标准进行文献筛选；再按照给定方法评价研究质量和研究偏倚；最后汇总结果。汇总的结果可能提供定量或非定量的估计（见下述 meta- 分析）。方法整体的运用中要特别注意透明度。系统综述在疗效比较研究中得到了广泛的应用，用于确定最佳临床治疗方案。在疗效比较研究领域，系统综述方法相对较为成熟（Silva 等，2015）；方法指南可参考 Cochrane 手册（Higgins 等，2011）。尽管系统综述运用于风险评估中还有一些困难，比如如何提出一个足够具体的研究课题并获得基础数据，但是在人体健康风险评估领域，系统综述的应用发展迅速，也建立了基本框架（Rooney 等，2014；Woodruff 等，2014）和案例（Kuo 等，2013；Lam 等，2014；Chappell 等，2016）。美国环境保护署综合风险信息系统（IRIS）的报告对系统综述在 IRIS 评估（危害和剂量－反应评估）中的应用进行了广泛讨论（NRC，2014）。在报告中，系统综述将所有数据整合为一个数据流（人类、动物或机制），然后使用其他方法将证据的共同主体进行整合。如上所述，对环境化学物质对人体健康的风险进行系统综述，挑战在于机制研究的偏倚及特异性评价方法的建立。人体健康风险系统综述的操作指南已经发布（NTP，2015a）。

（二）Meta 分析

Meta 分析是一个广义的术语，包括了一系列处理相似研究来源数据的统计学方法。其目标是将相似研究的结果组合成一个加权平均值，其 95% 的置信区间反映的是所收集的全部数据。如果不同研究结果之间存在差异，那么则需要探索产生差异的原因。从不同研究中汇集数据通常使用两种模型，即固定效应模型和随机效应模型；每种模型对数据来源研究性质的假设不同，因此用来评估所汇集结果变异的方法也不同。如同 NRC（2014）所说，"尽管 Meta 分析方法引起了广泛讨论（Berlin 等，1988；Dickersin 等，1992；Berlin 等，1994；Greenland，1994；Stram，1996；Stroup 等，2000；Higgins 等，2009；Al Khalaf 等，2011），这种方法对于采用不同研究处理同一个问题是有效的"。

Meta 分析在流行病学研究中常被用于危害评估（例如，汇集后的相对风险显著大于或小于 1.0 吗？）或确定剂量－反应关系（例如，每单位浓度的相对风险）。但是由于难以评价并鉴别数据差异的来源，Meta 分析在动物性数据集的评价中还未得到广泛应用。同样，由于数据的差异，即使评价同类机制或通路，不同类型的试验数据也需要进行整合，因此 Meta 分析在 21 世纪数据流中的应用难度较大。

（三）贝叶斯方法

贝叶斯方法为整合不同来源的数据并调整不确定性提供了很好的范例。该方法是以贝叶斯定理为基础，包括代表一个变量或现象的知识掌握程度，例如剂量－反应曲线的斜率，或者根据概率分布，了解一种化学物质的代谢能力的差异。随着变量信息的增加，"先验"概率分布"升级"为新的"后验"概率分布，反映了知识状态的更新。

贝叶斯方法的早期应用案例是 DuMouchel 等（1983）结合从人类、动物和机制研究证据进行柴油废气致癌性的评估，以及 DuMouchel 等（1989）利用人类和狗的数据进行钚沉积对骨肿瘤发病率的评估。这些案例包括了不同数据流（例如，人类和动物）的相关性和等效性的强假设。人群分层的贝叶斯方法用于整合四氯乙烯（Bois 等，1996；OEHHA，2001）和三氯乙烯（EPA，2011；Chiu 等，2014）的不同新陈代谢证据及其风险评估的人群变异性。贝叶斯方法也用于估计基于生理学的药代动力学模型的模型参数值，并对暴露评估的不确定性和变异性进行描述（Bois，1999；Bois，2000；Liao 等，2007；Wambaugh 等，2013；Dong 等，2016）。此外，贝叶斯方法也用于模拟污染地点化学物质的处理和运输，包括牲畜养殖产生的天然雌激素和非点源的细菌污染等（Thomsen 等，2016），已经被广泛应用于证据整合（NRC，2014；Linkov 等，2015）。

贝叶斯分析的出发点是确定一个先验概率分布，从而在观察新数据之前对所关注的变量（或假设）的不确定性进行特征描述。先验的基础可以是文献中的一般信息和该领域的科学信息。将信息汇入先验概率分布的过程称为先验推导。先验推导需要充足的可用信息，在多种类型的应用中可能并不完善。目前尚没有很好的方法来获取文献和相关研究中分散的信息并加以总结。

有多种方法可以控制先验推导的不确定性。一种方法是选择一个信息模糊的先验概率分布。信息模糊的先验概率分布可能会推导出一个不稳定的后验概率分布，后者可能存在局部凸起的后验密度，并且可能随着数据的数值大相径庭的累积而振荡。Gelman 等（2008）提供了一些具体案例来定义信息模糊的先验概率分布。另外一种方法是以相关研究数据为基础，估计先验中的参数值。例如，我们可能正在研究一种新的化学物质，关于这种化学物质导致不同观察终点的机制或剂量－反应关系的直接数据较少，然而可以从类似的化学物质中收集到很多类似数据。从已有数据中获取信息是"经验贝叶斯"的一种，较上述提到的"主观贝叶斯"方法更容易实现。可能的话，还可以组建专家小组提供专家们的经验，然后合并成为一个先验（Albert 等，2012）。但是，专家可能对自己的知识过于自信，而且可能会选择一个变异性很小的先验。对于专家意见的过度自信和专业推导的其他不足问题，需要考虑解决方法（NRC，1996，第四章；Morgan，2014）。除了推导方法外，还应注意评价所选先验的合理性，并开展敏感性分析以理解先验中的变化。

一旦定义了先验的概率分布，可以在每个数据源的似然函数中更新先验信息。每次添加数据源时，先验信息被更新，从而获得总结新信息的后验分布。在后续的分析中，后验分布可以作为先验分布来使用。因此，贝叶斯更新可以看作是将不同来源数据进行整合的一种自然方法。

敏感性分析为确定贝叶斯分析中最重要的数据不确定性提供了一种很好的方法。正如 NRC（2007）所指出的，敏感性分析有助于确定收集新数据的优先次序，并有助于系统评价不确定性以提高可靠性。

在将应用贝叶斯方法之前，为达到风险评估的目的，对不同数据源证据进行综合分析从而减少维度的混合方法很受青睐，但针对 21 世纪数据，建立通用性、稳健性和可解释性的贝叶斯方法将是一个活跃的研究领域。委员会在附录 E 中提供了一个贝叶斯方法在高维度情况下运用的案例。

（四）受指导的专家判断法

受指导的专家判断法是由专家小组借助经验和集体判断来对某个专题信息进行评审的过程，比如总体证据是否支持某种化学物质的危害（例如，某种化学物质是否具有致癌性）。专家小组一般根据预先确定的指南来评价证据，也可能会被要求判断证据是否属于强、中、弱等级别中的一种。美国环境保护署在某些污染物是否符合国家环境空气质量标准的综合科学评估中，使用了该方法来评价证据。但是专家评审也常常受到质疑，一是因为整合证据的过程缺乏透明度和再现性，据此得出的结果可能掩盖了某些事实；二是不同小组的专家评审相同数据后，得出的结论可能不同。此外，现代风险评估中复杂、多样且巨大的数据集越来越多，使得专家判断方法面临着更多困难。

国际癌症研究机构专题项目（IARC，2006；Pearce 等，2015）采用受指导的专家判断法，将观察性人类研究、动物试验数据和其他生物数据（如用于机制研究的体外试验）结合起来，进行致癌性的因果关系的评估。对于一些很少或根本没有人类数据来评估致癌性的物质，则使用补充性动物试验数据和机制研究数据来支持该化学物质是否为人类致癌物的结论。一个例证就是环氧乙烷（EO）的致癌性评估。由于缺少人体研究数据，仅使用了少量暴露于 EO 的工人进行小型队列研究。即使在流行病学证据有限的情况下，由于 EO 具有高致突变性和较强的遗传毒性，且在人体中上述不良作用较为明显，同时 EO 在动物和人体中引发的损害具有相似性，IARC 工作组（IARC，1994；IARC，2008；IARC，2012）仍然将其归类为人类致癌物（1 类）。最新报告（IARC，2012）指出："强有力的证据表明，作为直接作用的烷化剂，环氧乙烷的致癌作用是由遗传毒性机制引发的。环氧乙烷在生物系统发育的所有阶段均为致突变剂和染色体断裂剂，会诱发啮齿类动物的生殖细胞染色体易位，剂量相关的姐妹染色单体交换增加，以及暴露工人淋巴细胞的染色体畸变和微核形成"。方框 7-5 提供了 IARC 目前进程的一些细节。

方框 7-5　国际癌症研究机构的机制数据整合与评价

IARC 对机制方面信息的评价首先是对机制文献进行系统搜索（IARC，2016b）。根据致癌物质的 10 个特征和数据类型（人体或试验系统，体内或体外），对文献的相关性进行筛选，并按照机制主题进行分类，但并不是大部分或全部特征都适用于任意一种特定致癌物。

工作组评价了相关来源的数据，特别关注了数据之间的差异以及可能存在多种机制的证据（IARC，2006），评价了暴露化学物质后细胞、组织或器官生理变化的证据，包括炎症、增生和细胞黏附能力的改变。工作组评价了细胞水平上功能的变化，如在关键细胞机制中各环节组分的数量变化，蛋白质翻译后修饰的增加或减少，以及对外源性物质代谢的影响。工作组还评估了分子结构的改变（在分子水平上的变化），包括全基因组 DNA 甲基化、DNA 加合物的形成和基因突变。

从体外和非哺乳动物体内试验中获得的机制信息（如原核生物试验、细胞培养试验和低等真核生物试验等）可以加强与癌症之间联系的生物合理性。此外，测量单个观察终点效应的高通量试验，测量单一物质或混合物多个观察终点的高容量试验，以及构效关系的信息，可以对研究类型、种群和物种之间的一致性提供支持。高通量试验，特别是带有代谢能力和原生细胞环境的试验，以及高容量分析中的多个基因之间的一致变化，比如微阵列，可以用于分析不同类型化学物质的机制的合理性。

由覆盖面狭窄的数据集（例如使用特定组织或细胞产生的数据集）未发现

效应并不代表一定没有效应（IARC，2006）。例如，化学物质可以通过多种机制和通路发挥作用，细胞类型、发育阶段、遗传背景和共同暴露等因素使得阴性结果难以解释。

依据致癌物的10个特征，证据可以被归类为强、中、弱或者不足，然后将机制证据与来自其他数据流的证据结合起来，以支持致癌性的结论。根据IARC（2016b）所述，结论如下：

1类：对人类致癌

- 对人类致癌证据充分或
- 动物证据充分，且在暴露人群中有充分证据表明该物质借助相关机制产生作用或
- 基于机制方面的考虑，该物质所属类别中的一种或多种属于1类致癌物。

2A类：很可能对人类致癌

- 对人类致癌的证据有限，但动物证据充足，或
- 对人类致癌的证据不足，动物证据充足，且有充分证据表明致癌作用通过一种在人体中也存在的机制介导，或
- 基于机制方面的考虑，该物质所属类别中的一种或多种物质属于2A类致癌物。

2B类：可能对人类致癌

- 对人类致癌的证据有限，且动物证据尚不充分，或
- 对人类致癌的证据不足，但动物证据充分，或
- 对人类致癌的证据不足，且动物证据尚不充分，但有来自机制研究和其他相关数据的证据支持

3类：对人类致癌性尚无法归类

- 对人类致癌的证据不充分，且动物证据不足/有限，或
- 对人类致癌的证据不充分，对动物致癌的证据充分，但有充分证据表明对动物致癌的机制在人体中并不存在。

尽管对不同来源的证据进行定量加权的方法有时会受到质疑，有些人仍提倡使用。该方法存在的主要问题是缺乏加权方案的金标准，也就是说，对于用来评估人类健康风险的观察性流行病学、动物试验、体外试验和计算模型的结果，没有公认的方法获得最佳加权结果。不同证据的质量和相关性大相径庭，而专家通常基于一般特征（例如实验动物与人类的一般特征）建立的先验权重不能解释科学上的细

微差别。专家对最佳加权策略的看法不同，正式决策－理论方法（formal decision-theory methods）也无法避免主观选择和判断。因此，委员会拒绝推行将定量加权作为整合不同来源证据的方法。

然而，在某些情况下，加权法在特定的数据流或证据中可发挥作用，例如高通量方法产生的数据或具有共同观察终点的体内试验数据。此类加权通常遵循基于统计学和专家判断的原则。例如，在没有额外信息的情况下，可以使用逆向抽样误差（inverse of sampling variation）对研究同一通路、机制或观察终点并且在同一层面的试验进行加权，这实质上是 Meta 分析中使用的方法。评价同一观察终点的试验可以根据预测的精确度进行加权。

考虑到目前实际操作，委员会建议将受指导的专家判断作为目前整合不同数据流以得出因果推理的方法。由于分析过程中数据类型的多样性和决策的复杂性，受指导的专家判断法还不能很好地应用于风险评估过程中的其他要素。为建立此类活动的指南，建议进行大量的专家评议和协商，并且对最终结果进行专业的科学同行审查。

第三节　不确定性

风险评估中所有产生数据的方法存不确定性。对于来自新的试验方法的数据，不确定性来自试验固有的变异性和数据使用中伴随的定性不确定性（见第三章）。这种不确定性也存在于其他类型的试验，例如啮齿类动物试验。这类试验中已经确定并接受了标准的不确定系数。Tox21 中承认了评价"试验策略不确定性"的必要性，这种不确定性即伴随新试验方法的问世而出现的不确定性。对于新的试验方法，不确定性的量化问题及其在实际应用中的处理问题仍有待解决。

关于数据处理分析中不确定性，委员会认为 1983 年 NRC 的报告《联邦政府风险评估：过程管理》仍具有指导意义。正如第五章所述，该报告列出了风险评估的四个步骤：危害识别、剂量－反应评估、暴露评估和风险特征描述。报告指出，在每一个步骤中，都会出现一些需要做出决定的点，在这些决定点中"对人类健康的风险只能从现有证据中推断出来"。对于每一个决定点，在 1983 年报告中委员会建议采用预定选择或推理选项的方式，以最终从不完全充分的数据中推断出人类风险。首选的推理选项也被称为默认选项，其基础是科学理解和风险评估原则，如果没有与之相反的有力证据，则使用默认选项。NRC 的其他委员会重申了默认选项的重要性，并注意到美国环境保护署使用的默认选项通常具备较强的科学基础

（NRC，1994；NRC，2009）。1983年报告中委员会还呼吁建立统一的推断指南，以确保机构决策的一致性和透明度，并呼吁在具有令人信服的科学证据的情况下，可以利用这些证据灵活地不采纳默认选项。美国环境保护署制定了一套涵盖广泛风险评估主题的指南体系。其他NRC报告中也再次强调了1983年的提议（NRC，1994；NRC，2009），在《科学与决策：促进风险评估》（NRC，2009）中也重申了建立统一指南的重要性，建议在缺乏明确科学理解的情况下默认系统的重要性，以及加强默认系统的重要性。加强默认系统包括明确或替换风险评估中缺失的及不清晰的假设，为不采纳默认选项提供具体的规范及标准。然而，委员会注意到，21世纪数据数量和复杂性及其基础科学也带来了巨大的挑战。如同上述的剂量－反应部分，即使找到最佳实践方法，也应促进默认系统和指导评估方法的发展。

Tox21使用了试验－策略不确定性来指代试验方法总体的不确定性并评论"可以开发利用一种正式的方法，这种方法使用系统化的方法来评价不确定性，以从一组试验结果中预测在人体不会引起生物学效应的剂量"。在这种正式的方法开发出来之前，通路激活的证据强度将继续由专家基于上述指南进行判断。

第四节 挑战和对策

本专著提出的风险评估新方向的基础来自21世纪科学的生物通路和方法数据，这些数据证明，多种因素可能会导致同一种疾病，而单一因素又可以引起多种不良结局。21世纪科学新技术的迅速出现产生了大量数据，支持了暴露科学、毒理学和流行病学的新发展方向。事实上，技术发展速度远远超过了用于风险评估和决策分析的数据解释方法。本章讨论了与数据解释、分析和整合、证据合成和因果推断有关的挑战。这些挑战不是新出现的，但是在随着新数据流范围的扩大而增大。委员会列举了一些最关键的挑战，并提出了解决这些问题的对策。

一、数据解释和整合的研究日程

挑战：由于生成数据的新方法比解释这些数据的方法发展更快，导致对数据解释和整合的重视程度不够。Tox21和ES21承认了这些复杂性，但并未找到用于危害、暴露和风险的决策的证据整合和解释的方法。

专著：委员会建议对如何建立推理给予更多的关注，并根据经验提出了以下研究议程：

（1）开展反映各种决策情景和数据适用性的案例研究。案例研究应能够反映可在风险评估各个要素中进行解释和整合的数据类型,这些要素包括危害识别、剂量-反应评估、暴露评估和风险特征描述,同时也包括个体差异和易感人群的评估。

(2)使用如上所述的最佳实践方法和受指导的专家判断方法,跨学科和多学科小组对案例进行验证。有必要了解专家小组是如何评价案例的,以及不同组分数据是如何促进评估过程的。此外,不同学科人员之间的交流,比如贝叶斯统计学家和机制毒理学家之间的交流,对于新数据成功且可靠的使用非常重要;案例研究将为如何在实践中最好地实现相互交流提供验证手段。

(3)对不同机构进行的证据评价和决策进行全面的分类,以便于对专家判断进行跟踪和评价,并使其程序标准化。分类应捕捉证据中的主要分歧,以及证据评价中可能伴随的不确定性。

(4)将数据综合和证据整合的统计学工具,例如贝叶斯方法,更加深入、系统地用于把21世纪科学与不良结局、剂量-反应、暴露和个体变异的评估结合起来,并最终用于总体的风险特征描述。

二、促进风险评估中数据在疾病病因和机制中的使用

挑战:疾病病因探测工具产生的数据很难用于风险评估,部分是因为对疾病和病因之间关联的理解不充分,也是因为无法确定暴露减弱到何种程度才能改变病因的表达,并最终改变相关的风险。

对策:使用充分/组合病因模型来作为将致病通路概念化的方法。

对策:委员会鼓励将某种特定危害特征关联的通路、组分和机制进行分类,可以参考IARC致癌物分类的做法。有一些疾病机制还未被纳入传统的以人类健康风险评估学和毒理学基础的有毒物质为焦点的文献系统之内,现在应该将生物医学领域内与这些疾病机制相关的现有知识和最新研究利用起来。此外,这项工作还应伴随开展一系列提供通路激活证据的试验和研究的描述工作,并建立一个用以推断化学物质暴露导致通路激活的结局分析系统。

对策:应该高度优先考虑建立一套将交叉参照用于数据缺乏的化学物质的推理方法;这类方法可以为构建各种工具并将其运用于风险评估提供很好的机会。同样,根据NRC(2009)所述,也应该高度优先考虑使用多种数据流进行低剂量风险的评价。

三、研究建立数据整合和解释的最佳实践

挑战:新数据流的出现使得危害识别数据整合这个长期问题更加复杂化了,委

员会认为这个问题与假定病因和效应之间的因果关系推断一样复杂。委员会认为，危害识别的数据整合和解释面临两个挑战：

（1）如何使用21世纪科学方法获得的数据进行化学物质暴露或其他暴露与不良效应之间的因果关联推断，特别是这个不良结局接近顶端效应时；

（2）如何将新类型的证据与传统毒理学和流行病学研究相结合，尽管关于这个主题涉及的方法很多，但目前提出的方法仍然主要依赖于受指导的专家判断。

对策：委员会建议继续使用受指导的专家判断法作为判断的基础，目前还没有找到其他方法可以替代。在解释通路和机制数据的过程中，也应当不断对专家判断进行引导和校准。具体来说，在前期，应该对专家判断的过程加以记录，用以作为最佳实践描述的支持文件，还应对证据的评价过程进行周期性检查，以不断完善专家判断过程。这些做法可以帮助制定具有清晰默认方法的指导准则，以确保应用于特殊决策背景下时的结论一致性。

对策：将来，包含不确定性和整合了多个数据流的通路-模型方法可能会作为补充方法甚至替代方法。因此需要针对这类方法开展方法论研究。

挑战：由于数据集规模巨大，得出的结果数量众多，使得与科学界和决策者的沟通更加复杂。由于大型数据集使用复杂且方法难以理解，结果可能会引起质疑。

对策：数据整合应辅以可视化工具，以便将复杂数据集的分析结果有效地传达给决策者和其他利益相关者。方法的透明度、统计的严密性以及数据的可及性是促进新数据在决策中被接受和使用的关键因素。

挑战：由于21世纪数据非常复杂并难以解释，最终可能会基于假阳性或假阴性结果做出错误决策，其影响是巨大的。面临的挑战是校准分析方法，优化其敏感性和特异性，以确定真正的关联。但如果是以公共健康保护为根本目标，那么在某些情况下产生假阳性结果多于假阴性结果的方法可能是合适的。严格精确计算的方法本身可能是保守的，但是由于需要收集更多的证据，可能会得出假阴性结果，或者至少会延迟决策的制定。

对策：可以开发指南和最佳实践，包括在研究人员、决策者和其他利益相关者之间进行直接交流，他们可能对敏感性和特异性之间的平衡有不同的看法。

四、在剂量-反应评估中使用21世纪工具的不确定性

挑战：将体外试验和体内遗传毒性研究的剂量-反应评估结果外推到人类时存在很多潜在问题。这些问题带来的不确定性甚至会超过从动物试验外推到人类所带来的问题。不确定性的来源包括化学物质的代谢、通路的相关性，以及由体外试验

观察到的剂量－反应关系的普遍适用性。此外，数据集和各种证据之间的整合也具有挑战性。

对策：上述的挑战应该使用数据阵列完整的研究进行分析：高通量测试、动物研究和人体试验。应开发贝叶斯方法将多种测试系统中的剂量－反应数据进行结合。还需要开发一个系统或实践性的默认数据整合的方法，用于促成一致、透明且可靠的应用程序来解释和说明不确定性。

五、研究风险评估中大数据分析的最佳实践方法

挑战：产生的大量数据集给分析带来了很多挑战，特别是需要在多种比较中的假阳性信号中，识别出生物相关信号时。

对策：就方框 7-4 中列出的将大型数据集的分析复杂化的统计学问题，应该达成共识，从而建立最佳实践方法。这些实践方法可能会因决策背景或数据类型不同而有所区别。遵循最佳实践方法需要衡量假阳性或假阴性，并在报告中保持高度完整性，并提供稳定的方法。应该使用透明且可重复的方法进行分析，以保证可信度，并可增强制定决策时对分析结果的审核和接受度。数据的开放性访问是确保透明度的关键。

参 考 文 献

Al Khalaf, M.M., L. Thalib, and S.A. Doi. 2011. Combining heterogeneous studies using the random-effects model is a mistake and leads to inconclusive meta-analyses. J. Clin.Epidemiol. 64（2）：119-123.

Albert, I., S. Donnet, C. Guihenneuc-Jouyaux, S. Low-Choy, K. Mengersen, and J. Rousseau. 2012. Combining expert opinions in prior elicitation. Bayesian Anal. 7（3）：503-512.

Berlin, J.A., and E.M. Antman. 1994. Advantages and limitations of metaanalytic regressions of clinical trials data.Online J. Curr. Clin. Trials, Document No. 134.

Berlin, J., and T.C. Chalmers. 1988. Commentary on metaanalysis in clinical trials. Hepatology 8（3）：690-691.

Bois, F.Y. 1999. Analysis of PBPK models for risk characterization.Ann. NY Acad. Sci. 895：317-337.

Bois, F.Y. 2000. Statistical analysis of Clewell et al. PBPK model of trichloroethylene kinetics. Environ. Health Perspect.108（Suppl. 2）：307-3016.

Bois, F.Y., A. German, J. Jiang, D.R. Maszle, L. Zeise, and G. Alexeeff. 1996. Population toxicokinetics of tetrachloroethylene.Arch. Toxicol. 70（6）：347-355.

Chappell, G., I.P. Pogribny, K.Z. Guyton, and I. Rusyn.2016. Epigenetic alterations induced by genotoxic occupational and environmental human chemical carcinogens：A systematic literature review. Mutat. Res. Rev. Mutat. Res.768: 27-45.

Chiu, W.A., J.L. Campbell, Jr., H.J. Clewell, III, Y.H. Zhou, F.A. Wright, K.Z. Guyton, and I. Rusyn. 2014. Physiologically based pharmacokinetic (PBPK) modeling of interstrain variability in trichloroethylene metabolism in the mouse. Environ.Health Perspect. 122 (5): 456-463.

Cichocki, J.A., S. Furuya, A. Venkatratnam, T.J. McDonald, A.H. Knap, T. Wade, S. Sweet, W.A. Chiu, D.W. Thread-gill, and I. Rusyn. In press. Characterization of variability in toxicokinetics and toxicodynamics of tetrachloroethylene using the Collaborative Cross mouse population. Environ.Health Perspect.

Cui, Y., D.M. Balshaw, R.K. Kwok, C.L. Thompson, G.W.Collman, and L.S. Birnbaum. 2016. The exposome: Embracing the complexity for discovery in environmental health. Environ. Health Perspect. 124 (8): A137-A140.

Dickersin, K., and J.A. Berlin. 1992. Meta-analysis: Stateof-the-science. Epidemiol. Rev. 14 (1): 154-176.

DHEW (US Department of Health, Education, and Welfare).1964. Smoking and Health: Report of the Advisory Committee to the Surgeon General of the Public Health Service.Public Health Service Publication No. 1103. Washington, DC: US Government Printing Office.

Dong, Z., C. Liu, Y. Liu, K. Yan, K.T. Semple, and R. Naidu.2016. Using publicly available data, a physiologicallybased pharmacokinetic model and Bayesian simulation to improve arsenic non-cancer dose-response. Environ. Int.92-93: 239-246.

DuMouchel, W., and P.G. Groër. 1989. Bayesian methodology for scaling radiation studies from animals to man.Health Phys. 57 (Suppl. 1): 411-418.

DuMouchel, W.H. and J.E. Harris. 1983. Bayes methods for combining the results of cancer studies in humans and other species. J. Am. Stat. Assoc. 78 (382): 293-308.

Efron, B. 2011. Tweedie's formula and selection bias. J. Am.Stat. Assoc. 106 (496): 1602-1614.

EPA (US Environmental Protection Agency). 2005. Guidelines for Carcinogen Risk Assessment. EPA/630/P-03/001F.Risk Assessment Forum, US Environmental Protection Agency, Washington DC. March 2005 [online]. Available: https://www.epa.gov/sites/production/files/2013-09/documents/cancer_guidelines_final_3-25-05.pdf [accessed August 1, 2016].

EPA (US Environmental Protection Agency). 2011. Toxicological Review of Trichloroethylene. EPA/635/R-09/011F. US Environmental Protection Agency, Washington, DC [online]. Available: https://cfpub.epa.gov/ncea/iris/iris_documents/documents/toxreviews/0199tr/0199tr.pdf [accessed November 1, 2016].

EPA (US Environmental Protection Agency). 2014. Integrated Bioactivity and Exposure Ranking: A Computational Approach for the Prioritization and Screening of Chemicals in the Endocrine Disruptor Screening Program.EPA-HQ-OPP-2014-0614-0003. US Environmental Protection Agency Endocrine Disruptor Screening Program (EDSP). FIFRA SAP December 2-5, 2014 [online]. Available: https://www.regulations.gov/document?D=EPA-HQ-OPP-2014-0614-0003 [accessed November 1, 2016].

EPA (US Environmental Protection Agency). 2015. Preamble to Integrated Science Assessments. EPA/600/R-15/067.National Center for Environmental Assessment, Office of Research and

Development, US Environmental Protection Agency, Research Triangle Park, NC. November 2015 [online]. Available: https://cfpub.epa.gov/ncea/isa/recordisplay.cfm?deid=310244 [accessed August 1, 2016].

Gatti, D.M., W.T. Barry, A.B. Nobel, I. Rusyn, and F.A.Wright. 2010. Heading down the wrong pathway: On the influence of correlation within gene sets. BMC Genomics 11: 574.

Gelman, A., A. Jakulin, M.G. Pittau, and Y.S. Su. 2008. A weakly informative default prior distribution for logistic and other regression models. Ann. Appl. Stat. 2 (4): 1360-1383.

Gelman, A., J. Hill, and M. Yajima. 2012. Why we (usually) don't have to worry about multiple comparisons. J. Res.Edu. Effect. 5 (2): 189-211.

Greenland, S. 1994. A critical look in some popular metaanalytical methods. Am. J. of Epidemiol. 140 (3): 290-296.

Harrill, A.H., P.B. Watkins, S. Su, P.K. Ross, D.E. Harbourt, I.M. Stylianou, G.A. Boorman, M.W. Russo, R.S. Sackler, S.C. Harris, P.C. Smith, R. Tennant, M. Bogue, K.Paigen, C. Harris, T. Contractor, T. Wiltshire, I. Rusyn, and D.W. Threadgill. 2009a. Mouse population-guided resequencing reveals that variants in CD44 contribute to acetaminophen-induced liver injury in humans. Genome Res. (9): 1507-1515.

Higgins, J.P., S.G. Thompson, and D.J. Spiegelhalter. 2009.A re-evaluation of random-effects meta-analysis. J. R.Stat. Soc. Ser. A 172 (1): 137-159.

Higgins, J.P.T., and S. Green, eds. 2011. Cochrane Handbook for Systematic Reviews of Interventions Version 5.1.0. The Cochrane Collaboration [online]. Available: http://handbook.cochrane.org/ [accessed August 1, 2016].

Hill, A.B. 1965. The environment and disease: Association or causation? Proc. R. Soc. Med. 58: 295-300.

Hosack, D.A., G. Dennis, Jr., B.T. Sherman, H.C. Lane, and R.A. Lempicki. 2003. Identifying biological themes within lists of genes with EASE. Genome Biol. 4 (10): R70.

IARC (International Agency for Research on Cancer). 1994.Ethylene oxide. Pp. 73-159 in Some Industrial Chemicals.IARC Monograph on the Evaluation of Carcinogenic Risk to Human vol. 60 [online]. Available: http://monographs.iarc.fr/ENG/Monographs/vol60/mono60-7.pdf [accessed November 2, 2016].

IARC (International Agency for Research on Cancer). 2006.Preamble. IARC Monographs on the Evaluation of Carcinogenic Risks to Humans. Lyon: IARC [online]. Available: http://monographs.iarc.fr/ENG/Preamble/CurrentPre amble.pdf [accessed August 2, 2016].

IARC (International Agency for Research on Cancer). 2008.Ethylene oxide. Pp. 185-309 in 1, 3-Butadiene, Ethylene Oxide and Vinyl Halides (Vinyl Fluoride, Vinyl Chloride and Vinyl Bromide). IARC Monograph on the Evaluation of Carcinogenic Risk to Humans vol. 97. Lyon, France: IARC [online]. Available: http://monographs.iarc.fr/ENG/Monographs/vol97/mono97-7.pdf [accessed November 8, 2016].

IARC (International Agency for Research on Cancer). 2012.Ethylene oxide. Pp. 379-400 in Chemical Agents and Related Occupations. IARC Monograph on the Evaluation of Carcinogenic Risk to Humans vol. 100F. Lyon, France: IARC [online]. Available: http://monographs.iarc.fr/ENG/Monographs/vol100F/mono100F-28.pdf [accessed November 8, 2016].

IARC (International Agency for Research on Cancer). 2015.Some Organophosphate Insecticides and Herbicides: Diazinon, Glyphosate, Malathion, Parathion, and Tetrachlorvinphos.IARC Monographs on the Evaluation of Carcinogenic Risks to Humans Vol. 112 [online]. Available: http://monographs.iarc.fr/ENG/Monographs/vol112/[accessed November 1, 2016].

IARC (International Agency for Research on Cancer).2016a. 2,4-Dichlorophenoxyacetic acid (2,4-D) and Some Organochlorine Insecticides. IARC Monographs on the Evaluation of Carcinogenic Risks to Humans Vol. 113 [online]. Available: http://monographs.iarc.fr/ENG/Monographs/vol113/index.php [accessed November 1, 2016].

IARC (International Agency for Research on Cancer).2016b. Instructions to Authors for the Preparation of Drafts for IARC Monographs [online]. Available: https://monographs.iarc.fr/ENG/Preamble/previous/Instructions_to_Authors.pdf[accessed November 1, 2016].

IOM (Institute of Medicine). 2008. Improving the Presumptive Disability Decision-Making Process for Veterans.Washington, DC: The National Academies Press.

IOM (Institute of Medicine). 2011. Finding What Works in Health Care: Standards for Systematic Reviews. Washington, DC: The National Academies Press.

Judson, R.S., K.A. Houck, R.J. Kavlock, T.B. Knudsen, M.T. Martin, H.M. Mortensen, D.M. Reif, D.M. Rotroff, I. Shah, A.M. Richard, and D.J. Dix. 2010. In vitro screening of environmental chemicals for targeted testing prioritization: The ToxCast project. Environ. Health Perspect.118 (4): 485-492.

Kleinstreuer, N.C., J. Yang, E.L. Berg, T.B. Knudsen, A.M.Richard, M.T. Martin, D.M. Reif, R.S. Judson, M. Polokoff, D.J. Dix, R.J. Kavlock, and K.A. Houck. 2014. Phenotypic screening of the ToxCast chemical library to classify toxic and therapeutic mechanisms. Nat. Biotechnol.32: 583-591.

Knapen, D., L. Vergauwen, D.L. Villeneuve, and G.T. Ankley.2015. The potential of AOP networks for reproductive and developmental toxicity assay development. Reprod.Toxicol. 56: 52-55.

Kuo, C.C., K. Moon, K.A. Thayer, and A. Navas-Acien.2013. Environmental chemicals and type 2 diabetes: An updated systematic review of the epidemiologic evidence. Curr. Diab. Rep. 13 (6): 831-849.

Lam, J., E. Koustas, P. Sutton, P.I. Johnson, D.S. Atchley, S. Sen, K.A. Robinson, D.A. Axelrad, and T.J. Woodruff.2014. The Navigation Guide—evidence-based medicine meets environmental health: Integration of animal and human evidence for PFOA effects on fetal growth. Environ.Health Perspect. 122 (10): 1040-1051.

Langfelder, P., and S. Horvath. 2008. WGCNA: An R package for weighted correlation network analysis. BMC Bioinformatics 9: 559.

Leek, J.T., and J.D. Storey. 2007. Capturing heterogeneity in gene expression studies by surrogate variable analysis.PLoS Genet. 3 (9): 1724-1735.

Leek, J.T., R.B. Scharpf, H.C. Bravo, D. Simcha, B. Langmead, W.E. Johnson, D. Geman, K. Baggerly, and R.A.Irizarry. 2010. Tackling the widespread and critical impact of batch effects in high-throughput data. Nat. Rev. Genet.11 (10): 733-739.

Liao, K.H., Y.M. Tan, R.B. Connolly, S.J. Borghoff, M.L.Gargas, M.E. Andersen, and J.H. Clewell, III. 2007.Bayesian estimation of pharmacokinetic and pharmacodynamic parameters in a mode-of-action-based cancer risk assessment for chloroform. Risk Anal. 27（6）：1535-1551.

Linkov, I., O. Massey, J. Keisler, I. Rusyn, and T. Hartung.2015. From "weight of evidence" to quantitative data integration using multicriteria decision analysis and Bayesian methods. ALTEX 32（1）：3-8.

Mackie, J.L. 1980. The Cement of the Universe: A Study of Causation. New York: Oxford University Press.

Martin, M.T., D.J. Dix, R.S. Judson, R.J. Kavlock, D.M.Reif, A.M. Richard, D.M. Rotroff, S. Romanov, A. Medvedev, N. Poltoratskaya, M. Gambarian, M. Moeser, S.S.Makarov, and K.A. Houck. 2010. Impact of environmental chemicals on key transcription regulators and correlation to toxicity end points within EPA's ToxCast program.Chem. Res. Toxicol. 23（3）：578-590.

Martin, M.T., T.B. Knudsen, D.M. Reif, K.A. Houck, R.S.Judson, R.J. Kavlock, and D.J. Dix. 2011. Predictive model of rat reproductive toxicity from ToxCast high throughput screening. Biol. Reprod. 85（2）：327-339.

Morello-Frosch, R., M. Zuk, M. Jerrett, B. Shamasunder, and A.D. Kyle. 2011. Understanding the cumulative impacts of inequalities in environmental health: Implications for policy. Health Aff. 30（5）：879-887.

Morgan, M.G. 2014. Use（and abuse）of expert elicitation in support of decision making for public policy. Proc. Natl.Acad. Sci. US 111（20）：7176-7184.

NASEM（National Academies of Sciences, Engineering and Medicine）. 2015. Application of Modern Toxicology Approaches for Predicting Acute Toxicity for Chemical Defense.Washington, DC: The National Academies Press.

NRC（National Research Council）. 1983. Science and Judgment in Risk Assessment. Washington, DC: National Academy Press.

NRC（National Research Council）. 1994. Understanding Risk: Informing Decisions in a Democratic Society. Washington, DC: National Academy Press.

NRC（National Research Council）. 1996. Understanding Risk: Informing Decisions in a Democratic Society. Washington, DC: National Academy Press.

NRC（National Research Council）. 2007. Models in Environmental Regulatory Decision Making. Washington, DC: The National Academies Press.

NRC（National Research Council）. 2009. Science and Decisions: Advancing Risk Assessment. Washington, DC: The National Academies Press.

NRC（National Research Council）. 2011. Review of the Environmental Protection Agency's Draft IRIS Assessment of Formaldehyde. Washington, DC: The National Academies Press.

NRC（National Research Council）. 2014. Review of EPA's Integrated Risk Information System（IRIS）Process. Washington, DC: The National Academies Press.

NTP（National Toxicology Program）. 2015a. Handbook for Conducting a Literature-Based Health Assessment Using OHAT Approach for Systematic Review and Evidence Integration, NTP Office of Health Assessment and Translation, Division of NTP, National Institute of Environmental Health Sciences［online］. Available: http://ntp.niehs.nih. gov/ntp/ohat/pubs/handbookjan2015_508.pdf［accessed November 1, 2016］.

NTP (National Toxicology Program). 2015b. West Virginia Chemical Spill: 5-Day Rat Toxicogenomic Studies, June 2015 NTP Update [online]. Available: http://ntp.niehs.nih.gov/ntp/research/areas/wvspill/micronucleus_update_508.pdf [accessed November 1, 2016].

NTP (National Toxicology Program). 2016. West Virginia Chemical Spill: 5-Day Rat Toxicogenomic Studies, June 2016 NTP Update [online]. Available: http://ntp.niehs.nih.gov/ntp/research/areas/wvspill/tgmx_update_july2016_508.pdf [accessed November 1, 2016].

OECD (Organisation for Economic Co-operation and Development). 2013. Guidance Document on Developing and Assessing Adverse Outcome Pathways. Series on Testing and Assessment No. 184 [online]. Available: http://www.oecd.org/officialdocuments/publicdisplaydocumentpdf/?cote=env/jm/mono(2013)6&doclanguage=en [accessed November 1, 2016].

OEHHA (Office of Environmental Health Hazard Assessment). 2001. Public Health Goal for Tetrachloroethylene in Drinking Water. Office of Environmental Health Hazard Assessment, California Environmental Protection Agency [online]. Available: http://oehha.ca.gov/media/downloads/pesticides/report/pceaug2001.pdf [accessed November 1, 2016].

Pearce, N., A. Blair, P. Vineis, W. Ahrens, A. Andersen, J.M.Anto, B.K. Armstrong, A.A. Baccarelli, F.A. Beland, A.Berrington, P.A. Bertazzi, L.S. Birnbaum, R.C. Brownson, J.R. Bucher, K.P. Cantor, E. Cardis, J.W. Cherrie, D.C. Christiani, P. Cocco, D. Coggon, P. Comba, P.A. Demers, J.M. Dement, J. Douwes, E.A. Eisen, L.S. Engel, R.A. Fenske, L.E. Fleming, T. Fletcher, E. Fontham, F.Forastiere, R. Frentzel-Beyme, L. Fritschi, M. Gerin, M.Goldberg, P. Grandjean, T.K. Grimsrud, P. Gustavsson, A. Haines, P. Hartge, J. Hansen, M. Hauptmann, D. Heederik, K. Hemminki, D. Hemon, I. Hertz-Picciotto, J.A. Hoppin, J. Huff, B. Jarvholm, D. Kang, M.R. Karagas, K. Kjaerheim, H. Kjuus, M. Kogevinas, D. Kriebel, P. Kristensen, H. Kromhout, F. Laden, P. Lebailly, G. LeMasters, J.H.Lubin, C.F. Lynch, E. Lynge, A. 't Mannetje, A.J. McMichael, J.R. McLaughlin, L. Marrett, M. Martuzzi, J. A.Merchant, E. Merler, F. Merletti, A. Miller, F.E. Mirer, R.Monson, K. Nordby, A.F. Olshan, M. Parent, F.P. Perera, M.J. Perry, A.C. Pesatori, R. Pirastu, M. Porta, E. Pukkala, C. Rice, D.B. Richardson, L. Ritter, B. Ritz, C.M. Ronckers, L. Rushton, J.A. Rusiecki, I. Rusyn, J.M. Samet, D.P.Sandler, S. de Sanjose, E. Schernhammer, A.S. Costantini, N. Seixas, C. Shy, J. Siemiatycki, D.T. Silverman, L. Simonato, A.H. Smith, M.T. Smith, J.J. Spinelli, M.R. Spitz, L. Stallones, L.T. Stayner, K. Steenland, M. Stenzel, B.W.Stewart, P.A. Stewart, E. Symanski, B. Terracini, P.E. Tolbert, H. Vainio, J. Vena, R. Vermeulen, C.G. Victora, E.M.Ward, C.R. Weinberg, D. Weisenburger, C. Wesseling, E.Weiderpass, and S.H. Zahm. 2015. IARC Monographs: 40 years of evaluating carcinogenic hazards to humans. Environ.Health Perspect. 123 (6): 507-514.

Pham, N., S. Iyer, E. Hackett, B.H. Lock, M. Sandy, L. Zeise, G. Solomon, M. Marty. 2016. Using ToxCast to explore chemical activities and hazard traits: A case study with ortho-phthalates. Toxicol. Sci. 151 (2): 286-301.

Rooney A.A., A.L. Boyles, M.S. Wolfe, J.R. Bucher, and K.A. Thayer. 2014. Systematic review and evidence integration for literature-based environmental health science assessments. Environ. Health Perspect. 122 (7): 711-718.

Rothman, K.J. 1976. Causes. Am. J. Epidemiol. 104 (6): 587-592.

Rothman, K.J., and S. Greenland. 2005.Causation and causal inference in epidemiology. Am. J. Public Health 95（Suppl.1）：S144–S150.

Silva, M., N. Pham, C. Lewis, S. Iyer, E. Kwok, G. Solomon, and L. Zeise. 2015. A comparison of ToxCast test results with in vivo and other in vitro endpoints for neuro, endocrine, and developmental toxicities: A case study using endosulfan and methidathion. Birth Defects Res. B Dev.Reprod. Toxicol. 104（2）：71–89.

Smith, M.T., K.Z. Guyton, C.F. Gibbons, J.M. Fritz, C.J.Portier, I. Rusyn, D.M. DeMarini, J.C. Caldwell, R.J. Kavlock, P. Lambert, S.S. Hecht, J.R. Bucher, B.W. Stewart, R. Baan, V.J. Cogliano, and K. Straif. 2016. Key characteristics of carcinogens as a basis for organizing data on mechanisms of carcinogenesis. Environ. Health Perspect.124（6）：713–721.

Stram, D.O. 1996. Meta-analysis of published data using a linear mixed-effects model. Biometrics 52（2）：536–544.

Stroup, D.F., J.A. Berlin, S.C. Morton, I. Olkin, G.D. Williamson, D. Rennie, D. Moher, B.J. Becker, T.A. Sipe, and S.B. Thacker. 2000. Meta-analysis of observational studies in epidemiology: A proposal for reporting. JAMA 283（15）：2008–2012.

Thomsen, N.I., P.J. Binning, US McKnight, N. Tuxen, P.L.Bjerg, and M. Troldborg. 2016. A Bayesian belief network approach for assessing uncertainty in conceptual site models at contaminated sites. J. Contam. Hydrol. 188：12–28.

Wambaugh, J.F., R.W. Setzer, D.M. Reif, S. Gangwal, J.Mitchell-Blackwood, J.A. Arnot, O. Joliet, A. Frame, J.Rabinowitz, T.B. Knudsen, R.S. Judson, P. Egeghy, D.Vallero, and E.A. Cohen-Hubal. 2013. High-throughput models for exposure-based chemical prioritization in the ExpoCast project. Environ. Sci. Technol. 47（15）：8479–8488.

Wellcome Trust Case Control Consortium. 2007. Genomewide association study of 14,000 cases of seven common diseases and 3,000 shared controls. Nature 447（7145）：661–678.

Wolfson, L.J., J.B. Kadane, and M.J. Small. 1996. Bayesian environmental policy decisions: Two case studies. Ecol.Appl. 6（4）：1056–1066.

Woodruff, T.J., and P. Sutton. 2014. The Navigation Guide systematic review methodology: A rigorous and transparent method for translating environmental health science into better health outcomes. Environ. Health Perspect.122（10）：1007–1014.

Zaykin, D.V., and D.O. Kozbur. 2010. P-value based analysis for shared controls design in genome-wide association studies. Genet. Epidemiol. 34（7）：725–738.

Zaykin, D.V., L.A. Zhivotovsky, W. Czika, S. Shao, and R.D. Wolfinger. 2007. Combining p-values in large-scale genomics experiments. Pharm. Stat. 6（3）：217–226.

Zeise, L., F.Y. Bois, W.A. Chiu, D. Hattis, I. Rusyn, and K.Z.Guyton. 2013. Addressing human variability in next-generation human health risk assessments of environmental chemicals. Environ. Health Perspect. 121（1）：23–31.

附录A 委员会成员个人信息

Jonathan M. Samet（主席）是一名肺内科医生和流行病学家，也是一位杰出的教授，他担任美国南加利福尼亚大学凯克医学院预防医学部 Flora L. Thornton（基金）项目的主任，同时也是南加利福尼亚大学全球健康研究所主任。Samet 博士的研究集中在污染物呼吸途径的健康风险方面。他曾在许多与公共卫生有关的委员会任职：美国环境保护署科学顾问委员会；美国国家研究委员会，包括主持氡暴露的健康风险委员会（BEIR VI）、空气中可吸入颗粒物的研究重点委员会以及美国环境保护署甲醛评估草案审查委员会；审查 IRIS 进程委员会；环境研究和毒理学委员会；医学研究所委员会。他是美国国家医学院的成员。Samet 博士获得了美国罗切斯特大学医学和牙科学院的医学博士。

Melvin E. Andersen 是 ScitoVation 的一名杰出的研究员。主要研究方向为基于生物学的剂量-反应模型构建，并将其应用于对许多环境化学物质的人类健康风险评估。在 2016 年加入 ScitoVation 之前，他曾在哈纳健康科学研究所、科罗拉多州立大学化学工业研究所、美国环境保护署、美国国防部以及美国海军和空军都担任过职务。他曾在国家研究委员会的几个委员会任职，包括环境试剂毒性测试和评估委员会。Andersen 博士是美国毒理学科学院的研究员，同时也是美国毒理学委员会和美国工业卫生委员会的一名专科医师。他获得了康奈尔大学生物化学和分子生物学的博士学位。

Jon A.Arnot 是 ARC Arnot 研究和顾问局的主席，他是物理和环境科学部的兼职教授，也是多伦多大学的药理学和毒理学系的教授。他在开发、应用和评估有机化学物质的暴露、危害和风险的方法和模型方面有 15 年的研究经验。其研究方向为化学物质优先风险评估的高通量筛选方法应用。他曾担任各种国际项目的主要主持人或共同主持人，包括在美国、欧洲和加拿大的合作项目。他是以减少动物试验的国际 QSAR 基金会的 James M.McKim III 创新学生研究奖（2008）的获得者，也是环境毒理学与化学（SETAC）最佳学生论文奖（2009）获得者。Arnot 博士在特伦特大学获得了环境和生命科学博士学位。

Esteban Burchard 是美国加利福尼亚大学旧金山分校的医学和生物制药学教

授。主要研究方向为种族多样性人群对哮喘的遗传、社会和环境风险因素的识别方面。Burchard 博士已经在美国少数族裔儿童中开展了大规模的基因环境研究。他担任美国加利福尼亚大学的基因、环境与健康中心主任。Burchard 博士获得斯坦福大学医学院的医学博士学位，并在哈佛大学的布里格姆妇女医院和加利福尼亚大学的临床实习中进行临床实习，还完成了哈佛大学和加利福尼亚大学伯克利分校公共卫生学院的流行病学培训。

George P.Daston 是宝洁公司的维克多米尔斯社会研究研究员。他已经发表了 100 多篇文章，并完成了关于毒理学和风险评估的 5 本论著。目前研究方向为毒理基因组学和机制毒理学方面，特别是研究提高化学药品的风险评估和非动物替代方法方面。Daston 博士曾担任美国畸变学协会主席，美国毒理学协会委员并当选财务部长，美国环境保护署科学顾问委员会顾问，美国国家毒理学计划的科学顾问委员会顾问，美国国家环境研究和毒理学研究委员会顾问，美国国家儿童研究咨询委员会顾问，担任《出生缺陷研究：发育和生殖毒理学》杂志的主编。Daston 博士与美国人道协会的科学家们一起，致力于研究科学信息的沟通，建立了倡导毒性评估的体外替代方法的 AltTox 网站。Daston 博士负责管理 AltTox 网站，该网站致力于科学研究的信息交流。Daston 博士被授予了美国畸变学协会 Josef Warkany 讲师和杰出贡献奖，获得美国毒理学协会的 Geroge H. Scott 奖以及美国毒理学会年度最佳论文奖。他也是美国科学促进会的会员，美国辛辛那提大学的儿科兼职教授。Daston 博士获得了美国迈阿密大学发育生物学博士学位。

David B.Dunson 是美国杜克大学统计系文理学院的杰出教授。其研究方向为贝叶斯统计、复杂层次结构和潜在变量建模，以及非参数统计建模。他的方法论研究主要集中在贝叶斯非参数、潜在变量方法、大数据、可伸缩贝叶斯推论、功能对象数据和维度减少方面。Dunson 博士是贝叶斯分析国际学会、数学统计学会、美国统计学会以及国际生物统计学会的会员。Dunson 博士获得了美国埃默里大学生物统计学博士学位。

Nigel Greene 是 AstraZeneca 预测化合物质 ADME 和安全性的主管，致力于研究计算和评估化学物质体外毒性作用方法。具体职责包括组建博士科学家研究组，进行化学药品的非靶向药理学研究。采用计算模型、化学性质和体外毒理学信息来预测早期研究过程中的化学物质安全性，并为动物试验前对化合物质的选择和分组提供科学支撑。Green 博士还从事基因表达数据挖掘和公共数据库构建工作，以探索毒性作用的生物机制，并研发的体外试验。最近他担任了美国国家研究委员会委员，负责设计和评估更安全的化学物质的替代品。Green 博士获得了英国利兹大学有机化学博士学位。

Heather B.Patisaul 是美国北卡罗来纳州立大学生物系副教授。主要研究生殖行为和大脑类固醇依赖机制，以及环境雌激素干扰生殖系统和行为的机制。她的实验室主要研究环境雌激素对青春期的影响以及对女性生育能力的影响机制。Patisaul 博士参与了 2010 年世界卫生组织专家小组双酚 A 风险评估工作，最近在美国国家研究委员会审查了美国环境保护署的非单剂量反应的科学报告。她获得了美国埃默里大学人口生物学、生态学和进化论博士学位。

Kristi Pullen Fedinick 是美国自然资源保护委员会健康和环境项目的科学家。近 20 年多学科跨越，包括分子生物学、生物化学、结构生物学、计算生物学和人口健康学。Pullen Fedinick 博士的工作重点是预测毒理学和化学风险评估中高通量技术应用。在加入美国自然资源保护委员会之前，她在芝加哥的一个小型环境保护非营利组织工作，工作重点是空气和饮用水质量、科学传播和环境正义项目。Pullen Fedinick 博士获得美国加利福尼亚大学伯克利分校分子和细胞生物学博士学位，是美国哈佛大学 T.H. Chan 公共卫生学院的罗伯特伍德约翰逊基金会健康和社会学者。

BeateR.Ritz 是美国加利福尼亚大学洛杉矶分校（UCLA）菲尔丁公共卫生学院的流行病学教授。她的研究重点是职业和环境有毒物质对健康的影响，如农药、电离辐射和空气污染对慢性疾病（神经退行性疾病、神经发育障碍和癌症），出生缺陷以及对哮喘的影响。在她的研究中，她使用了地理信息系统（GIS）构建环境暴露模型，包括利用美国加州的农药使用和交通相关的空气污染，调查遗传易感性因素和人群环境暴露之间的联系。Ritz 博士是职业和环境健康中心的成员，也是美国南加州环境健康科学中心的成员，并在美国国家环境健康科学研究所资助的加利福尼亚大学洛杉矶分校的基因－环境帕金森病研究中心指导工作。她从德国汉堡大学获得医学社会学博士学位和医学社会学博士学位，并获得了加利福尼亚大学洛杉矶分校的公共卫生学硕士和流行病学博士学位。

Ivan Rusyn 是美国德克萨斯农工大学兽医和生物医学科学院兽医综合生物科学部的教授。在加入该大学之前，他曾是美国北卡罗来纳大学教堂山分校环境科学与工程学教授。Rusyn 博士的实验室在环境毒性物质的作用机制、对有毒物质伤害的敏感性的基因决定因素和计算毒理学方面取得了丰硕的研究成果。他在环境因素对健康影响研究领域已发表了 150 多篇同行评议的文章。他曾在多个国家研究委员会委员任职，曾任常务委员会委员，负责环境卫生决策和毒理学委员会。Rusyn 博士获得了乌克兰国立医科大学（基辅）博士学位，并在美国北卡罗来纳大学教堂山分校获得了毒理学博士学位。

Robert L.Tanguay 是美国俄勒冈州立大学环境与分子毒理学系的分子毒理学教授。他的研究领域包括利用斑马鱼模型来研究环境因素对人体的健康效应；利用快速通路方法评估环境化学物质、药物和纳米粒子的生物相互作用和反应；了解化学物质毒性机制，如 2,3,7,8-四氯二苯-二苯-二噁英、多环芳烃、乙醇、药物和农药等。Tanguay 博士是美国俄勒冈州 Superfund 研究项目"多环芳烃诱导的发育毒性研究"的主要负责人，并作为生物反应指示装置研究项目的研究协调员参与了项目研发。他获得了美国加利福尼亚大学河滨分校生物化学博士学位。

Justin G.Teeguarden 是美国太平洋西北国家实验室环境和生物科学理事会的一名科学家和首席暴露科学家。他在美国俄勒冈州立大学环境与分子毒理学系担任联合教师职务，担任 OSU-PNNL-Superfund 中心研究翻译中心主任。Teeguarden 博士主要研究人类、动物和细胞培养系统的计算模型和暴露风险评估。在过去的十年里，他的研究团队致力于使用新的技术、新的试验数据和计算方法来解决与人类暴露化学物质有关的公共卫生问题。他是美国太平洋西北国家实验室暴露监测和健康优化联盟的主任，主要研究非靶向分析方法在暴露评估中的应用。Teeguarden 博士在计算模型和暴露科学方面获得了美国毒理学学会颁发的几项奖项，这些奖项与在细胞、实验动物和人类的暴露信息有关。他曾担任过风险评估学会剂量-反应专业部门的主席，并担任毒理学学会的纳米毒理学专业部门的主席。Teeguarden 博士任职于 21 世纪人类和环境暴露科学美国国家研究委员会。他获得了美国威斯康星大学麦迪逊分校的毒理学博士学位。

James M.Tiedje 是美国密歇根州立大学著名的微生物学和分子遗传学教授，也是植物、土壤和微生物学教授以及微生物生态学中心主任。他主要在生态学、生理学和遗传学为基础上研究自然界中重要的微生物过程，包括污染物的生物降解，在利用基因组学和宏基因组学了解生态功能、物种形成和生态适应性方面做出了卓越贡献。他曾担任《应用与环境微生物学》的主编，并担任《微生物与分子生物学》的编辑。他已发表 500 多篇论文，包括 7 篇在《科学》和《自然》杂志发表的文章。1992 年，他获得了由联合国教科文组织颁发的 Finley 奖，用以表彰他在微生物学方面的国际层面的研究贡献；他是美国科学促进会的研究员，美国微生物学会、美国土壤科学学会的会员，也是美国国家科学院的成员。他担任 2004 年—2005 年美国微生物学会主席。他获得了美国康奈尔大学博士学位。

Paolo Vineis 是英国伦敦帝国理工学院环境流行病学教授，也是公共卫生学院教授。主要从事分子流行病学研究，最新的研究重点是在大型流行病学研究中利用组学技术来研究疾病风险的生物标记物、复杂暴露和中间生物标记物，还研究了气候变化对非传染性疾病的影响。Vineis 博士正在协调欧洲委员会资助的暴露组学项目，并且是许多国际项目的主要调查人员或研究人员。他发表了 700 多篇论文，包括《自然》《自然遗传学》《柳叶刀》和《柳叶刀肿瘤学》。他是国际科学和伦理委员会的成员，也是国际癌症研究机构伦理委员会的副主席。Vineis 博士获得了意大利都灵大学医学博士学位。

Michelle Williams 是美国哈佛大学 T.H.Chan 公共卫生学院的院长和流行病学教授。主要研究方向为生殖和围产期流行病学，重点是将流行病学、生物学和分子方法整合到临床流行病学研究项目中。研究的主要目标是使用生物和分子生物标记作为客观测量方法，研究临床、公共卫生和全球健康的离散结果的临床前相关因素（如氧化应激、全身炎症和内皮功能障碍）。她是美国国立卫生研究院资助的三个大型项目的主要研究人员，此前曾在国家研究委员会的儿童健康评估委员会任职，评估社区儿童健康的风险、保护和宣传因素。Williams 博士获得了美国哈佛大学流行病学博士学位。

Fred Wright 是美国北卡罗来纳州立大学生物信息学研究中心的统计学和生物科学教授。他是一位国际知名的统计遗传学家，研究领域广泛，包括基因组学、生物信息学、毒物基因组学，以及高维度数据分析的统计学原理。Wright 博士是多个研究项目的首席研究员，包括基因测定的新方法和多组织表达定量特征映射。他是美国环境保护署资助的 STAR 研究中心的首席研究员，将基因组学原理应用于长期存在的毒理学问题。他是美国统计协会和美国公共卫生协会的会员。Wright 博士获得了美国芝加哥大学统计学博士学位。

Lauren Zeise 是美国加州环境保护署环境健康危害评估办公室主任。主要从事该部门的监测工作，包括风险评估的发展、危害评估、毒性综述、累积影响分析、毒性评价和对社区环境暴露易感性的累积效应的框架和方法，以及该部门在加州环境污染物生物监测项目中的工作。Zeise 博士是 2008 年风险分析协会的杰出实践者奖的获得者。她曾担任过美国环境保护署、技术评估办公室、世界卫生组织和国家环境卫生科学研究所的顾问委员会委员。Zeise 博士曾在众多的研究委员会和医学委员会中任职，其中包括美国环境保护署的毒性测试和评估委员会以及风险分析改良方法委员会。Zeise 博士获得了美国哈佛大学的博士学位。

附录 B 化学评估案例研究

本附录提供了案例研究，说明 21 世纪科学如何开展化学物质的评估，包括风险评估过程中的四个步骤，即危害识别、剂量-反应评估、暴露评估和风险特征描述。第一个案例是关于使用交叉参照法解决数据欠缺的化学物质信息缺失的问题。第二个案例以空气污染为主题，说明如何使用 21 世纪科学来回答明确定义的危害或数据充分化学物质未解决的问题，并对这些新的问题进行评估。

数据欠缺的化学物质的交叉参照法的应用

如第三章和第五章所述，交叉参照是指以某种化学物质与其他已测试的化学物质的化学结构相似性为基础，进行化学物质的评估，并对任何可能影响药代动力学、代谢动力学或药效动力学特性的差别加以考虑。该方法可以与计算模型数据和高通量数据一起用于支持或反驳交叉参照的结果（见表5-5）。本案例研究中采用烷基酚类化合物质作为案例。

烷基酚是烷基酚聚氧乙烯醚（以前主要用于洗涤剂）的代谢产物或环境中的分解产物。其中一些应用较为广泛的烷基酚，特别是对辛基酚和对壬基酚，有充足的毒理学数据。在本案例中，以对辛基酚和对壬基酚作为类似物，对经过了 Tox-cast 测试，但毒理学数据欠缺的目标化学物质——对十二烷基酚开展评估。对辛基酚和对壬基酚对体外雌激素受体的亲和力较弱（Laws 等，2000），且体内生殖毒性试验的结果与之矛盾。由美国国家毒理学计划（NTP）在良好实验室规范（GLP）下进行的多代生殖毒性研究表明，经口给予实验动物上述两种烷基酚，产生生殖毒性的 LOAEL 值的范围为 30~100 mg/kgBW（对壬基酚，Chapin 等，1999；对辛基酚，Tyl 等，1999）。此外，其他研究如胃肠外注射或经口给予较高剂量，也显示具有生殖毒性（Hossaini 等，2003；Mikkilä 等，2006）。因此，对交叉参照最重要的毒性观察终点为生殖毒性指标，其假设的作用机制与对雌激素干扰作用有关。

目前几乎没有对十二烷基酚的体内毒性数据。对十二烷基酚的正辛醇/水分配系数（K_{ow}）高于其他的烷基酚，且它们均具有很强的疏水性（见表 B-1）。对十二烷基酚的化学结构类似于对辛基酚和对壬基酚。不同的是，它在烷基链分别有四个或三个以上的碳原子。直链对壬基酚或对辛基酚的化学相似性得分均在 55%～65% 范围内。化学相似性评分是基于原子与原子匹配的分子相似性的度量，是进行分子比较的良好起点。然而，当相似物适合性没有明显的化学相似性分数，还应考虑其他因素，如物理化学和能显著改变潜在反应性或生物活性的特定分子特征。Wu 等（2010）提供了一系列的启发式方法，来确定类似物是否适合交叉参照。委员会指出，表 B-1 中的化学相似性得分表明支链对壬基酚可能不适合用于对十二烷基酚的交叉参照。然而，我们在这里包括了支链对壬基酚，因为大多数雌激素的模型都会考虑对位取代的苯酚基团有可能与雌激素受体结合位点有相互作用，例如 Wu 等（2013）的决策树算法。

表 B-1 中化学物质的数据来源于 ToxCast。在每一种情况下，最敏感的检测方法（AC_{50}[①] 最低的试验）是一种测量雌激素活性的检测方法，所有的化学物质的浓度在 10μmol/L 以下时均有雌激素反应活性。雌激素反应（如与受体进行结合或激活雌激素反应）是迄今为止在 ToxCast 中所有四个化学物质最普遍的反应。这些结果与美国环境保护署进行的定性结构－效应关系（SAR）项目中预测的一致，SAR 项目以对位取代酚的出现为基础，将所有具有弱雌激素活性的化学物质和已知的具有雌激素活性的对烷基酚归为一类。少量的一些试验中出现强阳性的浓度等于或低于 AC_{50}（10μmol/L）（见表 B-2）。其他的活性作用还包括与一类视黄醇 X 受体（RXR）亚型、孕烷 X 受体（PXR）、维生素 D 受体和过氧化物酶体增殖物激活受体 -γ（PPAR-γ）的相互作用和线粒体毒性作用（见表 B-2）。

总之，SAR 与 ToxCast 数据支持将对十二烷基酚与其他苯酚看成具有共同作用机制（即雌激素生成作用）的一类物质。在其他受体（RXR、PXR、维生素 D 受体及 PPAR-γ）观察到微小生物效应并不意外，这强调了有毒物质通常有多种作用方式。即使是对特定受体具有高特异性的内源性激素具有类似的非特异性（Kelce 等，1997），并且高通量检测可以为评估其他潜在的毒性提供科学依据。但是，在更高浓度下的相互作用可能并不包括在毒性作用内。对十二烷基酚作为雌激素样作用的总体外效力比对壬基酚和对辛基酚高约 15 倍，并且其生物活性是许多雌激素受体试验中观察结果的 3 倍。由于对十二烷基酚是所有烷基酚中疏水性最强，其较低的 AC_{50} 可能是不准确的（见第二章，关于解释体外测试数据挑战的讨论），但是数据表明其体外雌激素活性在其他烷基酚的测试范围内。

[①] AC_{50} 是一种在体外试验中产生 50% 反应的浓度。

很多研究报道了对辛基酚和对壬基酚的雌激素样作用，包括美国国家毒理学计划（NTP）进行的大鼠多代试验研究（Chapin 等，1999；Tyl 等，1999）。在本案例研究中，NTP 的两个研究的未观察到不良作用水平（NOAEL）[①] 可以作为毒性分离点用来推导对十二烷基酚的健康指导值，需要注意到的是其他已经发表的文献报道了在更低剂量下的毒性反应。这两项动物喂养研究的剂量均为 200mg/kg BW，结果未见生殖毒性作用。因为实验动物的生长和进食量会随着时间的推移发生改变，上述试验剂量会在一定的范围内浮动（9~36 mg/kg BW）。使用对辛基酚和对壬基酚的 NOAEL 来替代对十二烷基酚的毒性分离点需要对毒性效力进行调整：对十二烷基酚的最低 AC_{50} 约是对辛基酚和对壬基酚最低 AC_{50} 的 1/20，因此需要对对十二烷基酚的 NOAEL 进行相应的调整。

表 B-1　选中的烷基酚的正辛醇/水分配系数（K_{OW}）和化学相似度得分（CSS）

化学名称	CAS 号	Log K_{OW}[a]	CSS[b]
对辛基酚	1806-26-4	5.5	0.55
对壬基酚	104-40-5	5.76	0.64
支链对壬基酚	84852-15-3	5.77	0.15
对十二烷基酚	104-43-8	7.91	—

[a] LogK_{OW} 来源于美国环境保护署的 EPI Suite 数据库和评估项目（EPA，2011）。
[b] 用于测试化学物质对十二烷基酚的类似物的 CSS 来源于网络资源（http://chemmine.ucr.edu）的 Tanimoto 系数计算获得。CSS 为使用（或不使用）交叉参照（定性）数据提供了另外一条证据链（定量的）。

表 B-2　选中的烷基酚在 ToxCast 试验中的信息

化学物质	蛋白质交互作用：AC_{50} 值，μM[a]					线粒体毒性
	ER	RXR	PXR	维生素 D 受体	PPAR-γ	
对辛基酚	1.44（4）	—	1.71	—	—	9.23
对壬基酚	1.35（3）	8.19	—	—	7.36	—
支链对壬基酚	0.517（14）	1.4	2.29	1.98	—	6.3
对十二烷基酚	0.084（13）	2.74	1.45	—	—	3.28

[a] 括号中的数字是 AC_{50} 低于 10μmol/L 的雌激素反应检测试验的数量。
ER：雌激素受体；PPAR-γ：过氧化物酶体增殖物激活受体γ；PXR：孕烷 x 受体；RXR：类视黄醇 X 受体。

---

① 委员会注意到，也可以使用基准剂量来确定毒性分离点。

本交叉参照的案例存在一些局限性。为谨慎起见，在调整 NOAEL 前，可以使用体外质量平衡模型对 AC_{50} 的估计进行改进。同时也需要考虑将 NOAEL 在化学物质的药代动力学可能出现差异的基础上进行调整。虽然在本案例中，所有化学物质的疏水性已经足够高，以保证化学物质经口给予的吸收率较高，两个数量级的 $\log K_{OW}$ 的差异对于吸收和清除的速率和程度可能会非常重要。与雌激素样作用相关的吸收和清除的预估以及 NOAEL 值可以通过靶向试验或交叉参照法来获得。最后，需要对交叉参照的不确定性进行评估，以确保一致性和适当的保守性（Blackburn 等，2014）。

交叉参照的结果是将对十二烷基苯酚归类为较其他烷基酚更具有潜在雌激素样作用的化学物质。建立其健康指导值应当是可行的，但还应补充代谢、吸收以及对雌激素敏感器官发育影响的相关信息，以增进研究的可信度。

空气污染案例研究

长期以来人们一直担心暴露于空气污染可能会导致的慢性健康问题，但仅在过去几十年中，流行病学研究才真正地将空气污染暴露与过早死亡、心血管疾病和癌症发生风险的增加关联起来（EPA，2009）。除了危害识别，最近的研究已经对暴露－反应关系的特征描述进行了完善（Beelen 等，2014）。新的证据反映了使流行病学研究方法精细化的计算能力的增加，特别是结合污染物的大型环境监测与先进的地理信息系统（GIS）的应用、扩散模型和土地利用回归模型（LUR）来评估大型人群暴露的数据密集型暴露评估。这些方法以及几十年来在国家空气污染监测网络上的投资，使得研究人员可以为大型前瞻性人群研究建立长期暴露模型，探讨空气污染的长期后果，如癌症和心血管疾病，同时控制主要潜在的干扰因素。基于这些前端研究，例如欧洲空气污染影响队列研究（ESCAPE）（Beelen 等，2014）的近期出版物，国际癌症研究机构（IARC）工作组得出结论：有足够的证据表明，环境空气污染是人类致癌物，并且空气中的颗粒物（PM）是人类致癌物的证据是"充分的"（IARC，2015）。

空气污染与肺癌的因果关系的证据属于强证据（IARC，2015），并且危害识别与监管决策方面并不存在冲突，至少在拥有完善的以证据为基础的空气质量标准的高收入国家中，这方面尚不存在问题。然而，还有许多关于空气污染和癌症的未解答的科学问题仍然与监管决策有关，对于这些问题，21 世纪科学可能有助于减少与空气质量监管相关问题的不确定性。这个特殊的案例说明了如何使用新兴的科学来解决关于定义明确的危害或数据充分的化学物质的悬而未决的问题，并考虑以下的关键问题：

- 确定关键的空气污染源和成分

1）空气污染是包含多种污染源的混合物；其组成随时间和空间而变。

2）污染物混合物的组成还未被完全识别，研究也受到了"lamp-post 综合征"的影响（也就是说，仅关注了少量的目标或指示污染物，比如美国环境保护署列出的标准污染物，包括 PM 和二氧化氮）。

3）空气污染混合物的不同成分之间存在相互作用，对整体混合物的毒性会产生影响。

- 确定暴露-反应关系

1）根据现有流行病学证据，目前美国和其他地区空气污染的长期影响没有明显的阈值，尤其是总死亡率和癌症（Raaschou-Nielsen 等，2013；Beelen 等，2014；Hamra 等，2014）。

2）即使在大规模的研究机构，如欧洲空气污染影响队列研究（ESCAPE）和美国癌症协会，也很难在低暴露量下精确检测效应和准确描述风险。

3）关于空气污染导致长期不良影响的各种可能机制存在多种假说，并且其机制可能因导致的结果和混合污染物不同而存在差异。

4）特定的群体可能因为某些特性而有更大的风险，例如遗传、生命阶段、疾病状态或与其他物质的联合暴露。

- 解决新兴问题

长期暴露在空气污染中可能对健康造成的不良影响还在增加。例如，一些证据表明，空气污染可能对儿童的神经发育产生不良影响，并且会引起成人认知功能的衰退（Calderon-Garciduenas 等，2014；Chen 等，2015）。

同时，这个案例也引申出了两个平行案例。其中一个是基于肺癌，主要的问题是评估暴露-反应关系，如美国和欧洲大部分地区的低暴露情况下，确定可能涉及的机制以及可能导致癌症风险的关键混合物的成分。此外，出于不同原因考虑，选择儿童神经发育作为第二个案例。后者主要涉及危害识别，因为空气污染与任何特定的神经发育后果之间的因果关系还未被确定。一些神经发育结局中的不确定性反映了调查虽少，但产生严重结果的挑战，例如自闭症，需要大量详细的空气污染评估数据的孕妇队列研究，但仍然很难对不同年龄段儿童暴露各种混合污染物的神经心理学和认知功能的研究结果进行比对。

肺癌：对暴露-反应关系的特征描述和识别混合物关键成分

详细描述低剂量暴露风险和确定暴露-反应曲线的形状的相关问题，现有的流行病学工具仍无法提供直接的答案，部分是由于队列研究中人群规模有限，同时也因为使用现有工具进行暴露测量，存在不可避免的误差。然而，这些问题可以通过下面描述的新方法和新工具来解决，这些方法有助于更精确地描述暴露，并更深入地探测发病机理。

外暴露

确定暴露-反应关系一个重要的问题是，如何更详细地定义暴露，特别是低剂量暴露。新的暴露评估方法主要围绕外暴露的概念，可以解决这个问题。根据第一章的定义，"暴露"是指人体暴露的总量。在这里讨论暴露是因为新工具的出现，在个体层面对多种污染物测量提供了更大的空间和时间分辨率（见第二章）。这种基于时间的测量能够降低暴露测量的误差，为测量误差和修正模型提供必要的数据，可以更好地确定暴露-反应关系。

新的暴露方法与传统方法有鲜明的对比。最初，空气污染的流行病学研究所依据的暴露分级只是来源于少量地点的测量。即使是1974年著名的美国哈佛六城市研究也是基于在六个城市的中心地点进行测量（Dockery等，1993）。约30年前开始的一系列时间序列研究，充分整合了暴露测量的时间数据，但监测数据仍然受空间因素的限制，例如仅在特定区域中央位置进行监测。后来的队列研究加入了一些在时间上更精细的改进措施，比如每小时或每天的环境监测结果，但通常仅在每个城市的一个或几个监测点进行，仍然具有空间局限性。在一个生态或半生态（即人群层面的暴露，但具有个体水平的协变量信息）的设计中，测量了城市中所有居民在特定时间段的平均暴露量（Künzli等，1997）。哈佛六城市研究中也提到了该方法，研究认为其忽略了城市内部的变化，且假设了空气污染物的空间异质性小，居民在城市内移动可以暴露于各种污染源。实际上，这些假设均是错误的。因此，尽管这些研究隐含了测量误差，但仍然发现与PM暴露指标之间的关联，最有可能的原因是充分利用了空气污染物的高时间分辨率和波动，特别是在评估短期效应时（如死亡率的时间序列研究）。

为捕捉更好的空间变化信息，新的工具正在被开发（Coker等，2015）。21世纪先进技术，如GIS应用、分散模型和LUR模型，已经在暴露评估中增加了捕捉空间变化的方法。在这些进展之前，暴露通常是依据居住地点进行分配，这种做法解释了一些城市内部的差异。然而，依赖于居住地点的方法不能完全捕捉或整合较大区域范围内多个来源的暴露。例如，在欧洲和美国，调查人员在许多城市，根据每个区域不同的土地使用特点（交通枢纽、港口、人口密度和工厂），使用特定的 $PM_{2.5}$ 测量方法来预测个人暴露浓度，借助使用 LUR 模型，或者有时在评估中加入常规环境监测数据，这项研究取得了相对较好的效果（Raaschou-Nielsen 等，2013）。然而，这种测量结果仍受到测量误差的影响，例如当与个体暴露监测项目进行比较的时候。个体暴露监测通常使用背包或类似的装载仪器，这些仪器可以测量个人的暴露水平，并且具有很高的时间和空间分辨率。此外，考虑到可行性，这类监测通常在短期内进行，如 2 周～4 周。外暴露的测量体现了获取个人 PM 的全部暴露数据的复杂性。例如，烹饪被证明是暴露超微粒子的一个重要来源。这些研究加深了先前认识的理解，即个人暴露于空气污染物会随时间和空间的变化有很大的不同，而且会受到特定的时间和活动模式的影响，比如家里、外出、工作和就餐等。如果不了解这些差异，暴露评估可能非常不准确，并产生风险评估偏倚（Nieuwenhuijsen 等，2015）。如第二章所述，目前已经在开发用于测量大量污染物的个人便携设备。

然而，用于调查慢性病发生风险的新的传感器技术，在今后几十年尚不可能被用于大规模的个体监测（考虑到数据处理和安全性因素）。当前也不太可能开展能够解决空气污染和肺癌关联性的关键问题、具有足够规模和详细暴露信息的研究。但是在现有的或新的队列研究中，使用传感器收集相关数据可能是一种可行的选择。由此产生的数据将被用于改进与队列被调查者相关的暴露模型和评估。但这种数据收集方法的局限性在于所使用的设备的抽样偏差和测量错误（NRC，2012。详细讨论了可能的局限性）。委员会估计，队列研究将有助于进一步精确地开展暴露评估。有两种精确暴露评估的方法：一是将更多的时间 - 活动数据与时间和空间信息充分与污染模型结合起来；二是更好地控制误差，这将减少空气污染导致肺癌的不确定性。

新兴的方法也将有助于解决上述挑战，这些挑战与描述特定的混合成分和导致肺癌风险的病因有关。流行病学中空气污染 PM 产生健康影响的多数证据，例如肺癌，均是以 PM 作为暴露指标。但是 PM 是一种复杂的、常见的空气混合污染物，且尺寸和颗粒组成不同，其毒性和潜在的致癌性均不同。

新的模型构建方法可以评估不同浓度 PM 的成分和特征，并且有利于探究特定 PM 成分与健康风险之间的关系。最近的研究已经全面地描述了室外空气污染的来源，并结合 LUR 模型对环境 PM_{10}、$PM_{2.5}$ 和二氧化氮进行了评估（Raaschou-

Nielsen 等，2016）。新的模型已经被用于研究化学组成（X 射线荧光）、元素和有机碳、多环芳烃（PAH）、苯和超微粒子，这些物质以前由于很难进行暴露评估，很少被研究（Chang 等，2015）。现在已经可以对超微 PM 进行暴露评估。例如，采用新型移动监测设备已经被证明是可靠且经济的数据采集方法（Hudda 等，2014）。

新的体外和体内试验可以对 PM 样品的毒性进行评价和比较。粒子毒性的一个新的检测方法是氧化电位试验，可以测量肺排液中抗氧化物的减少情况（Kelly 等，2015）。通过分析 PM 在过滤器中氧化电位的空间和时间变化，可以确定引发这种变化的决定因素，并开发新的大气污染空间分辨模型来测量氧化能力（Yang 等，2015）。

然而，空气污染模型只能提供室外空气污染浓度的信息，并不能提供不同空间信息的暴露评估方法所涉及的人群地理位置数据。这些模型没有考虑室内暴露源或室外渗入室内的污染物的暴露。GIS（例如道路模型）和微环境模型（例如室内到室外暴露）最新的进展更加精确的个体暴露模型，该模型可以通过人群时间-活动模式（能够反映在室内的时间）的详细数据来进一步充实。关于室外暴露可以通过许多城市的预付卡系统或旅行调查数据获取有关出发地和目的地的信息。这些数据与区域或国家的时间使用调查相结合，为个体暴露模型提供了丰富的补充信息。评估新的暴露模型，需要个体和人群空气污染暴露以及从活动中获取的空间-时间模型的详细数据，从而能够为流行病学研究和风险评估提供更好的暴露评估数据。

内暴露

环境内暴露可以通过两种方法进行调查：直接的分析化学方法（如第二章所述）和间接的多组学技术。直接测量侧重于在体液中通过常规或新的化学分析方法测量外源化学物质。间接测量是基于 DNA、RNA、蛋白质或代谢物的变化，推测特定外源化学物质的暴露情况。基因组学、转录组学、蛋白质组学、表观遗传学能够间接推测暴露量，代谢组学和加合物组学则可以直接测量暴露量。

本附录中所描述的各类组学技术可以用于研究各种机体变化，例如在血液或尿液，这些研究可以有助于描述空气污染物对健康的不良影响，精确暴露，探索机理，以及识别有健康风险的人群。委员会描述了不同组学技术对上述管理问题的潜在贡献，并提供了几个案例说明科学快速发展的潜力。鉴于该领域的迅速发展和相关文献的范围，尚无法对该专题进行系统的介绍。组学技术的定义见第一章。

基因组学

致癌作用被认为是基因和非基因改变共同参与的多步骤过程（Smith 等，2016）。对于肺癌和空气污染，有关风险的遗传决定因素的信息将有助于保护公众健康。基因组学可以对导致或增加空气污染易感性的遗传基因的变异性进行系统研究，或者基于对空气污染引起的体细胞突变进行研究。关于遗传易感性，几个基因变异体（如 GSTM1）已在候选基因时代进行了研究。最近，借助全基因组关联研究，已经确定了变异的类型（Kachuri 等，2016）。遗传变异与肺癌的相关性较弱，但是目前也发现了一些与肺癌风险相关的遗传变异，已经确定了更容易受到致癌物影响的人群。

建立基于遗传因素的易感人群资料，是一种潜在的识别易感人群的有效方法。例如，Bind 等（2014）使用通路分析法来研究遗传变异是否可以改变 PM 暴露与纤维蛋白原、c 反应蛋白、细胞间黏附分子-1 或血管细胞黏附分子-1 的关联性，这种遗传变异与氧化应激、内皮功能和金属代谢等通路有关。

关于体细胞突变，对几种类型的癌症组织进行排序发现，突变模式可以反映环境突变体的情况（Nik-Zainal 等，2015）。例如，肺癌有一种突变模式，这种模式与苯并（a）芘（B［a］P）在体外试验中所引起的一种突变非常相似，该体外试验使用了永生化的小鼠胚胎成纤维细胞（Nik-Zainal 等，2015）。试验结果表明，苯并（a）芘可引起典型突变：苯并（a）芘主要为 G→T 突变，与紫外线辐射产生的 C→T 和 CC→TT 突变相对应；与马兜铃酸，一种致癌和致突变物产生的 A→T 突变相对应。因此，这项研究表明，吸烟（可能是空气污染）引起的肺癌可能是由于烟雾中（或环境空气中）的多环芳烃引发的。从机理层面来说，这个信息非常重要。

因此，基因组学可以通过多种方式发挥作用。首先，与空气污染暴露有关的可改变癌症风险的遗传基因的变异可以被识别，识别风险较大或较小的人群可以加深对暴露-反应关系的理解，并明确易感人群。其次，如果肿瘤组织（体细胞突变）的分子特征与空气污染暴露密切相关，可以量化疾病负担，并构建由病因学定义的特定表型的暴露-反应模型。委员会注意到，大量的研究表明，尽管尚未明确任何特定类型的环境暴露标志物，但是吸烟者和不吸烟者之间的肺癌基因突变谱存在差异。最后，即使没有危害识别特征，也可以获得支持生物合理性的机理，而且可以提供关于混合物成分的信息。

表观基因组学

环境污染物暴露可以改变表观遗传特征，例如 DNA 或染色体的甲基化。DNA 甲基化及其相关的抑制或激活的基因转录可能影响癌变（Vineis 等，2010）。芳香烃受体（AhR）抑制基因甲基化的变化表明，甲基化可以作为吸烟暴露的标志（Shenker 等，2013），并检测吸烟暴露停止后的效果（Guida 等，2015）。有研究人员采用 AHR 抑制因子甲基化作为母亲吸烟者中胎儿宫内暴露吸烟成分的一个标志（Joubert 等，2012 年）。脐带血和胎盘组织中的表观遗传标志物也可以用来检测空气污染暴露对胎儿可能产生的影响，并且可以用于解决母体暴露空气污染后是否会对子代发育产生影响（Novakovic 等，2014）。此外，表观遗传标志物可能提供暴露于空气污染甚至某些特殊成分的信息。

信息表观遗传学在如何研究疾病或健康的风险方面取决于标记物是否是永久性的，标志物是否在关键年龄窗口产生，选取的组织是否适合研究；甲基化标记是否是组织特异性的。一些研究调查了空气污染暴露对 DNA 甲基化的影响（Baccarelli 等，2009），并且长散布核元件（LINE-1）和 Alu 核元件的 DNA 甲基化可作为血液细胞的全基因组的甲基化。LINE-1 和 Alu 核元件属于逆转录转座子，也就是说，是基因组中的重复和移动序列。LINE 包括基因组的绝大部分，而 LINE-1 和 Alu 甲基化与整体细胞 DNA 甲基化水平相关。试验结果发现，空气污染会改变 LINE-1 的甲基化（Baccarelli 等，2009；Demetriou 等，2012）。

表观遗传变化也可能是致癌的原因之一，可能与基因突变的程度相同。Fasanelli 等（2015）研究表明，与吸烟相关的基因（包括 AHR 抑制基因）甲基化改变可以预测肺癌发生的风险。目前尚缺乏空气污染和肺癌相关性的类似研究。

鉴于目前对环境暴露于表观基因组学的重视程度，委员会预测，未来 10 年将会确定表观基因组学在风险评估方面的效用。目前正在进行整个生命周期的研究，虽然可以从具有良好设计的大型队列研究中获得多个生物样本，但仍然需要更长时间对这些生物标志物进行验证。

转录组学

对于环境暴露（包括空气污染暴露）引发的肺癌的研究，转录组学可以确定与其相关的基因表达的变化情况。因此，转录组学是一个关键的研究工具，例如，确定空气污染混合物中哪些特定成分具有生物活性，并可能是导致肺癌发生的原因。通过显示混合物对基因表达的总体影响大于单个成分的基因表达的总和，转录组学也有助于揭示混合成分的相互作用。

通过体外试验和动物试验,目前已经明确基因表达的改变与空气污染暴露有关。具体来讲,空气污染暴露可导致与免疫或炎症相关的基因表达上升或下降。尽管很少有人体观察结果,但 Wittkopp 等(2016)进行了一项探索性研究,对洛杉矶地区 $PM_{2.5}$ 平均暴露浓度为 $10 \sim 12\mu g/m^3$ 的老年人群进行了测试,以确定基因表达是否与空气污染暴露有关。结果发现了几组候选基因的基因表达与尾气污染物(包括 $PM_{0.25 \sim 2.5}$ 或 $PM_{0.25}$ 中氮氧化物和 PAH 含量)存在正相关,与氧化应激途径 Nrf2 调控基因有关。目前使用转录组学工具进行肺癌研究,已经发现了很多基因的调控异常(Amelung 等,2010)。

蛋白质组学

如第一章所述,蛋白质组学是指采用高通量技术对生物样品中蛋白质进行分析。类似于转录组学,蛋白质组学有助于描述空气污染中单个成分的毒性,识别空气污染成分的相互作用,以及识别可能与空气污染有关并可能与肺癌形成有关的途径。例如,有研究通过蛋白质组学的方法来探索长期空气污染暴露和炎症标记之间的关联(Mostafavi 等,2015),在空气污染高暴露的情况下能够观察到免疫炎症作用。目前有关人群与空气污染有关的蛋白质组学研究还很少。

加合物组学

有研究人员很早就对 DNA 和蛋白质加合物与空气污染暴露的关联进行了研究(Demetriou 等,2012;Demetriou 等,2015),特定的加合物(如 PAH-DNA 加合物)已经被检测。加合物组学是一种确定暴露的生物标记物的新方法,对外暴露产生的加合物或内部产生的加合物进行系统的高通量检测。作为暴露组学概念的一部分,加合物组学通常包含一种用质谱分析的白蛋白水解产物的非靶向研究。与白蛋白结合的亲电化学物或其代谢物也可能与 DNA 结合。因此,以蛋白质为基础的加合物组学可用于识别混合物中具有遗传毒性和亲电子的成分。由于其具有较高灵敏度,可以减少误差和不确定性,也可用于精确评估暴露-反应关系,包括肺癌的暴露-反应曲线的形状。用于研究暴露-反应关系时,需要队列研究的生物样本。而现代流行病学能够提供大量队列研究的多种生物样本,为研究信号通路的稳定性提供了可能性。有些信号通路涵盖了较长期的暴露数据,因此可以用于暴露评估。

代谢组学

代谢组学能够通过几种方法对血浆、血清或尿液样本进行分析，包括非靶性分析的高分辨率的超高效液相色谱法－质谱法。通过错误发现率修正的多元统计分析可以识别出暴露组的代谢特征。然后，通过针对性研究，识别出暴露组特有的代谢物。然而，代谢组学的数据非常容易受到个体差异的影响，许多代谢物的存在时间很短，这可能会限制其在慢性风险评估中的效用。另外一个限制因素是需要添加注解，研究人员需要进行额外的化学分析，才能对检测到的特征进行描述，例如质谱分析的特征。然而，随着未来技术的发展，原则上代谢组学可能成为可实现多个目标的有用工具，如表B-3所示：用于混合物成分及其相互作用有关的特定代谢产物的鉴定；通过将代谢物与外暴露测量联系起来，可以更好地进行暴露评估；通过分子和生物化学途径的重建，有助于探索作用机理和识别通路。

结束语

流行病学研究中组学技术的应用，表明空气污染物可能是通过炎症和氧化应激产生健康影响。此外，虽然空气污染和吸烟的烟雾含有一些相同的成分，如PAH，但是空气污染和吸烟的暴露特征仍可能不同。早期的小样本量研究尚不能在低剂量暴露情况下对通路扰动进行合理的定量估计。尽管证据有限，但在不同的"组学"平台上，如转录组学、表观基因组学和蛋白质组学等，但也出现了一些一致性的结果。平台之间的一致性可以通过交叉组学的统计方法来进行研究（Vineis等，2013）。长期目标是通过一系列描述致癌作用的组学研究（例如，在人体生物样本中的突变谱、表观遗传变异、炎症和细胞增殖），结合外暴露组学方法，在个体层面上减少测量误差。该研究有希望可以开展精确定量的风险评估。

总的来说，组学技术将促进对致癌物的所有特征的探索，以及了解从暴露到疾病的通路途径。组学技术面临的主要挑战是由于技术原因和生物个体内变异而产生的测量的多样化；癌症的长期潜伏期：暴露和疾病生之间几十年潜伏期，并包含多个阶段；尚不能通过癌前病变来研究靶细胞的分子改变，只能通过替代组织开展研究，例如血液。如果不考虑这些挑战，组学技术将提供识别空气混合污染物的关键成分的机会，并能够对暴露－反应关系进行精确评估，见表B-3。

表 B-3 相关管理问题以及肺癌案例中组学技术如何有助于回答这些问题 [a]

管理问题	组学技术					
	基因组学	表观基因组学	转录组学	蛋白质组学	加合组学	代谢组学
I 确定关键空气污染源和成分						
确定混合物的毒性和长期影响	√	ü	ü	ü		ü
调查混合物的互相作用			ü	ü		ü
确定暴露-反应关系						
更好地定义暴露					ü	ü
确定作用机理	ü	ü	ü	ü	ü	ü
确定高风险组	ü					

[a] 本表内容基于组学技术在肺癌领域的现有知识和使用情况。随着科学的发展和对肺癌的研究的进展，表格中的标记很可能会发生变化。

空气颗粒污染和神经发育毒性：确定是否存在因果关系

确定 PM 与神经发育结果之间是否存在因果关系，对公共健康非常重要。长期以来，人们达成的共识是胎儿和婴幼儿的发育、成长和成熟过程中对环境中的有毒物质较成人更为敏感（WHO，1986；NRC，1993；Anderson 等，2000；Perera 等，2004；Grandjean 等，2006），因此神经发育问题备受关注。大量研究发现，空气污染可以对胎儿生长产生不良影响，包括头围变化（Vrijheid 等，2011；Stieb 等，2012；van den Hooven 等，2012；Backes 等，2013；Proietti 等，2013；Smarr 等，2013）。最近，流行病学家非常关注空气污染物 PM 对健康的潜在影响。因为一些试验和小型病理研究发现，PM 中的一些易燃成分，如多环芳烃及其衍生物，具有神经发育毒性（Calderon-Garciduenas 等，2002；Takeda 等，2004）。在本节中，委员会简要讨论了空气污染暴露与神经发育影响的流行病学研究，并就如何使用 ES21 和 Tox21 工具和方法来加强或改进流行病学研究提供了一些对策。委员会指出，关于空气污染引发的神经心理影响的流行病学研究，有研究人员已经进行了总结（Guxens 等，2012；Sunyer 等，2012；Suades-González 等，2015），这里将不再讨论。本节将讨论一些与神经发育毒性（DNT）有关的内容，以及 DNT 研究可能采用的方法。

空气污染与儿童神经发育关联性的流行病学证据

流行病学研究已经开始调查各种空气污染物与儿童神经发育影响之间的关联性。表 B-4 汇总了主要研究的特点和研究设计。美国、波兰和中国的几项小规模研究显示，在子宫中 PAH 暴露会对儿童的神经发育产生不良影响（Perera 等，2006；Perera 等，2009；Tang 等，2008；Tang 等，2014；Edwards 等，2010；Lovasi 等，2014）。其中包括个体妊娠期短期（48h）PAH 暴露量，以及脐带血中的 PAH-DNA 加合物测量。报告显示，不良影响包括：心智功能或智力下降以及儿童早期运动发育迟缓，但这些影响并不是在儿童接受检查的各个年龄段均被观察到。美国的一项补充性队列研究发现，儿童神经发育的不良结果（智力发育和注意力障碍）与其炭黑暴露的增加有关（Suglia 等，2008；Chiu 等，2013），而炭黑来源于尾气污染；但是，只是在男孩中发现注意力障碍与炭黑暴露之间存在关联性，这表明易感性可能存在性别差异。欧洲的一项汇总了六个出生群体的大型研究（Guxens 等，2014）发现，空气污染物二氧化氮与 4 岁及以下儿童的神经运动发育迟缓有关，但未发现与认知和语言能力之间存在关联。另外，一些亚洲的研究和一项波兰的研究报告显示，不同类型的空气污染物和暴露时间与不同的神经发育存在关联（见表 B-4）。这些研究多数是小规模的，对不同发育年龄段儿童的神经功能进行了测试，并且针对不同的污染物及其来源进行了出生前或出生后的暴露测量。因此，需要进行额外的研究，来重现或确认报告中的一些结果，从而在流行病学数据中得出空气污染与神经发育的不良结局相关联的结论。

流行病学研究的局限性可借助 ES21 和 Tox21 的方法得以解决。以下部分总结了应对这些挑战的方法。

- 对不同年龄段儿童的神经心理功能的测试是耗时且昂贵的，研究人员必须平衡各种因素，如神经功能评估的范围和种类、队列研究的规模和随访时间。可行性和成本是主要问题。最近的流行病学研究综述（Suades-González 等，2015）对这些问题进行了论述，由于评估暴露及其结局的方法存在差异性，仍然没有足够的数据进行定量的 Meta 分析。关于认知和神经运动发育，Suades-González 等（2015 年）认为，通过一个高质量的 PAH 暴露研究可以得出"有充分的证据表明两者存在关联性"的结论，但不能证明具有因果关系。对于其他的空气污染物，通过现代的暴露评估和模型（GIS 或者由卫星数据和地面监测网络支持的分散模型）可能有助于为已经完成或正在开展的费用很高的神经发育研究提供可以比对的空气污染暴露测量方法（例如，使用神经成像或广泛功能测试的研究）。最终，这项研究可能提供足够的样本量、适当的暴露梯度，以及可能的特定暴露来源或特定的混合污染物的成分信息，从而得出空气污染物与神经发育的定量评估的结果或因果关系。

- 在许多空气污染的 DNT 研究中，关键的局限性在于不能研究多种空气污染物暴露（混合污染物），并且考虑到人们对神经发育的社会和文化决定因素的认识有限，以及神经发育和社会经济地位（SES）的紧密联系，这些研究对空气污染的多种混杂因子的确定很可能是不完整的。GIS 可以帮助解开 SES 的角色问题，例如，允许对 SES 进行区域层面的调整。在贝叶斯框架中，计算资源密集型多级空间模型（computer-resource-intensive multilevel spatial modeling）也可以解决空间关联的混杂因子和污染混合物的问题（Coker 等，2015；Coker 等，2016）。

- 在未来的小样本研究中，如果仪器体积小、重量轻，测量成本低且具有可行性，那么可以使用带有新的科学技术传感器的个人空气监测或生物标记的方法。新的方法将允许在怀孕期间或生命早期进行长期监测。除了 PAH 加合物，尚无更好的生物标记物可以用于有毒的 PM 成分。如果仅仅对颗粒进行监测，则无法评估其成分的毒性，并且颗粒的组成可能取决于颗粒的来源。然而，将连续的颗粒监测结果与重复收集的相关生物样本（如母亲和婴儿的血液、尿液和胎盘）结合起来，通过组学工具从人类样本中寻找新的生物标记物，可能发现一些标志结局的生物标记物（Janssen 等，2015；Saenen 等，2015），可以使用非靶向方法确定新的生物标志物。

表 B-4 空气污染对神经发育影响的流行病学研究设计

特征信息	暴露信息	主要调查结果	选取的结果	参考文献
46,039 个在 2001 年 1 月 10—17 日,或 7 月 10—17 日出生于日本的单个婴儿	在出生前的 9 个月里,评估了母亲与城市尾气相关的空气污染的暴露情况。空气污染测量从全国一般的和路边的监测点求得	通过一系列 2.5 岁~5.5 岁的智力问题来测量神经发育延迟。同问题没有被测量或从已建立的量表中选择,而是在以前的研究中被使用过	母亲妊娠期间空气污染的暴露与 2.5 岁时语言和精细运动发育迟缓以及 5 岁时行为抑制和冲动相关的一些发育迟缓的风险呈正相关	Yorifuji 等,2016
183 个儿童,三岁,在纽约的黑人和多米尼加籍母亲所生,母亲-儿童组合招募于 1998 年—2003 年	评估母亲产前空气中多环芳烃、二手烟雾和农药暴露量;妊娠期间通过个人空气采样监测多环芳烃。分娩时收取脐带血,在产后 2 天内采集母亲的血液,进行可替宁、重金属和农药含量分析	在出生后 12、24、36 个月,使用的婴儿发育 Bayley 量表来评估认知和神经运动发育,从而产生一个 MDI 和相应的 PDI。根据儿童行为检查表来测量行为问题	母亲产前的 PAH 暴露与 PDI 或行为问题不相关。但是,产前 PAH 高暴露(第 75 百分位数)与 3 岁时较低的 MDI 相关,而与 1 岁或 2 岁无相关性	Perera 等,2006
249 个儿童,五岁,在纽约的黑人和多米尼加籍母亲所生,母亲-儿童组合招募于 1998 年—2003 年。注:这组队列与 Perera 等(2006)相同	妊娠晚期测量母亲的多环芳烃暴露量,在白天连续两天使用个人监测设备来测量,晚上监视设备被置于床边。在此期间采连续运行,收集直径 ≤2.5μm 的蒸汽和颗粒	使用 WPPSI-R 来确定语言、性能和整体的智商分数	在妊娠期间多环芳烃暴露高的母亲,其孩子在 5 岁时,测试的全面和语言智商分数较低。在校正了母亲的智商、家庭护理环境的质量、环境中烟草烟雾暴露以及其他潜在的混杂因素后,PAH 暴露量较高(高于中位数 2.26 ng/m³)与全面和语言智商分数有显著的负相关,但与表现智商分数没有关联	Perera 等,2009

续表

特征信息	暴露信息	主要调查结果	选取的结果	参考文献
326个儿童，在纽约的黑人和多米尼加籍母亲所生，母亲-儿童组合招募于1998年—2006年。注：这组队列与Perera等（2006）相同	在妊娠的最后3个月，连续两天使用个人环境空气监测器测量PAH暴露，夜间仪器放置在床边。母亲自主报告房屋装修情况，评估产前住址1km范围内的环境特征，并使用2000年美国人口调查数据，指标包括联邦贫困线以下的居民数量，高中文凭或同等学历，以及较低的英语水平	使用WPPSI-R来评估5岁儿童的智力和神经发育。由于西班牙语和英语的差异，排除西班牙语的得分	母亲产前PAH暴露高于中位数的，与孩子较低的WPPSI-R和语言得分有显著的相关性。PAH高暴露组和PAH低暴露组的总的平均分相差值为3.5，语言得分相差为3.9	Lovasi等，2014
214名儿童，由在波兰克拉科夫的母亲所生	在妊娠中晚期，使用个人空气监测器对8种PAH暴露进行48h监测；在此期间，监测器夜里放置于床边	使用RCPM评估5岁儿童的非语言推理能力	对潜在的混杂因素进行调整后，母亲较高的产前空气PAH暴露（高于中位数17.96 ng/m³，范围1.8～272.2 ng/m³）与5岁时RCPM得分降低显著相关。这个与预估的智商均值平均降低3.8相符合	Edwards等，2010
1257名美国儿童，6岁～15岁；数据收集来自NHANES 2001年—2004年	PAH暴露量基于2001年—2002年和2003年—2004年测量的尿液中的PAH代谢物浓度	通过分析父亲和母亲的下述应答报告而获得结果： （1）是否有医生诊断的注意力缺陷多动症（ADHD） （2）是否有医生或学校代为确认的LD （3）SE收据或早期干预服务	儿童尿液的多环芳烃代谢物的浓度被高，需要SE的可能性增加了两倍，男性的发病率要高于女性	Abid等，2014

续表

特征信息	暴露信息	主要调查结果	选取的结果	参考文献
202名儿童，在马萨诸塞州波士顿。一个前瞻性的出生序列研究（1986年—2001年）	在研究随访期间，根据儿童的居住环境，对BC暴露进行了研究。在波士顿地区的80多个监测点收集的数据被用来构建时空LUR模型，预测24h的尾气通过的炭黑（BC）暴露量	8岁~11岁时进行认知测试，包括K-BIT（评估语言和非语言智力）和WRAML（评估语言积极学习和记忆各种信息的能力）	对社会人口因素、出生体重、血铅浓度和烟草烟雾进行调整后，BC暴露会导致K-BIT词汇量（-2.2）、综合智力指数（-4.0），综合智力指数（-3.4）得分的下降，以及WRAML的视觉量表（-3.9）和总体指数（-3.9）的下降	Suglia等，2008
174名儿童，7岁~14岁，在马萨诸塞州波士顿。这个队列与Suglia等（2008）相同	基于波士顿地区82个监测点的2079个独立暴露日的6021个观测值，利用24h时空模型估算了儿童一生中与尾气相关的炭黑（BC）浓度。模型考虑了暖季（5月~10月）和寒季（11月~次年4月）	使用Conners的CPT来评估7岁~14岁的注意力障碍和神经功能	在这些城市学龄儿童中，即使在对儿童智商、年龄、性别和其他变量进行调整后，较高BC暴露与高任务错误致低HRT之间仍存在正相关。性别分层分析表明，BC与男孩的任务错误增加以及HRT之间存在显著的相关性，但BC与女孩的任何结果都没有显著相关性	Chiu等，2013
9482名儿童，6个欧洲出生人群：荷兰、德国、法国、意大利、希腊和西班牙；母婴配对招募于1997年—2008年	使用LUR模型来评估所有地区的NOx，以及直径<2.5，<10，和2.5μm~10μm的PM，以及PM2.5在分区的吸收率。监测工作主要从2008年10月至2011年1月进行。NOx在一年内进行2周的测量，每周不少于3次。通过测定PM2.5的反射系数，测量了PM2.5的吸收率。为了获得最终的分析结果，采用反萃取程序来评估每个个母来在妊娠期间的暴露浓度	在1岁~6岁时评估认知和神经运动的发展。对认知和神经运动发育的不同神经心理测试，包括McArthur的交流发展量表、婴儿发展Bayley量表、丹佛发展筛查测试II、一般认知发展的麦卡锡量表，年龄和阶段问卷	妊娠期间空气污染暴露量，特别是NO2（尾气的主要来源）和PM2.5，与神经运动发育延迟相关（NO2每增加10μg/m³，儿童整体发展评分减少0.68分）。在相似年龄测量的认知发育与妊娠期间的空气污染暴露无关	Guxens等，2014

续表

特征信息	暴露信息	主要调查结果	选取的结果	参考文献
520对母婴配对，来源于韩国三个地区。研究时间2006年1月1日～2008年12月31日	妊娠期间PM_{10}和NO_2的暴露可用反向距离加权法评估。一种小型空气采样器用于测量室外环境PM_{10}；一个被动采样器用于测量室外环境的NO_2；抽样在24h内进行	使用韩国婴儿发育Barley量表II进行神经发育测量。在6个月，12个月和24个月时测量结果使用MDI和PDI表示	在出生后的前24个月，母亲PM_{10}暴露与MDI、PDI呈负相关。母亲NO_2暴露与PDI减少相关，但与认知功能无关。多元线性回归模型显示，产前空气污染暴露（PM_{10}和NO_2）与6个月MDI和PDI显著相关，但与12个月和24个月无显著相关	Kim等，2014
533对母婴配对，2003年10月～2004年1月招募于台湾29个村庄或城市；在6个月和18个月时进行随访	台湾空气质量监测网公布了CO、O_3、PM_{10}、SO_2、NO_2、THCs和NMHCs的每个小时的环境监测浓度。调查对象的暴露时间段平均为早上7点到晚上7点。通过将城市空气质量监测点的数据与从妊娠开始到出生后18个月的暴露相联系，对每个孩子的空气污染物暴露进行测量。妊娠期也分为3个阶段，产后是二氧化硫的低剂量暴露，甚至早期的不良神经发育（不良神经行为和不良运动发育）有关	神经发育通过父母对一种筛查工具TBCS的应答来测量。该量表由四个部分组成：运动、精细运动、语言/交流、社会/自我照顾能力。父母在每次面试时都需要完成2个神经行为发展量表：回答包括：有时、总是。量表具有良好的预测能力，测评维度与婴儿发育的Bayley量表相关	在母亲妊娠期间到婴儿12个月，环境空气污染的各种指标，甚至是二氧化硫的低剂量暴露，甚至早期的临床神经发育（不良神经行为和不良运动发育）有关	Lin等，2014

续表

特征信息	暴露信息	主要调查结果	选取的结果	参考文献
133名儿童，2002年3月4日~2002年6月19日出生于中国铜梁的三个乡村医院；随访时间2年	试验地点位于中国一个季节性运营的燃煤电厂。在母亲分娩时取脐带血样本，测量PAH-DNA加合物、铅和汞。采用HPLC测定脐血细胞的苯并[a]芘-DNA加合物。使用ape-800塞曼原子吸收光谱仪以背景校正系统来测量样品中铅的含量	通过GDS来衡量2岁儿童的身体、情感和行为发展。对儿童的行为、语言行为、个人行为和社会行为的DQ进行测试	对脐带血铅浓度、环境烟草烟雾、性别、孕龄和母亲受教育程度进行校正后，脐带加合物浓度的增加与运动方面DQ、语言DQ、和平均DQ下降相关。高脐带血铅浓度也与社会区域DQ和平均DQ的降低相关。发育迟缓的发生率范围从9.1%（社会）到13.6%（运动），平均得分为6.4%	Tang等，2008
150名儿童，2002年3月4日~2002年6月19日与158名出生于2005年3月2日~2005年5月23日的儿童作为对照组；两组都出生于中国铜梁。 注：本队列与Tang等（2008）相同	2002年3月~2003年2月，2005年3月~2006年2月期间在铜梁的三个地点使用了两个小型采样器。收集了72小时的样品。分娩时取脐带血，产后一天从丛母亲体内取血以及从脐带中提取母细胞中进行苯并[a]芘-DNA加合物的分析，得出整体PAH的浓度	出生体重、长度和头围是在出生时测量的。如果孩子是在剖腹产分娩，那么出生后需测量多次。儿童2岁时使用GDS测量神经系统发育状况。如上所述，使用DQ测量运动，适应，语言和社会行为	在两组队伍列招募期间，电厂关闭。2005年电厂关闭后的群体中，除语言以外的所有DQ区域的发育迟缓模式都得到了改善	Tang等，2014

缩略语：ADHD，注意力缺陷多动障碍；BC，炭黑；CO，一氧化碳；CPT，连续性能试验；DQ，发育商；GDS，格塞尔发展时间表；HPLC，高效液相色谱法；HRT，打击反应时间；K-BIT，考夫曼短暂的智力测验；LD，学习障碍；LUR，土地利用回归；MDI，智力发育指数；NHANES，国家健康和营养调查；NMHC，非甲烷碳氢化合物；NO$_x$，氮氧化合物；NO$_2$，二氧化氮；O$_3$，臭氧；PAH，多环芳烃；PDI，精神运动发育指数；PM，颗粒物；RCPM，乌鸦的彩色渐进式测验；SE，特殊教育；SO$_2$，二氧化硫；TBCS，出生队列研究队规模；THC，总碳氢化合物；WPPSI-R，韦氏学前儿童智力量表-修订版；WRAML，广泛的评估学习和学习记忆。

神经发育毒性和评估方法概述

一直以来，神经发育障碍和环境暴露（如空气污染暴露）的因果关联由于受到一系列原因的影响而很难建立，主要原因在于：流行病学研究需要大量人群，孕前和妊娠期间全部暴露信息的捕捉过程复杂，暴露与结局之间的延迟期长（特别是神经退行性障碍），定义一些疾病的病理学的不足（如精神分裂症或自闭症谱系障碍），以及动物模型和体外试验固有的局限性等。不同利益相关者已经发表了深入评估 DNT 的观点和策略，此处不再赘述（Aschner 等，2010；Bal-Price 等，2015；Felter 等，2015）。本部分讨论主要研究 DNT 评估过程中特有的一些挑战，并提供了一些可能的方法。

对于大脑和行为目标来说，最显著的挑战是大脑发育的动态复杂性，以及对复杂行为障碍的病因缺乏基本理解，如智力障碍和情感障碍。使用以疾病为中心的方法来进行 DNT 风险评估时非常具有挑战性的，且可行性也不高。因为很多神经系统障碍，尤其是神经精神障碍，是多症状特征的综合征，并且缺乏神经病理学定义或明确的病因。因此，使用框架在暴露、DNT 机理和神经疾病之间建立清晰的关联是不合理的。仅有为数不多的模型被建议用于 DNT，但是这些模型都过于宽泛（例如，氧化应激），而且不能很好地解释病理。此外，提出的证据并不能很好地支持结果，特别是在神经科学领域。相反，由于非特殊情况时（不是重大事故或工业暴露），很难确定暴露和临床诊断的神经疾病之间的明确关联，这个时候需要进行 DNT 的风险评估和化学筛查。

尽管在环境监管过程中如何改进 DNT 风险评估的观点有所不同，但人们普遍认为，对 DNT 的测试应该关注神经发育过程中基本稳定的关键事件。这些事件包括神经诱导、细胞迁移、轴突导向、突触形成和修剪以及细胞凋亡。对关键事件的干扰是神经障碍的主要缺陷。基于这种观点，发展神经毒素的鉴别主要看其改变基本事件的能力，而不是它们具体的细胞或分子机制。这种观点在与空气污染有关的案例中得到了证实，即 $PM_{2.5}$ 会导致大鼠大脑的氧化应激，破坏血脑屏障的完整性，从而通过激活巨噬细胞和小胶质增加细胞的神经毒性（Fagundes 等，2015；Liu 等，2015）。在小鼠中，超微颗粒的暴露会导致性别特异性神经毒性（包括兴奋性和神经胶质的激活）和预示着增强的冲动和活动过度的行为变化，这种行为变化与暴露于空气污染的儿童也有关联（Allen 等，2014）。此外，小鼠在神经发育高峰期通过母体子宫暴露苯并[a]芘，会导致行为学习障碍（Mc-Callister 等，2016）。

快速发展的试验、流行病学、计算和毒物筛选方法将更好地评估神经毒性和神经内分泌干扰，并填补关键的测试空白。因此，Tox21 在 DNT 方面的应用将尤其的合适且非常有利。例如，空气污染引起的神经炎症反应已经在人体、动物和体外试验中观察到（Costa 等，2014）；试验结果证明了 Tox21 方法，包括对动物模型和人体组织的使用，在评估空气污染和其他暴露带来的 DNT 风险中的潜力。

Tox21 方法，包括 DNT 试验，也可以用于解决如何确定哪种空气污染成分会导致神经疾病的挑战。这些方法可以对特定颗粒的神经毒性进行快速检测，并帮助标记可能会引起更大毒性的颗粒来源。例如，关于具体哪种 PAH 存在于混合物中，我们知之甚少；环境样本中可以包含数百个单体 PAH，而 PAH 的生物活性和毒性在很大程度上依赖于化学结构（Wang 等，2011）。一旦我们能够识别出样品中的所有化学物质，并了解其单独或联合作用，新的方法可以增加我们对神经行为缺陷的化学结构和毒性关系的理解。具体来说，可以使用一套体外和高通量集成系统通过找出 PAH 的生物靶向或通路对 PAH 进行分类。这些系统初期可以使用非靶性方法（如蛋白质组学、代谢组学、转录组学和表观基因组学）来进行全面评估，提供化学物质的分类和模型构建特征指标。

例如，近期通过斑马鱼研究，评估并比较了 38 种氧多环芳烃（oxy-PAHs）对斑马鱼的发育毒性，并发现了与 PAH 化学结构特征相关联的反应模式（Knecht 等，2013）。此外，斑马鱼的全基因组 RNA 序列研究表明，即使对于通过结合和激活 AHR 产生毒性的 PAH，PAH 结构的细微差别也会造成整体发育基因表达的变化，并且以测量 P450 诱导来进行 AHR 激活的测量可能是有问题的（Goodale 等，2015）。一旦确定了单个的 PAH 的目标，就可以进一步利用 Tox21 的方法来预测 PAH 的混合物是如何产生神经毒性的。神经系统发育和功能的体外测定可以用来识别与神经系统相关终点改变的化学物质和混合物。高通量分析系统，如斑马鱼，可能在识别分子反应数据和神经行为测量之间起关键作用（Truong 等，2014；Reif 等，2016）。优化和扩大探测成年斑马鱼更复杂行为的检测方法（在第三章进行了讨论），能够提供新的途径将化学暴露与功能相关的神经行为观察终点联系起来。

虽然有改进 DNT 测试方法的驱动且出现了新的试验方法，实施的速度仍然很慢。例如，美国环境保护署对神经毒性观察终点或神经目标的毒性测试并不能覆盖所有的观察终点分析，这是一个公认的局限性。最初使用 ToxCast 数据来对化学物质进行神经毒性排序的尝试失败了，因为缺少合适的观察终点进行试验，并且现有试验的可信度较低（Filer 等，2014）。利益相关者的会议和研讨会帮助确定了更好的方法来收集 DNT 的新兴工具和方法，但是仍然需要更多神经科学家和发育内分泌学家来保障神经生理学基本途径的评估，以及在分析发育过程中考虑两性异形、区域特异性的敏感性和动态临界窗口（Crofton 等，2014；McPartland 等，2015）。未来将需要一系列试验，这些试验要包含最新的神经科学工具和原则，并且能够为管理科学和风险决策平台提供相关数据。确定最具希望的方法和技术并最大化利用，还需要除传统毒理学以外的学科专家的积极参与，尤其是神经科学领域。完成一个跨学科的方法，并鼓励多学科研究项目来发展并评估试验，可以通过与相关科学团体、有相关专业知识的团体以及相关资助机构进行合作来实现，相关资助机构包括例如美国国家环境卫生科学研究所等。

成年人的大脑是如何完成复杂的认知和社会处理过程的仍然是一个谜，也是使用多种工具进行大量研究的焦点。甚至对于发育过程中复杂系统的关键方面是何时组织的，或两性异性是如何出现的也知之甚少（Reinius 等，2009；Yang 等，2014；Hawrylycz 等，2015；Loke 等，2015）。神经胶质细胞的作用也得到了大量的关注，因为这些细胞，特别是星形胶质细胞和微胶质细胞，在神经发育中起着比先前认为的更重要的作用（Schwarz 等 2012；Schitine 等，2015）。因此，要评估化学暴露对神经发育产生的影响，必须要理解并接受一个事实：我们需要完成对大脑如何发育的基本理解，以及大脑如何使我们能够产生人类特有的行为，是什么导致了能定义我们人类物种的认知和社会能力。DNT 需要更多的研究，尤其是考虑到它的严重后果以及社会对其不良影响的高度关注。要解决与 DNT 相关的挑战，需要大量学科的协同合作，例如神经科学家能够解决大脑面对外源性化学物质暴露的脆弱性，人口学家能够评估化学暴露在人类群体中的影响。

参考文献

Abid, Z., A. Roy, J.B. Herbstman, and A.S. Ettinger. 2014.Urinary polycyclic aromatic hydrocarbon metabolites and attention/deficit hyperactivity disorder, learning disability, and special education in US children aged 6 to 15. J. Environ.Public Health 2014: 628508.

Allen, J.L., X. Liu, D. Weston, L. Prince, G. Oberdörster, N.J. Finkelstein, C.J. Johnston, and A. Cory-Slechta.2014. Developmental exposure to concentrated ambient ultrafine particulate matter air pollution in mice results in persistent and sex-dependent behavioral neurotoxicity and glial activation. Toxicol. Sci. 140（1）: 160-178.

Amelung, J.T., R. Bührens, M. Beshay, and M.A. Reymond.2010. Key genes in lung cancer translational research: A meta-analysis. Pathobiology 77（2）: 53-63.

Anderson, L.M., B.A. Diwan, N.T. Fear, and E. Roman.2000. Critical windows of exposure for children's health: Cancer in human epidemiological studies and neoplasms in experimental animal models. Environ. Health Perspect.108（Suppl. 3）: 573-594.

Aschner, M., K.M. Crofton, and E.D. Levin. 2010. Emerging high throughput and complementary model screens for neurotoxicology. Neurotoxicol. Teratol. 32（1）: 1-3.

Baccarelli, A., R.O. Wright, V. Bollati, L. Tarantini, A.A.Litonjua, H.H. Suh, A. Zanobetti, D. Sparrow, P.S. Vokonas, and J. Schwartz. 2009. Rapid DNA methylation changes after exposure to traffic particles. Am. J. Respir.Crit. Care Med. 179（7）: 572-578.

Backes, C.H., T. Nelin, M.W. Gorr, and L.E. Wold. 2013.Early life exposure to air pollution: How bad is it? Toxicol.Lett. 216（1）: 47-53.

Bal-Price, A., K.M. Crofton, M. Sachana, T.J. Shafer, M.Behl, A. Forsby, A. Hargreaves, B. Landesmann, P.J. Lein, J. Louisse, F. Monnet-Tschudi, A. Paini, A. Rolaki, A.Schrattenholz, C. Suñol, C. van Thriel, M. Whelan, and E. Fritsche. 2015. Putative adverse outcome pathways relevant to neurotoxicity. Crit. Rev. Toxicol. 45（1）: 83-91.

Beelen, R., O. Raaschou-Nielsen, M. Stafoggia, Z.J. Andersen, G. Weinmayr, B. Hoffmann, K. Wolf, E. Samoli, P.Fischer, M. Nieuwenhuijsen, P. Vineis, W. Xun, K. Katsouyanni, K. Dimakopoulou, A. Oudin, B. Forsberg, L.Modig, A.S. Havulinna, T. Lanki, A. Turunen, B. Oftedal, W. Nystad, P. Nafstad, U De Faire, N. Pedersen, C.G.Östenson, L. Fratiglioni, J. Pennell, M. Korek, G. Pershagen, K.T. Eriksen, K. Overvad, T. Ellermann, M. Eeftens, P. H. Peeters, L. Meliefste, M. Wang, B. Bueno-de-Mesquita, D. Sugiri, U. Krämer, J. Heinrich, L. de Hoogh, T. Key, A. Peters, R. Hampel, H. Concin, G.Nagel, A.Ineichen, E. Schaffner, N. Probst-Hensch, N. Künzli, C.Schindler, T. Schikowski, M. Adam, H. Phuleria, A. Vilier, F. Clavel-Chapelon, C. Declercq, S. Grioni, V. Krogh, M.Tsai, F. Ricceri, C. Sacerdote, C. Galassi, E. Migliore, A.Ranzi, G. Cesaroni. C. Badaloni, F. Forastiere, I. Tamayo, P. Amiano, M. Dorronsoro, M. Katsoulis, A. Trichopoulou, B. Brunekreef, and G. Hoek. 2014. Effects of longterm exposure to air pollution on natural-cause mortality: An analysis of 22 European cohorts within the multicentre ESCAPE project. Lancet 383（9919）: 785-795.

Bind, M.A., B. Coull, H. Suh, R. Wright, A. Baccarelli, P.Vokonas, and J. Schwartz. 2014. A novel genetic score approach using instruments to investigate interactions between pathways and environment: Application to air pollution.PLoS One 9（4）: e96000.

Blackburn, K., and S.B. Stuard. 2014. A framework to facilitate consistent characterization of read across uncertainty.Regul. Toxicol. Pharmacol. 68（3）: 353-362.

Calderón-Garcidueñas, L., B. Azzarelli, H. Acuna, R. Garcia, T.M. Gambling, N. Osnaya, S. Monroy, M. del Rosario Tizapantzi, J.L. Carson, A. Villarreal-Calderon, and B.Rewcastle. 2002. Air pollution and brain damage. Toxicol.Pathol. 30（3）: 373-389.

Calderón-Garciduenas, L., R. Torres-Jardón, R.J. Kulesza, S. Park, and A. D'Angiulli. 2014. Air pollution and detrimental effects on children's brain. The need for a multidisciplinary approach to the issue complexity and challenges.Front Hum. Neurosci. 8: 613.

Chang, S.Y., W. Vizuete, A. Valencia, B. Naess, V. Isakov, T. Palma, M. Breen, and S. Arunachalam. 2015. A modeling framework for characterizing near-road air pollutant concentration at community scales. Sci. Total Environ.538: 905-921.

Chapin, R.E., J. Delaney, Y. Wang, L. Lanning, B. Davis, B. Collins, N. Mintz, and G. Wolfe. 1999. The effects of 4-nonylphenol in rats: A multigeneration reproduction study. Toxicol. Sci. 52（1）:

80-91.

Chen, J.C.., X. Wang, G.A. Wellenius, M.L. Serre, I. Driscoll, R. Casanova, J.J. McArdle, J.E. Manson, H.C. Chui, and M.A. Espeland. 2015. Ambient air pollution and neurotoxicity on brain structure: Evidence from Women's Health Initiative Memory Study. Ann. Neurol. 78（3）: 466-476.

Chiu, Y.H., D.C. Bellinger, B.A. Coull, S. Anderson, R. Barber, R.O. Wright, and R.J. Wright. 2013. Associations between traffic-related black carbon exposure and attention in a prospective birth cohort of urban children. Environ Health Perspect. 121（7）: 859-864.

Coker, E., J. Ghosh, M. Jerrett, V. Gomez-Rubio, B. Beckerman, M. Cockburn, S. Liverani, J. Su, A. Li, M.L. Kile, B. Ritz, and J. Molitor. 2015. Modeling spatial effects of PM（2.5）on term low birth weight in Los Angeles County.Environ Res. 142: 354-364.

Coker, E., S. Liverani, J.K. Ghosh, M. Jerrett, B. Beckerman, A. Li, B. Ritz, and J. Molitor. 2016. Multi-pollutant exposure profiles associated with term low birth weight in Los Angeles County. Environ. Int. 91: 1-13.

Costa, L.G., T.B. Cole, J. Coburn, Y.C. Chang, K. Dao, and P.Roque. 2014. Neurotoxicants are in the air: Convergence of human, animal, and in vitro studies on the effects of air pollution on the brain. Biomed. Res. Int. 2014: 736385.

Crofton, K., E. Fritsche, T. Ylikomi, and A. Bal-Price. 2014.International Stakeholder NETwork（ISTNET）for creating a developmental neurotoxicity testing（DNT）roadmap for regulatory process. ALTEX 31（2）: 223-224.

Demetriou, C.A., and P. Vineis. 2015. Carcinogenicity of ambient air pollution: Use of biomarkers, lessons learnt and future directions. J. Thorac. Dis. 7（1）: 67-95.

Demetriou, C.A., O. Raaschou-Nielsen, S. Loft, P. Møller, R. Vermeulen, D. Palli, M. Chadeau-Hyam, W.W. Xun, and P. Vineis. 2012. Biomarkers of ambient air pollution and lung cancer: A systematic review. Occup. Environ.Med. 69（9）: 619-627.

Dockery, D.W., C.A. Pope, III, X. Xu, J.D. Spengler, J.H.Ware, M.E. Fay, B.G. Ferris, Jr., and F.E. Speizer. 1993.An association between air pollution and mortality in six US cities. N. Engl. J. Med. 329（24）: 1753-1759.

Edwards, S.C., W. Jedrychowski, M. Butscher, D. Camann, A. Kieltyka, E. Mroz, E. Flak, Z. Li, S. Wang, V. Rauh, and F. Perera. 2010. Prenatal exposure to airborne polycyclic aromatic hydrocarbons and children's intelligence at 5 years of age in a prospective cohort study in Poland.Environ. Health Perspect. 118（9）: 1326-1331.

EPA（US Environmental Protection Agency）. 2009. Integrated Science Assessment for Particulate Matter（Final Report）. EPA/600/R-08/139F. US Environmental Protection Agency, Washington, DC［online］. Available: https://cfpub.epa.gov/ncea/risk/recorddisplay.cfm?deid=216546［accessed July 25, 2016］.

EPA（US Environmental Protection Agency）. 2011. Estimation Programs Interface（EPI）Suite for Microsoft® Windows, Version 4.1. U. S. Environmental Protection Agency, Washington, DC.Fagundes, L.S., A.daS. Fleck, A.C. Zanchi, P.H. Saldiva, and C.R. Rhoden. 2015. Direct contact with particulate matter increases oxidative stress in different brain structures.Inhal. Toxicol. 27（10）: 462-467.

Fasanelli, F., L. Baglietto, E. Ponzi, F. Guida, G. Campanella, M. Johansson, K. Grankvist, M. Johansson, M.B.Assumma, A. Naccarati, M. Chadeau-Hyam, U. Ala, C.Faltus, R. Kaaks, A. Risch, B. De Stavola, A. Hodge, G.G.Giles, M.C. Southey, C.L. Relton, P.C. Haycock, E. Lund, S. Polidoro, T.M. Sandanger, G. Severi, and P. Vineis.2015. Hypomethylation of smoking-related genes is associated with future lung cancer in four prospective cohorts.Nat. Commun. 6: 10192.

Felter, S.P., G.P. Daston, S.Y. Euling, A.H. Piersma, and M.S. Tassinari. 2015. Assessment of health risks resulting from early-life exposures: Are current chemical toxicity testing protocols and risk assessment methods adequate? Crit. Rev. Toxicol. 45（3）: 219-244.

Filer, D., H.B. Patisaul, T. Schug, D. Reif, and K. Thayer.2014. Test driving ToxCast: Endocrine profiling for 1858 chemicals included in phase II. Curr. Opin. Pharmacol.19: 145-152.

Goodale, B.C., J. La Du, S.C. Tilton, C.M. Sullivan, W.H.Bisson, K.M. Waters, and R.L. Tanguay. 2015. Ligandspecific transcriptional mechanisms underlie aryl hydrocarbon receptor-mediated developmental toxicity of oxygenated PAHs. Toxicol. Sci. 147（2）: 397-411

Grandjean, P. and P.J. Landrigan. 2006. Developmental neurotoxicity of industrial chemicals. Lancet 368 （9553）: 2167-2178.

Guida, F., T.M. Sandanger, R. Castagné, G. Campanella, S.Polidoro, D. Palli, V. Krogh, R. Tumino, C. Sacerdote, S.Panico, G. Severi, S.A. Kyrtopoulos, P. Georgiadis, R.C.Vermeulen, E. Lund, P. Vineis, and M. Chadeau-Hyam.2015. Dynamics of smoking-induced genome-wide methylation changes with time since smoking. Hum. Mol. Genet.24（8）: 2349-2359.

Guxens, M., and J. Sunyer. 2012. A review of epidemiological studies on neuropsychological effects of air pollution.Swiss Med. Wkly. 141: w13322.

Guxens, M., R. Garcia-Esteban, L. Giorgis-Allemand, J.Forns, C. Badaloni, F. Ballester, R. Beelen, G. Cesaroni, L. Chatzi, M. de Agostini, A. de Nazelle, M. Eeftens, M.F. Fernandez, A. Fernández-Somoano, F. Forastiere, U. Gehring, A. Ghassabian, B. Heude, V.W. Jaddoe, C.Klümper, M. Kogevinas, U. Krämer, B. Larroque, A. Lertxundi, N. Lertxuni, M. Murcia, V. Navel, M. Nieuwenhuijsen, D. Porta, R. Ramos, T. Roumeliotaki, R. Slama, M. Sørensen, E.G. Stephanou, D. Sugiri, A. Tardón, H.Tiemeier, C.M. Tiesler, F.C. Verhulst, T. Vrijkotte, M. Wilhelm, B. Brunekreef, G. Pershagen, and J. Sunyer. 2014.Air pollution during pregnancy and childhood cognitive and psychomotor development: Six European birth cohorts.Epidemiology 25（5）: 636-647.

Hamra, G.B., N. Guha, A. Cohen, F. Laden, O. Raaschou-Nielsen, J. Samet, P. Vineis, F. Forastiere, P. Saldiva, T.Yorifuki, and D. Loomis. 2014. Outdoor particulate matter exposure and lung cancer: A systematic review and metaanalysis.Environ. Health Perspect. 122（9）: 906-911.

Hawrylycz, M., J. Miller, V. Menon, D. Feng, T. Dolbeare, A.L. Guillozet-Bongaarts, A. G. Jegga, B. J. Aronow, C.Lee, A. Bernard, M.F. Glasser, D.L. Dierker, J. Menche, A.Szafer, F. Collman, P. Grange, K.A. Berman, S. Mihalas, Z.Yao, L. Stewart, A. Barabási, J. Schulkin, J. Phillips, L.Ng, C. Dang, D.R. Haynor, A. Jones, D.C. Van Essen, C.Koch, and E. Lein. 2015. Canonical genetic signatures of the adult human brain. Nat. Neurosci. 18（12）: 1832-1844.

Hossaini, A., M. Dalgaard, A.M. Vinggaard, P. Pakarinen, and J.J. Larsen. 2003. Male reproductive effects of octylphenol and estradiol in Fischer and Wistar rats. Reprod.Toxicol. 17（5）: 607-615.

Hudda, N.T. Gould, K. Hartin, T.V. Larson, and S.A. Fruin.2014. Emissions from an international airport increase particle number concentrations 4-fold at 10 km downwind. Environ. Sci. Technol. 48（12）: 6628-6635.

IARC (International Agency for Research on Cancer). 2015.Outdoor Air Pollution. Monographs on the Evaluation of Carcinogenic Risks to Humans Vol. 109. Lyon: IARC [online].Available: http://monographs.iarc.fr/ENG/Monogra phs/vol109/index.php[accessed July 25, 2016].

Janssen, B.G., H.M. Byun, W. Gyselaers, W. Lefebvre, A.A.Baccarelli, and T.S. Nawrot. 2015. Placental mitochondrial methylation and exposure to airborne particulate matter in the early life environment: An ENVIRONAGE birth cohort study. Epigenetics 10（6）: 536-544.

Joubert, B.R., S.E. Håberg, R.M. Nilsen, X. Wang, S.E Vollset, S.K. Murphy, Z. Huang, C. Hoyo, Ø. Midttun, L.A.Cupul-Uicab, P.M. Ueland, M.C. Wu, W. Nystad, D.A.Bell, S.D. Peddada, and S.J. London. 2012. 450K epigenome-wide scan identifies differential DNA methylation in newborns related to maternal smoking during pregnancy.Environ. Health Perspect.120（10）: 1425-1431.

Kachuri, L., C.I. Amos, J.D. McKay, M. Johansson, P. Vineis, H.B. Bueno-de-Mesquita, M.C. Boutron-Ruault, M. Johansson, J.R. Quirós, S. Sieri, R.C. Travis, E. Weiderpass, L. Le Marchand, B.E. Henderson, L. Wilkens, G. Goodman, C. Chen, J.A. Doherty, D.C. Christiani, Y.Wei, L. Su, S. Tworoger, X. Zhang, P. Kraft, D. Zaridze, J.K. Field, M.W. Marcus, M.P. Davies, R. Hyde, N.E. Caporaso, M.T. Landi, G. Severi, G.G. Giles, G. Liu, J.R.McLaughlin, Y. Li, X. Xiao, G. Fehringer, X. Zong, R.E.Denroche, P.C. Zuzarte, J.D. McPherson, P. Brennan, and R.J. Hung. 2016. Fine-mapping of chromosome 5p15.33 based on a targeted deep sequencing and high density genotyping identifies novel lung cancer susceptibility loci.Carcinogenesis 37（1）: 96-105.

Kelce, W.R., and L.E. Gray, Jr.1997. Endocrine disruptors: Effects on sex steroid hormone receptors and sex development.Pp. 435-474 in Drug Toxicity in Embryonic Development, Vol. 2, R.J. Kavlock, and G.P. Daston, eds. Berlin: Springer.

Kelly, F.J., and J.C. Fussell. 2015. Linking ambient particulate matter pollution effects with oxidative biology and immune responses. Ann. N.Y. Acad. Sci. 1340: 84-94.

Kim, E., H. Park, Y.C. Hong, M. Ha, Y. Kim, B.N. Kim, Y.Kim, Y.M. Roh, B.E. Lee, J.M. Ryu, B.M. Kim, and E.H.Ha. 2014. Prenatal exposure to PM2.5 and NO2 and children's neurodevelopment from birth to 24 months of age: Mothers and Children's Environmental Health (MOCEH) study. Sci. Total Environ. 481: 439-445.

Knecht, A.L., B.C. Goodale, L. Truong, M.T. Simonich, A.J.Swanson, M.M. Matzke, K.A. Anderson, K.M. Waters, and R.L. Tanguay. 2013. Comparative developmental toxicity of environmentally relevant oxygenated PAHs. Toxicol.Appl. Pharmacol. 271（2）: 266-275.

Künzli, N., and I.B. Tager. 1997. The semi-individual study in air pollution epidemiology: A valid design as compared to ecologic studies. Environ. Health Perspect.105（10）: 1078-1083.

Laws, S.C., S.A. Carey, J.M. Ferrell, G.J. Bodman, and R.L.Cooper. 2000. Estrogenic activity of octylphenol, nonylphenol, bisphenol a and methoxychlor in rats. Toxicol.Sci. 54（1）: 154-167.

Lin, C.C., S.K. Yang, K.C. Lin, W.C. Ho, W.S. Hsieh, B.C.Shu, and P.C. Chen. 2014. Multilevel analysis of air pollution and early childhood neurobehavioral development.Int. J. Environ. Res. Public Health 11（7）: 6827-6841.

Liu, F., Y. Huang, F. Zhang, Q. Chen, B. Wu, W. Rui, J.C.Zheng, and W. Ding..2015. Macrophages treated with particulate matter PM2.5 induce selective neurotoxicity through glutaminase-mediated glutamate generation. J.Neurochem. 134（2）: 315-326.

Loke, H., V. Harley, and J. Lee. 2015. Biological factors underlying sex differences in neurological disorders. Int. J.Biochem. Cell. Biol. 65: 139-150.

Lovasi, G.S., N. Eldred-Skemp, J.W. Quinn, H.W. Chang, V.A. Rauh, A. Rundle, M.A. Orjuela, and F.P. Perera.2014. Neighborhood social context and individual polycyclic aromatic hydrocarbon exposures associated with child cognitive test scores. J. Child Fam. Stud. 23（5）: 785-799.

McCallister, M.M., Z. Li, T. Zhang, A. Ramesh, R.S. Clark, M. Maguire, B. Hutsell, M.C. Newland, and D.B. Hood.2016. Revealing behavioral learning deficit phenotypes subsequent to in utero exposure to benzo（a）pyrene. Toxicol Sci. 149（1）: 42-54.

McPartland, J., H.C. Dantzker, and C.J. Portier. 2015. Building a robust 21st century chemical testing program at the US Environmental Protection Agency: Recommendations for strengthening scientific engagement. Environ. Health Perspect. 123（1）: 1-5.

Mikkilä, T.F., J. Toppari, and J. Paranko. 2006. Effects of neonatal exposure to 4-tert-octylphenol, diethylstilbestrol, and flutamide on steroidogenesis in infantile rat testis.Toxicol. Sci. 91（2）: 456-466.

Mostafavi, N., J. Vlaanderen, M. Chadeau-Hyam, R. Beelen, L. Modig, D. Palli, I.A. Bergdahl, P. Vineis, G. Hoek, S.A. Kyrtopoulos, and R. Vermeulen. 2015. Inflammatory markers in relation to long-term air pollution. Environ. Int.81: 1-7.

Nieuwenhuijsen, M.J., D. Donaire-Gonzalez, I. Rivas, M. de Castro, M. Cirach, G. Hoek, E. Seto, M. Jerrett, and J. Sunyer.2015. Variability in and agreement between modeled and personal continuously measured black carbon levels using novel smartphone and sensor technologies. Environ.Sci. Technol. 49（5）: 2977-2982.

Nik-Zainal, S., J.E. Kucab, S. Morganella, D. Glodzik, L.B.Alexandrov, V.M. Arlt, A. Weninger, M. Hollstein, M.R.Stratton, and D.H. Phillips. 2015. The genome as a record of environmental exposure. Mutagenesis 30（6）: 763-770.

Novakovic, B., J. Ryan, N. Pereira, B. Boughton, J.M. Craig, and R. Saffery. 2014. Postnatal stability, tissue, and time specific effects of AHRR methylation change in response to maternal smoking in pregnancy. Epigenetics 9（3）: 377-386.

NRC（National Research Council）. 1993. Pesticides in Diet of Infants and Children. Washington, DC: National Academy Press.

NRC（National Research Council）. 2012. Exposure Science in the 21st Century: A Vision and a Strategy. Washington, DC: The National Academies Press.

Perera, F.P., D. Tang, Y.H. Tu, L.A. Cruz, M. Borjas, T. Bernert, and R.M. Whyatt. 2004. Biomarkers in maternal and newborn blood indicate heightened fetal susceptibility to procarcinogenic DNA damage. Environ. Health Perspect.112（10）: 1133-1136.

Perera, F.P., V. Rauh, R.M. Whyatt, W.Y. Tsai, D. Tang, D.Diaz, L. Hoepner, D. Barr, Y.H. Tu, D. Camann, and P.Kinney. 2006. Effects of prenatal exposure to airborne polycyclic aromatic hydrocarbons on neurodevelopment in the first 3 years of life among inner-city children. Environ.

Health Perspect. 114（8）：1287-1292.

Perera, F.P., Z. Li, R. Whyatt, L. Hoepner, S. Wang, D. Camann, and V. Rauh. 2009. Prenatal airborne polycyclic aromatic hydrocarbon exposure and child IQ at age 5 years.Pediatrics 124（2）：e195-e202.

Proietti, E., M. Röösli, U. Frey, and P. Latzin. 2013. Air pollution during pregnancy and neonatal outcome: A review. J. Aerosol. Med. Pulm. Drug Deliv. 26（1）：9-23.

Raaschou-Nielsen, O., Z.J. Andersen, R. Beelen, E. Samoli, M. Stafoggia, G. Weinmayr, B. Hoffman, P. Fischer, M.J. Nieuwenhuijsen, B. Brunekreef, W.W. Xun, K. Katsouyanni, L. Dimakopoulou, J. Sommar, B. Forsberg, L.Modig, A. Oudin, B. Oftedal, P.E. Schwarze, P. Nafstad, U. De Faire, N.L. Pedersen, C.G. Ostenson, L. Fratiglioni, J. Penell, M. Korek, G. Pershagen, K.T. Eriksen, M. Sørensen, A. Tjønneland, T. Ellerman, M. Eeftens, P.H.Peeters, K. Meliefste, M. Wang, B. Bueno-de-Mesquita, T.J. Key, K. de Hoogh, H. Concin, G. Nagel, A. Vilier, S.Grioni, V. Krogh, M.Y. Tsai, F. Ricceri, C. Sacerdote, C.Galassi, E. Migliore, A. Ranzi, G. Cesaroni, C. Badaloni, F. Forastiere, I. Tamayo, P. Amiano, M. Dorronsoro, A.Trichopoulou, C. Bamia, P. Vineis, and G. Hoek. 2013.Air pollution and lung cancer incidence in 17 European cohorts: Prospective analyses from the European Study of Cohorts for Air Pollution Effects（ESCAPE）. Lancet Oncol.14（9）：813-822.

Raaschou-Nielsen, O., R. Beelen, M. Wang, G. Hoek, Z.J.Andersen, B. Hoffmann, M. Stafoggia, E. Samoli, G.Weinmayr, K. Dimakopoulou, M. Nieuwenhuijsen, W.W.Xun, P. Fischer, K.T. Eriksen, M. Sørensen, A. Tjønneland, F. Ricceri, K. de Hoogh, T. Key, M. Eeftens, P.H. Peeters, H.B. Bueno-de-Mesquita, K. Meliefste, B. Oftedal, P.E.Schwarze, P. Nafstad, C. Galassi, E. Migliore, A. Ranzi, G. Cesaroni, C. Badaloni, F. Forastiere, J. Penell, U. De Faire, M. Korek, N. Pedersen, C.G. Östenson, G. Pershagen, L. Fratiglioni, H. Concin, G. Nagel, A. Jaensch, A. Ineichen, A. Naccarati, M. Katsoulis, A. Trichpoulou, M. Keuken, A. Jedynska, I.M. Kooter, J. Kukkonen, B.Brunekreef, R.S. Sokhi, K. Katsouyanni, and P. Vineis.2016. Particulate matter air pollution components and risk for lung cancer. Environ. Int. 87: 66-73.

Reif, D.M., L. Truong, D. Mandrell, S. Marvel, G. Zhang, and R.L. Tanguay. 2016. High-throughput characterization of chemical-associated embryonic behavioral changes predicts teratogenic outcomes. Arch. Toxicol. 90（6）：1459-1470.

Reinius, B., and E. Jazin. 2009. Prenatal sex differences in the human brain. Mol. Psychiatry 14（11）：987-989.

Saenen, N.D., M. Plusquin, E. Bijnens, B.G. Janssen, W. Gyselaers, B. Cox, F. Fierens, G. Molenberghs, J. Penders, K.Vrijens, P. De Boever, and T.S. Nawrot. 2015. In utero fine particle air pollution and placental expression of genes in the brain-derived neurotrophic factor signaling pathway: An ENVIRONAGE Birth Cohort Study. Environ Health Perspect. 123（8）：834-840.

Schitine, C., L. Nogaroli, M.R. Costa, and C. Hedin-Pereira.2015. Astrocyte heterogeneity in the brain: From development to disease. Front. Cell. Neurosci. 9: 76.

Schwarz, J.M., and S.D. Bilbo. 2012. Sex, glia, and development: Interactions in health and disease. Horm. Behav.62（3）：243-253.

Shenker, N.S., S. Polidoro, K. van Veldhoven, C. Sacerdote, F. Ricceri, M.A. Birrell, M.G. Belvisi,

R. Brown, P. Vineis, and J.M. Flanagan. 2013. Epigenome-wide association study in the European Prospective Investigation into Cancer and Nutrition (EPIC-Turin) identifies novel genetic loci associated with smoking. Hum. Mol. Genet. 22(5): 843-851.

Smarr, M.M., F. Vadillo-Ortega, M. Castillo-Castrejon, and M.S. O'Neill. 2013. The use of ultrasound measurements in environmental epidemiological studies of air pollution and fetal growth. Curr. Opin. Pediatr. 25(2): 240-246.

Smith, M.T., K.Z. Guyton, C.F. Gibbons, J.M. Fritz, C.J.Portier, I. Rusyn, D.M. DeMarini, J.C. Caldwell, R.J. Kavlock, P. Lambert, S.S. Hecht, J.R. Bucher, B.W. Stewart, R. Baan, V.J. Cogliano, and K. Straif. 2016. Key characteristics of carcinogens as a basis for organizing data on mechanisms of carcinogenesis. Environ. Health Perspect.124(6): 713-721.

Stieb, D.M., L. Chen, M. Eshoul, and S. Judek. 2012. Ambient air pollution, birth weight and preterm birth: A systematic review and meta-analysis. Environ. Res. 117: 100-111.

Suades-González, E., M. Gascon, M. Guxens, and J. Sunyer.2015. Air pollution and neuropsychological development: A review of the latest evidence. Endocrinology 156(10): 3473-3482.

Suglia, S.F., A. Gryparis, R.O. Wright, J. Schwartz, and R.J.Wright. 2008. Association of black carbon with cognition among children in a prospective birth cohort study. Am. J.Epidemiol. 167(3): 280-286.

Takeda, K., N. Tsukue, and S. Yoshida. 2004. Endocrine-disrupting activity of chemicals in diesel exhaust and diesel exhaust particles. Environ. Sci. 11(1): 33-45.

Tang, D., T. Li, J.J. Liu. Z. Zhou, T. Yuan, Y. Chen, V.A.Rauh, J. Xie, and F. Perera. 2008. Effects of prenatal exposure to coal-burning pollutants on children's development in China. Environ. Health Perspect. 116(5): 674-679.

Tang, D., T.Y. Li, J.C. Chow, S.U. Kulkarni, J.G. Watson, S.S. Ho, Z.Y. Quan, L.R. Qu, and F. Perera. 2014. Air pollution effects on fetal and child development: A cohort comparison in China. Environ. Pollut. 185: 90-96.

Truong, L., D. Reif, L. St. Mary, M. Geier, H.D. Truong, and R.L. Tanguay. 2014. Multidimensional in vivo hazard assessment using zebrafish. Toxicol. Sci. 137(1): 212-233.

Tyl, R.W., C.B. Myers, M.C. Marr, D.R. Brine, P.A. Fail, J.C. Seely, and J.P. Van Miller. 1999. Two-generation reproduction study with para-tert-octylphenol in rats. Regul.Toxicol. Pharmacol. 30(2 Pt 1): 81-95.

van den Hooven, E.H., F.H. Pierik, Y. de Kluizenaar, S.P.Willemsen, A. Hofman, S.W. van Ratingen, P.Y. Zandveld, J.P. Mackenbach, E.A. Steegers, H.M. Miedema, and V.W.Jaddoe. 2012. Air pollution exposure during pregnancy, ultrasound measures of fetal growth, and adverse birth outcomes: A prospective cohort study. Environ Health Perspect. 120(1): 150-156.

Vineis, P., A. Schatzkin, and J.D. Potter. 2010. Models of carcinogenesis: An overview. Carcinogenesis 31(10): 1703-1709.

Vineis, P., K. van Veldhoven, M. Chadeau-Hyam, and T.J.Athersuch. 2013. Advancing the application of omicsbased biomarkers in environmental epidemiology. Environ.Mol. Mutagen. 54(7): 461-467.

Vrijheid, M., D. Martinez, S. Manzanares, P. Dadvand, A.Schembari, J. Rankin, and M. Nieuwenhuijsen. 2011.Ambient air pollution and risk of congenital anomalies: A systematic review and meta-analysis. Environ. Health Perspect. 119（5）：598-606.

Wang, W., N. Jariyasopit, J. Schrlau, Y. Jia, S. Tao, T.W. Yu, R.H. Dashwood, W. Zhang, X. Wang, and S.L. Simonich.2011. Concentration and photochemistry of PAHs, NPAHs, and OPAHs and toxicity of PM2.5 during the Beijing Olympic Games. Environ. Sci. Technol. 45（16）：6887-6895.

WHO（World Health Organization）. 1986. Principles for Evaluating Health Risks from Chemicals during Infancy and Early Childhood：The Need for a Special Approach.Environmental Health Criteria 59. Geneva：World Health Organization.

Wittkopp, S., N. Staimer, T. Tjoa, T. Stinchcombe, N. Daher, J.J. Schauer, M.M. Shafer, C. Sioutas, D.L. Gillen, and R.J. Delfino. 2016. Nrf2-related gene expression and exposure to traffic-related air pollution in elderly subjects with cardiovascular disease：An exploratory panel study. J.Expo. Sci. Environ. Epidemiol. 16（2）：141-149.

Wu, S., K. Blackburn, J. Amburgey, J. Jaworska, and T. Federle.2010. A framework for using structural, reactivity, metabolic and physicochemical similarity to evaluate the suitability of analogs for SAR-based toxicological assessments.Regul. Toxicol. Pharmacol. 56（1）：67-81.

Wu, S., J. Fisher, J. Naciff, M. Laufersweiler, C. Lester, G.Daston, and K. Blackburn. 2013. Framework for identifying chemicals with structural features associated with the potential to act as developmental or reproductive toxicants.Chem. Res. Toxicol. 26（12）：1840-1861.

Yang, C.F., and N.M. Shah. 2014. Representing sex in the brain, one module at a time. Neuron. 82（2）：261-278.

Yang, A., M. Wang, M. Eeftens, R. Beelen, E. Dons, D.L.Leseman, B. Brunekreef, F.R. Cassee, N.A. Janssen, and G. Hoek. 2015. Spatial variation and land use regression modeling of the oxidative potential of fine particles. Environ.Health Perspect. 123（11）：1187-1192.

Yorifuji, T., S. Kashima, M. Higa Diez, Y. Kado, S. Sanada, and H. Doi. 2016. Prenatal exposure to traffic-related air pollution and child behavioral development milestone delays in Japan. Epidemiology 27（1）：57-65.

附录 C　特定场所评估的案例研究

正如第五章所述，了解与泄漏或有害废弃物场所相关的风险需要确定和量化出现的化学物质，描述其毒性作用，并估计混合物毒性和相关风险。本附录提供了案例研究。第一个案例研究描述了在一个假设的场所对已知化学物质开展暴露评估的详细方法，以及在该场所识别非特征性化学物质的方法。第二个案例研究是在意外泄漏后，对于一种数据缺乏的化学物质，如何生成毒性数据和暴露信息。第三个案例研究探索了一种生物学上的交叉参照方法，用于对假设的场所的混合物进行评估。

在某个场所识别化学物质

在这个案例研究中，场所选择在一个历史曾经受过污染的较大地区，包括主要人群聚居中心附近的陆地以及地表水（例如，拉夫运河、波特兰港和休斯敦河），已经获得了该地区空气、水和土壤的大量环境监测数据，数据包含多次监测结果，并在地理分布上覆盖整个场所。从在该地区附近生活或工作的代表性人群样本的血清、尿液和头发中获得生物监测数据，该数据按地区分布的，但在某些情况下只局限于某个时间。

利用靶向化学分析方法获得环境介质和人体血液、尿液和头发中约 50 种具有毒性作用的化学物质的浓度数据（见表 C-1）。这些化学物质主要分为四大类：多环芳烃、工业化学品和溶剂、塑化剂和农药。其中许多化学物质在啮齿动物和人体的代谢和药代动力学的信息是可以获得的。在特定场所，可以对周围人群（儿童、成人和老人）经口、皮肤和吸入途径的外暴露水平进行评估。同时，对该环境和生物监测样本进行了非靶性分析，结果显示环境媒介中有 5 000 种不明物质，在血清中有 3 000 种，在尿液中有 2 000 种，以及在头发中有 800 种可以被检测出来；其中 300 个未被确认的化学物质在环境介质和所有生物监测样本中均较为常见（见表 C-1）。

在此案例研究中，评估任务包括两个方面：一是为对已知化学物质的暴露评估进行优化，将外暴露评估转化为内暴露评估；二是明确调查的特定场所中未知的化学物质。以下部分将分别探讨这两个方面。

评估已知化学物质和化学混合物

本案例研究的第一步是收集已识别的或已知的化学物质的现有暴露相关数据，并对其进行优化。结合关注的暴露途径，对各种介质中化学物质的相对组成、变异性和浓度范围进行定量评估。例如，评估与皮肤暴露途径有关的风险，需要重点关注土壤、水和空气中可能接触皮肤的化学物质的浓度。同样，评估与人体（肺脏）吸入途径有关的混合物的风险，需要获得空气中混合物成分和浓度的数据。评估经口暴露途径的化学物质的风险，需要土壤、水、食物或其他介质中混合物成分和浓度，这些化学物质可能被摄入并吸收，并影响总暴露量。

明确暴露情况后，接下来的任务就是将外暴露和内暴露水平转化为用于构建药代动力学模型或测定生物监测的体外试验的合适浓度。模型估计的准确性部分取决于吸收、分布、代谢和排泄（ADME）过程中可用的信息量。化学信息学和高通量系统可以提供重要信息，如肝细胞代谢、Caco-2细胞吸收以及用于估算药代动力学参数的血浆蛋白结合（Wetmore等，2012；Wetmore等，2014）。与人体药代动力学相关的单核苷酸多态性遗传分析结果可以提供有关人群中药动学参数变异性的信息。最终，药代动力学参数可以用于评估外暴露和内暴露的关联性，并用于指导体外试验测试浓度的设计。关于某个化学物质和混合物的暴露数据和相关药代动力学数据可以用于确定监测场所实际暴露的化学物质的浓度以及暴露方式。

表 C-1 靶向化学分析确认的特定场所的化学物质

类别	排名[a]	化学物质中文名称	化学物质英文名称
多环芳烃	10	苯并（B）荧蒽	Benzo（B）fluoranthene
	38	苯并（a）蒽	Benzo（A）anthracene
	80	萘	Naphthalene
	138	荧蒽	Fluoranthene
	168	苊	Acenaphthene
	185	二苯并呋喃	Dibenzofuran
	255	芘	Pyrene

续表

类别	排名[a]	化学物质中文名称	化学物质英文名称
高产量工业化学品	30	联苯胺	Benzidine
	54	五氯苯酚	Pentachlorophenol
	84	2,4,6-三氯苯酚	2,4,6-Trichlorophenol
	98	2,4二硝基甲苯	2,4-Dinitrotoluene
	101	4,6-二硝基邻甲酚	4,6-Dinitro-o-cresol
	137	1,2,3-三氯苯	1,2,3-Trichlorobenzene
	142	2,4,5-三氯苯酚	2,4,5-Trichlorophenol
	172	对-甲酚	Cresol, para-
	181	苯酚	Phenol
	195	邻-甲酚	Cresol, ortho-
	206	正亚硝基二苯胺	n-Nitrosodiphenylamine
	260	2,6-二硝基甲苯	2,6-Dinitrotoluene
塑化剂	58	邻苯二甲酸二正丁酯	Di-n-butylphthalate
	77	邻苯二甲酸二异辛酯	Di(2-ethylhexyl)phthalate
	266	己二酸二异辛酯	Bis(2-ethylhexyl)adipate
农药	13	滴滴涕 P,P'-	DDT,P,P'-
	18	狄氏剂	Dieldrin
	25	艾氏剂	Aldrin
	26	滴滴滴 P,P'	DDD,P,P'-
	28	七氯	Heptachlor
	34	γ-六氯环己烷	γ-Hexachlorocyclohexane
	37	三硫呋喃	Disulfuron
	40	异狄氏剂	Endrin
	41	二嗪磷	Diazinon
	44	硫丹	Endosulfan
	47	环氧七氯	Heptachlorepoxide
	53	滴滴涕 O,P'-	DDT,O,P'-
	55	甲氧氯	Methoxychlor
	65	毒死蜱	Chlorpyriphos
	89	2,4-二硝基酚	2,4-Dinitrophenol
	99	乙硫磷	Ethion

续表

类别	排名[a]	化学物质中文名称	化学物质英文名称
农药	103	二甲基胂酸	Dimethylarsinicacid
	131	谷硫磷	Azinphos-methyl
	144	三氯杀螨醇	Dicofol
	148	对硫磷	Parathion
	155	氟乐灵	Trifluralin
	166	甲拌磷	Phorate
	200	丙线磷	Ethoprop
	232	乐果	Dimethoate
	244	2,4-D酸	2,4-DAcid
	246	丁酯	Butylate
	250	敌草隆	Diuron
	269	甲氧毒草安	Metolachlor
	272	甲萘威	Carbaryl

[a] 排名来自ATSDR2015物质优先级列表，其排名基于Superfund网站上的人体暴露频率、毒性以及潜在风险。

未知化学物质的评估

对特定场所样本的非靶性分析结果显示，在环境介质中发现了5 000种未知化学物质，其中在血清里有3 000种，在尿液里有2 000种，以及在头发中有800种（见图C-1）。其中300种未知化学物质均存在于所有样本中。对复杂样品进行非靶向分析的一个关键挑战是需要准确识别未知化学物质。在未能识别出化学物质，无具体暴露量和毒性测试结果，进行暴露与疾病关系的评估的合理性是非常有限的。为了识别未知化学物质，需要工业品和其他化学物质及其代谢物的标准品。标准品的分析特征，如洗脱时间、精确质量、同位素特征和来自气相色谱（GC）、液相色谱（LC）和串联质谱（MS/MS）的裂解规律，可以与样品中的分析特征相匹配，以确定需要研究的化学物质。标准品的分析光谱的化学物质识别库的内容不断增加，特别是内源性代谢物（如人类代谢组数据库，HMD），但在非靶向分析成为常规研究之前，还需要更多的技术支持。下面将讨论提供该领域取得进展的方法。

两种常用的方法，一种是由实验驱动的方法，另一种是由化学信息学驱动的方法（Horai 等，2009；Neumann 等，2010），在当缺少化学物质识别信息库时被建议用于克服挑战。在实验驱动的方法中，类似于 HMD 的化学物质识别库，包括：洗脱时间、精确质量、同位素特征和质谱裂解规律（见图 C-2），可以用于 ToxCast 和其他化学物质。为了支持这一方法，美国环境保护署已经获得了数千种 ToxCast 的官方化学标准品，并将它们纳入化学物质识别库中。开发一个完整的化学物质识别库，用于 ToxCast，并将这些信息添加到 HMD 等数据库中，可以利用环境介质和人体生物样品对这些化学物质进行测量。然而，该方法的一个主要局限性在于缺乏生物样品中发现的常见环境降解产物或代谢物的标准品。随着化学物质识别库的不断丰富，可以采用搜索 GC、LC-MS 或 MS/MS 的色谱来识别新的化学物质。

核磁共振（NMR）方法是另一种用于识别不明化学物质特性的实验方法。该方法具有很好的发展前景，因为核磁共振分析能够识别和定量化学物质，且不需要权威的标准品。该方法的一个主要局限性是目标化学物质在样本中需要较高的浓度（1 µmol/L）及其相对较低的通量（Bingol 等，2015）。但是，先进的标记技术（Clendinen 等，2015）和核磁共振、质谱联用以及其他分析方法，在未来将有很大的应用前景（Bingol 等，2015）。

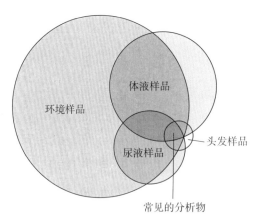

图 C-1　未知化学物质在环境介质和生物监测样本中的假设分布。在环境介质中共发现 5000 种未知化学物质，其中在血液、尿液和头发中分别发现了 3000 种、2000 种和 800 种。有 300 种未知化学物质均存在于四种样本中。

离子迁移谱-质谱分析法（IMS-MS）是另一种很好的实验方法，可用于标识库构建和快速识别不明化学物质的特性（Ewing 等，2016；May 等，2016）。在

IMS-MS 分析中，化学物质通过带有电荷分离的氮或氦填充管时在其碰撞横截面（CCS）区域的基础上分离。分离时间在毫秒内，并可以进行高通量的样品分析。IMS-MS 技术的优势在于，在对没有标准品的化学物质进行分析鉴定时，CCS 区可以在电脑中进行高精确度计算（误差 2%~5%）（Paglia 等，2014）。IMS-MS 通过高通量技术和电脑数据库构建可以在缺乏化学标准品的情况下，为已知的化学物质、代谢物和降解物提供庞大的数据库。这些数据库可以暂时识别或有一定概率识别化学物质。此外，IMS-MS 化学碎片模型可以与现有数据库中的信息进行配对，例如 HMD，以进一步确定化学物质的身份。

另一种通用的方法是基于化学信息学，可以不受有限的化学物质识别库和缺乏标准品的限制。与新兴的分析化学方法和计算方法同时应用，化学信息学具有快速识别和分类未知分析物的巨大潜力。例如，将未知化学物质色谱法特性的定量-构效关系方法与其他数据相结合，可以为分析的化学物质的化学性质提供预测。基于物理化学性质的计算方法已经被用于预测洗脱时间（Shah 等，2010；Kangas 等，2012）、MS-MS 碎片离子（Heinonen 等，2008；Wolf 等，2010；Perdivara 等，2013）和 CCS 区域（Paglia 等，2014）。使用一种或多种分析方法，结合其他化学信息工具，来预测新陈代谢和环境降解产物（Dimitrov 等，2010）有助于创建广度和精确性较大的电子数据库，并且可以用于从非靶向分析过渡到靶向分析。

此部分描述的方法是实现从非靶向分析到靶向分析的快速转换的基本方法。对于许多未知化学物质的现场评估，这些方法将为以后的危害评估或风险评估提供一种渐进的识别分析物的方法。在这个案例研究中，委员会假设应用于环境介质、血清、尿液和头发样本的检测方法会产生 300 种一致性最高，而且在所有样本中浓度最高的化学物质名单（见图 C-1）。在环境介质和生物样本中同时发现的化学物质，是靶向毒性测试的合理选择，因为这可能比仅在环境介质中发现的化学物质具有更高的暴露评估价值。

随着确定的化学物质数量的增加，这些数据可以用来识别化学物质和混合物暴露的特征。这样的努力将有助于加强对暴露的描述，并为毒性测试找到实际的混合物。Rager 等（2016）所报告的危害和毒性的排名方法可能适用于复杂的暴露环境（见图 2-7 和图 2-8）。如第二章和本附录上述部分所述，其他的 21 世纪暴露科学工具将会根据需要得到应用，通过对暴露途径、转归和运输以及生物动力学的更全面了解，可以提供更好的暴露信息。

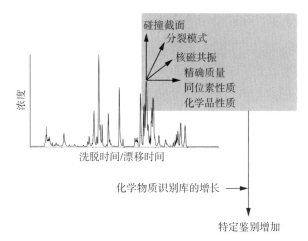

图 C-2 GC、LC 和离子迁移光谱测定法 –MS/MS 平台允许使用多种类型的数据,包括:同位素特征、洗脱时间、解离模式、电离源、碰撞横截面积、物理化学性质,来确定不明化学物质的身份。

化学物质泄漏后的毒性表征

本案例研究针对毒性数据少、需迅速确定毒性程度,以及用于决策的方法很少的化学物质的环境泄漏情况。4-甲基环乙烷甲醇(4-Methylcyclohexanemethanol,MCHM)是 2014 年美国西弗吉尼亚州查尔斯顿 Elk 河泄漏事件中的主要化学混合物,它被泄漏于供水系统取水口上游大约 1 英里(1609m)处。美国公共卫生部门的应急决策是"切勿饮水",但是关于 MCHM 会对人体健康造成哪些不良影响或暴露量达到多少会影响人体健康,却缺乏足够的信息来为公众提供指导。主要原因是由于该物质的毒理学数据严重缺乏,当地居民饮用水中 MCHM 的可接受水平以及与暴露相关的潜在风险无法轻易评估。下文将介绍一些可以在这种情况下使用的模型和主要数据。需要指出的是,以下内容仅提供了一般性指导,并不是详尽的。例如,在这里我们只讨论了饮用水暴露的情景。在紧急场景下,相关部门还会对公众给出建议,包括婴儿和儿童是否可以使用该水洗澡,以及是否可以用于做饭、洗衣服、清洗以及提供给宠物使用。此外,尽管研究的重点是 MCHM,但至少有 1% 的其他化学物质也存在于泄漏物质中,包括 4-(甲氧基甲基)环己醇(4-22%)、甲基 4-甲基环己烷(5%)、1,4-环己二醇(1-2%)和乙二醇苯基醚(丙烯和二丙烯,其浓度未知)。

用于评估 MCHM 的环境转归和毒代动力学以及进行暴露评估和模型预测的化学信息可以从公开的数据库和软件中获得,包括美国环境保护署的 EPI Suite 计划

（EPA 2011），这项计划主要用于获得化学物质特性、转归和生物富集信息。MCHM 是一种相对较小的中性有机化学物质，分子量为 128.2，溶解度约为 2 000mg/L，辛醇-水分配系数（K_{OW}）约为 350（EPA，2011）。MCHM 相对易挥发（蒸汽压力约 8Pa），但其空气-水分配系数（K_{AW}）的水溶性约为 0.000 3（EPA，2011）。EPI Suite 计划中的筛选级评估质量平衡转归模型显示，MCHM 一旦被释放入地表水中，例如河流，不会大量地从地表水中进入空气或沉淀，地表水的生物降解半衰期约为 15d（EPA，2011）。在鱼类体内，MCHM 的生物蓄积因子约为 20L/kg BW（相对较低），而鱼的生物转化半衰期小于 1d（相对较短）。这些筛选数据表明，MCHM 在环境中的持久性和生物蓄积性均较低，河流和可能来源于河流的食物中的化学物质的浓度会较快减少，当地居民不会受到长期、慢性暴露的影响。复杂的计算模型可对时间动态改变引起的环境浓度变化进行精准评估，模型方法也可以用来估计化学物质在供水系统的河水中浓度降低所需要的时间。类似的工具也可以应用于水分配系统分析（经过水处理系统之后）。

化学物质泄漏后的前两天饮用水中 MCHM 的测定浓度约为 1~4mg/L（Foreman 等，2015；Whelton 等，2015）。为了评估饮用水的安全性，需要考虑敏感人群，例如婴儿、孕妇和哺乳期妇女。哺乳期妇女、孕妇和婴儿的饮水摄入量第 95 百分位数分别为 0.24、0.055 和 0.043L/kg BW/d（EPA，2008；EPA；2011）。假设 MCHM 的浓度为 2mg/L，对于高饮水消费人群的暴露量（P95）最大的是婴儿，在饮用水中 MCHM 的急性暴露量（48h）约为 0.48mg/kg BW/d；其次是哺乳期妇女，约为 0.11mg/kg BW/d。泄漏发生 5 天后，查尔顿河中饮用水 MCHM 浓度降至低于 1mg/L，并于之后两周继续降低至约 0.002mg/L（Foreman 等，2015）。在泄漏事件发生后的三周后，婴儿的 P95 暴露量减少至 0.48μg/kg BW/d，哺乳期妇女减少至 0.11μg/kg BW/d。MCHM 在人体中的半衰期预期约为 2h（Arnot 等，2014），在人体内不是持久性的，也不具有生物蓄积性，因此暴露后人体内的 MCHM 浓度预期会较快下降。

美国疾病预防控制中心和美国卡纳华查尔斯顿卫生部门通过急诊观察或后续检测，在社区中发现了人体出现的大量症状。呕吐、恶心、腹泻和喉咙痛均与饮水有关，而皮肤刺激和皮疹与洗澡有关（Whelton 等，2015）。泄漏发生的时候，有实验动物的急性毒性、亚急性毒性、皮肤刺激性、皮肤致敏性和遗传毒性的数据，但没有发育毒性或慢性毒理学数据。因此，化学物泄漏后收集毒理学信息主要采用了第三章介绍的 Tox21 工具，这是一个很好的案例，说明这些工具如何为公共卫生决策提供技术支持。以下部分主要介绍了评价 MCHM 毒性的一些方法。

快速识别可能存在的毒性不良反应的一个方法是与已知的毒性物质进行化学结构的对比。已发表的方法可用于确定文献中是否有类似结构特征的化学物质的报告。Wu 等（2013 年）对大约 900 种化学物质进行了化学结构的分析，并提出了发育毒性的决策树。这一决策树中没有包含具有 MCHM 结构特征的化学物质的发育毒性。尽管这一方法并没有给出明确答案，但其仍然是一个能够快速明确某种化学物质是否具有发育毒性的很好的方法。也可以在大型毒理学数据库中搜索结构相似的化学物质，例如美国环境保护署的计算毒理学数据库。在本案例中，没有发现与 MCHM 化学结构高度相似的物质。

美国国家毒理学计划（NTP）进行了大量 MCHM 短期试验，目的是为了确定 MCHM 是否会对研究对象产生不良影响（NTP，2016a）。毒理学测试包括在 27 类细胞中的体外测试，检测发育毒性有关的信号通路；在秀丽隐杆线虫和斑马鱼胚胎中进行快速试验；啮齿类动物 5 天遗传毒性试验。在体外试验以及秀丽隐杆线虫和斑马鱼试验中，采用相对高的浓度（接近 100μmol/L），仅对斑马鱼胚胎有一些活性作用，但未发现明显的阳性结果。遗传毒性试验被用于检测生物基因表达的未观察到作用水平（NOEL）。本试验设计了 6 个不同剂量，0.1~500mg/kg BW，评估肝脏和肾脏的基因表达。在肝脏中发现 6~99mg/kg BW 可产生一定的生物学反应，但对肾脏的基因表达没有影响（NTP，2016b）。婴儿的急性暴露结果显示，通过饮用水 MCHM 的第 95 百分位数（P95）暴露量为 0.48mg/kg BW/d，哺乳期妇女为 0.11mg/kg BW/d，分别较影响基因表达的 NOEL 低 12~200 倍和 60~1000 倍。委员会注意到，慢性暴露量的结果更低。因为这个案例没有考虑其他暴露来源，如通过食物暴露，研究结果对整个服务区域发布的"请勿饮水"指导意见提供了数据支持（Whelton 等，2015）。与其他暴露途径的数据差异可以通过借助在其他暴露途径给予化学物质后的遗传毒性数据来解决，或通过生理药代动力学模型来评估化学物质经皮肤和吸入途径暴露对整体系统总暴露的影响。这需要进一步构建解释性数据流，本案例描述了能够给风险决策提供支持的、可快速生成的数据类型。

总之，尽管这些数据不同于标准的危害评估，但它们足以表明 MCHM 在化学结构上与已知的发育毒性或遗传毒性物质没有化学结构上的相似之处，并且表明与显著的发育毒性或系统毒性物质之间没有一致的生物活性。一些动物试验（全球基因表达研究）发现了未产生生物效应的 MCHM 的浓度，这些数据为 NOEL 设定为 100mg/kg BW 或更低（根据分析方法不同）提供了支持。通过饮水的暴露量可以与 NOEL 和其他危害数据进行比较，并且一些模型可以提供化学物质泄漏后环境介质中浓度减少到可接受水平的所需时间方面的数据。

评估真实情况下化学混合物的毒性

一旦明确了某个特点场所或区域泄漏的化学物质,首先要解决的问题就是考虑是否可以获得这些化学物质的毒性数据。对于一些化学物质,可能有风险评估信息,例如由综合风险信息系统计划产生的信息、国际癌症专题研究机构的研究项目以及致癌物质报告项目等。但有些评估可能是过时的,或者具有明显的局限性,因此使用第三章所描述的 Tox21 工具和方法可能会带来一些好处,从而产生危害识别和剂量–反应关系的数据,可能提供已确定的观察终点,或者补充关于变异性方面的尚缺失数据。然而,很多化学物质,如 MCHM(上一个案例研究中提到的),并没有被评估过或有没有足够多的毒性数据。对于这些化学物质,使用第三章中描述的 Tox21 工具和方法便具有明显减少费用和节约时间的优势。例如、定性和定量地评估已知化学物质对人体健康造成的不利影响可以通过化学结构–效应模型(Sutter 等,2013);将化学结构信息和生物活性信息起来(Low 等,2011;Low 等,2013)进行大量体外试验,并评估生物活性(Judson 等,2014);确定适当的毒性分离点,然后进行体外到体内的推断(Judson 等,2011);基于人群数据和其他体外模型来对特定化学物质的变异性进行评估等(Abdo 等,2015a,b)。尽管危害评估最初是在单个化学物质的基础上进行,但在真实情况中,在环境介质中可检测到很多化学混合物。情况更为复杂的是,混合物中的许多化学物质是无法识别的。本案例研究提供了一种方法,用来评估这些混合物可能造成的危害。

对于在环境介质、组织和生物样本中检测到的复杂混合物进行毒性评估,例如本附录中第一个案例研究,可以使用生物学的交叉参照方法(Low 等,2013;Grimm 等,2016)来分析可能存在的危害。这种方法的基础数据来自不同体外毒性试验的生物活性分析数据、高通量的筛选试验和可能使用的高通量基因组分析。生物学的交叉参照法可能是鉴别未知混合物可能造成的人类健康危害的最有效的方法。真实情况的化学混合物的生物活性分析,借助体外培养的人体细胞模型、多种细胞混合培养或更复杂的芯片组织模型,可以获得组织或器官毒性的异质性、个体差异性和其他因素的信息。

图 C-3 是生物学的交叉参照方法的简图。总体来说,表 C-1 中列出了具有毒性作用的各类代表性化学物质,应进行一系列的体外试验。这些体外试验已被用于测试环境样本来建立毒性作用的剂量范围。同样地,可以创建并测试"设计的"化学混合物的毒性作用,如基于化学使用模式或其他暴露数据。该测试把未知的混合物划入已知的化学物质或"设计的"混合物的体外试验中,采用交叉参照法来预测混合物带来的潜在健康风险，从而产生一个环境持久性污染物的生物效应数据库。

从代表性的化学物质和"设计的"混合物中获得的生物活性数据库，可作为评估化学物质或化学类别差异的分类模型的训练集。这项研究的结果可以用于对化学组成未知的环境混合物与代表性的化学物质或"设计的"混合物进行比较。例如，可以建立一系列基于机器学习的模型来定义生物空间，来将一个类别从整体中分离出来（一对多），或将一个类别与其他类别区分开来（一对一）。最终，真实世界的环境混合物可以在同样的试验组中得以实现，产生生物活性信息，通过观察混合物在一个特定的试验或试验组中是否与某种特殊的有毒物质或某类毒性物质有相似的表现，可以获得定性和定量的评估结果。

最终，高维度的体外毒性数据可用于将特定未知化学物质组成的混合物与已知的参考化学物质或化学物组合进行交叉参照，并建立一个由含有毒性基准的参考化学混合物组成的"生物模拟物"。如果此基于交叉参照的混合物作为原始混合物的替代品，那么可以采用累积风险评估的标准方法，后者的基础是单个化学物质暴露评估和决策基准方法。尽管交叉参照混合物可能与真实情况混合物的化学成分有所不同，我们可以认为基于体外毒性测试得出的生物学相似性已经足以用于环境决策。

通过评估混合物或提取物的系列连续稀释浓度，Tox21的混合物评估方法可以为不同生物活性测试建立剂量-反应关系。所得结果可以与特点场所或邻近地区不同地点的样本的生物活性进行对比，或者与同一地点历史样本的生物活性进行比对。这种方法与由外暴露推导内暴露一样，面临同样的挑战。体外-体内推导方法（IVIVE）目前已被用于估算能够使体内血液中化学物质浓度达到稳定状态，与体外试验推导的毒性分离点相等的人类每日口服剂量，称为口服等效剂量（NRC 2014）。体外试验的IVIVE校正数据可以直接与暴露信息进行比较，也可通过给高通量体外筛选增加风险背景，来改变化学物质评估的优先级设定（Wetmore等，2013）。但是，IVIVE研究主要聚焦于单个化学物质，而不是混合物。例如，有一项研究将农药混合物的体外细胞毒性研究结果与潜在人体暴露量进行比较，这是利用反向剂量测定法计算经口等效剂量的一个案例（Abdo等，2015a）。在该研究中，将反向剂量测定法与体外试验数据相整合，可以转化为每一种混合物的经口等效剂量，从而产生基于药代动力学的混合物的风险排序；额外的暴露数据被用于调整验证效力。然而，将混合物体外试验数据和暴露评估数据相结合，还需要更多的试验和方法研究工作。

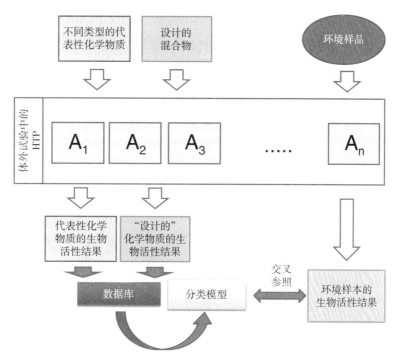

图 C-3 生物学交叉参照法，用于评估复杂混合物质的危害。

参 考 文 献

Abdo, N., B.A. Wetmore, G.A. Chappell, D. Shea, F.A.Wright, and I. Rusyn. 2015a. In vitro screening for population variability in toxicity of pesticide-containing mixtures.Environ. Int. 85：147-155.

Abdo, N., M. Xia, C.C. Brown, O. Kosyk, R. Huang, S.Sakamuru, Y.H. Zhou, J.R. Jack, P. Gallins, K. Xia, Y. Li, W.A. Chiu, A.A. Motsinger-Reif, C.P. Austin, R.R. Tice, I.Rusyn, and F.A. Wright. 2015b. Population-based in vitro hazard and concentration-response assessment of chemicals：The 1000 genomes high-throughput screening study.Environ. Health Perspect. 123（5）：458-466.

Arnot, J.A., T.N. Brown, and F. Wania. 2014. Estimating screening-level organic chemical half-lives in humans.Environ. Sci. Technol. 48（1）：723-730.

Bingol, K., and R. Brüschweiler. 2015. Two elephants in the room：New hybrid nuclear magnetic resonance and mass spectrometry approaches for metabolomics. Curr. Opin.Clin. Nutr. Metab. Care 18（5）：471-477.

Clendinen, C.S., G.S. Stupp, R. Ajredini, B. Lee-McMullen, C. Beecher, and A.S. Edison. 2015. An overview of methods using（13）C for improved compound identification in metabolomics and natural products. Front. Plant Sci.6：611.

Dimitrov, S., D. Nedelcheva, N. Dimitrova, and O. Mekenyan.2010. Development of a biodegradation model for the prediction of metabolites in soil. Sci. Total Environ.408（18）：3811-3816.

EPA（US Environmental Protection Agency）. 2008. Child-Specific Exposure Factors Handbook（Final

Report). EPA/600/R-06/096F. US Environmental Protection Agency, Washington, DC.

EPA (US Environmental Protection Agency). 2011. Estimation Programs Interface (EPI) Suite for Microsoft® Windows, Version 4.1. US Environmental Protection Agency, Washington, DC.

Ewing, M.A., M.S. Glover, and D.E. Clemmer. 2016. Hybrid ion mobility and mass spectrometry as a separation tool. J.Chromatogr. A. 1439: 3-25.

Foreman, W.T., D.L. Rose, D.B. Chambers, A.S. Crain, L.K.Murtagh, H. Thakellapalli, and K.K. Wang. 2015. Determination of (4-methylcyclohexyl) methanol isomers by heated purge-and-trap gc/ms in water samples from the 2014 Elk River, West Virginia, chemical spill. Chemosphere 131: 217-224.

Grimm, F.A., Y. Iwata, O. Sirenko, G.A. Chappell, F.A.Wright, D.M. Reif, J. Braisted, D.L. Gerhold, J.M. Yeakley, P. Shepard, B. Seligmann, T. Roy, P.J. Boogaard, H.Ketelslegers, A. Rohde, and I. Rusyn. 2016. A chemicalbiological similarity-based grouping of complex substances as a prototype approach for evaluating chemical alternatives.Green Chem. 18 (16): 4407-4419.

Heinonen, M., A. Rantanen, T. Mielikäinen, J. Kokkonene, J. Kiuru, R.A. Ketola, and J. Rousu. 2008. FiD: A software for ab initio structural identification of product ions fromtandem mass spectrometric data. Rapid Commun. Mass Spectrom. 22 (19): 3043-3052.

Horai, H., M. Arita, Y. Ojima, Y. Nihei, S. Kanaya, and T.Nishioka. 2009. Traceable analysis of multiple-stage mass spectra through precursor-product annotations. Pp. 173-178 in Proceedings of German Conference on Bioinformatics, September 28-29, 2009, Wittenberg, Germany, I. Grosse, S. Neumann, S. Posch, F. Schreiber, and P. Stadler, eds.Lecture Notes in Informatics-Proceedings Vol 157. Bonn: Kollen Druck+Verlag [online]. Available: http://subs.emi s.de/LNI/Proceedings/Proceedings157/173.pdf [accessed July 27, 2016].

Judson, R.S., R.J. Kavlock, R.W. Setzer, E.A. Hubal, M.T.Martin, T.B. Knudsen, K.A. Houck, R.S. Thomas, B.A.Wetmore, and D.J. Dix. 2011. Estimating toxicity-related biological pathway altering doses for high-throughput chemical risk assessment. Chem. Res. Toxicol. 24 (4): 451-462.

Judson, R., K. Houck, M. Martin, T. Knudsen, R.S. Thomas, N. Sipes, I. Shah, J. Wambaugh, and K. Crofton. 2014.In vitro and modeling approaches to risk assessment from the US Environmental Protection Agency ToxCast programme.Basic Clin. Pharmacol. Toxicol. 115 (1): 69-76.

Kangas, L.J., T.O. Metz, G. Isaac, B.T. Schrom, B. Ginovska-Pangovska, L. Wang, L. Tan, R.R. Lewis, and J.H. Miller.2012. In silico identification software (ISIS): A machine learning approach to tandem mass spectral identification of lipids. Bioinformatics 28 (13): 1705-1713.

Low, Y., T. Uehara, Y. Minowa, H. Yamada, Y. Ohno, T. Urushidani, A. Sedykh, E. Muratov, V. Kuz'min, D. Fourches, H. Zhu, I. Rusyn, and A. Tropsha. 2011. Predicting druginduced hepatotoxicity using QSAR and toxicogenomics approaches. Chem. Res. Toxicol. 24 (8): 1251-1262.

Low, Y., A. Sedykh, D. Fourches, A. Golbraikh, M. Whelan, I. Rusyn, and A. Tropsha. 2013. Integrative chemical-biological read-across approach for chemical hazard classification.Chem. Res. Toxicol. 26 (8): 1199-1208.

May, J.C., R.L. Gant-Branum, and J.A. McLean. 2016. Targeting the untargeted in molecular phenomics with structurally-selective ion mobility-mass spectrometry. Curr.Opin. Biotechnol. 39: 192-197.

Neumann, S., and S. Bocker. 2010. Computational mass spectrometry for metabolomics: Identification of metabolites and small molecules. Anal. Bioanal. Chem. 398 (7-8): 2779-2788.

NRC (National Research Council). 2014. A Framework to Guide Selection of Chemical Alternatives. Washington, DC: The National Academies Press.

NTP (National Toxicology Program). 2016a. West Virginia Chemical Spill: NTP Studies [online]. Available: http://ntp.niehs.nih.gov/results/areas/wvspill/studies/index.html [accessed July 27, 2016].

NTP (National Toxicology Program). 2016b. West Virginia Chemical Spill: 5-Day Rat Toxicogenomic Studies, June 2015 NTP Update [online]. Available: http://ntp.niehs.nih.gov/ntp/research/areas/wvspill/micronucleus_update_508.pdf [accessed July 27, 2016].

Paglia, G., J.P. Williams, L. Menikarachchi, J.W. Thompson, R. Tyldesley-Worster, S. Halldórsson, O. Rolfsson, A. Moseley, D. Grant, J. Langridge, B.O. Palsson, and G.Astarita. 2014. Ion mobility derived collision cross sections to support metabo lomics applications. Anal. Chem.86 (8): 3985-3993.

Perdivara, I., L. Perera, M. Sricholpech, M. Terajima, N.Pleshko, M. Yamauchi, and K.B. Tomer. 2013. Unusual fragmentation pathways in collagen glycopeptides. J. Am.Soc. Mass. Spectrom. 24 (7): 1072-1081.

Rager, J.E., M.J. Strynar, S. Liang, R.L. McMahen, A.M.Richard, C.M. Grulke, J.F. Wambaugh, K.K. Isaacs, R.Judson, A.J. Williams, and J.R. Sobus. 2016. Linking high resolution mass spectrometry data with exposure and toxicity forecasts to advance high-throughput environmental monitoring. Environ. Int. 88: 269-280.

Shah, A.R., K. Agarwal, E.S. Baker, M. Singhal, A.M. Mayampurath, Y.M. Ibrahim, L.J. Kangas, M.E. Monroe, R. Zhao, M.E. Belov, G.A. Anderson, and R.D. Smith. 2010.Machine learning based prediction for peptide drift times in ion mobility spectrometry. Bioinformatics 26 (13): 1601-1607.

Sutter, A., A. Amberg, S. Boyer, A. Brigo, J.F. Contrera, L.L.Custer, K.L. Dobo, V. Gervais, S. Glowienke, J. van Gompel.N. Greene, W. Muster, J. Nicolette, M.V. Reddy, V.Thybaud, E. Vock, A.T. White, and L Müller. 2013. Use of in silico systems and expert knowledge for structure-based assessment of potentially mutagenic impurities. Regul.Toxicol. Pharmacol. 67 (1): 39-52.

Wetmore, B.A., J.F. Wambaugh, S.S. Ferguson, M.A. Sochaski, D.M. Rotroff, K. Freeman, H.J. Clewell, III, D.J.Dix, M.E. Andersen, K.A. Houck, B. Allen, R.S. Judson, R. Singh, R.J. Kavlock, A.M. Richard, and R.S. Thomas.2012. Integration of dosimetry, exposure, and highthroughput screening data in chemical toxicity assessment.Toxicol. Sci. 125 (1): 157-174.

Wetmore, B.A., J.F. Wambaugh, S.S. Ferguson, L. Li, H.J.Clewell, III, R.S. Judson, K. Freeman, W. Bao, M.A. Sochaski, T.M. Chu, M.B. Black, E. Healy, B. Allen, M.E.Andersen, R.D. Wolfinger, and R.S. Thomas. 2013. Relative impact of incorporating pharmacokinetics on predicting in vivo hazard and mode of action from high-throughput in vitro toxicity assays. Toxicol. Sci. 132 (2): 327-346.

Wetmore, B.A., B. Allen, H.J. Clewell, III, T. Parker, J.F.Wambaugh, L.M. Almond, M.A. Sochaski, and R.S.Thomas. 2014. Incorporating population variability and susceptible subpopulations into dosimetry for highthroughput toxicity testing. Toxicol. Sci. 142 (1): 210-224.

Whelton, A.J., L. McMillan, M. Connell, K.M. Kelley, J.P.Gill, K.D. White, R. Gupta, R. Dey, and C. Novy. 2015.Residential tap water contamination following the Freedom Industries chemical spill: Perceptions, water quality, and health impacts. Environ Sci Technol. 49（2）: 813-823.

Wolf, S., S. Schmidt, M. Müller-Hannemann, and S. Neumann.2010. In silico fragmentation for computer assisted identification of metabolite mass spectra. BMC Bioinformatics 11: 148.

Wu, S., J. Fisher, J. Naciff, M. Laufersweiler, C. Lester, G.Daston, and K. Blackburn. 2013. Framework for identifying chemicals with structural features associated with the potential to act as developmental or reproductive toxicants. Chem. Res. Toxicol. 26（12）: 1840-1861.

附录D 关于新的化学物质评估的案例研究

本附录中的案例研究描述了一个假想的场景，采用三种"新的"化学物质来制造导致人类暴露的产品。最初的测试表明，这些化学物质很可能会从产品中析出，最终可能会进入食物或水中，从而被人体吸收。此外，在产品的常规处理过程中皮肤的接触也是人体暴露的可能途径。最后，这种化学物质可能会雾化并被加工工厂的工人吸入，或者被消费者在室内使用的过程中吸入。因此，通过吸入、摄入和皮肤途径，这种化学物质可能造成人体暴露，从而可能对人体健康构成威胁。

为了说明问题，委员会选择使用三种相关药物（弱酸性），布洛芬、异丁芬酸和双氯芬酸，这些药物的体外试验数据都是可公开获得的。表D-1提供了化学结构和选择使用的物理化学性质。为了反映现实场景，这个案例研究的一个关键假设是，只有计算毒理学数据和体外数据可用于筛选评估；体内和临床数据被假设为"不可用"。然而，由于这三种化学物质对人体的不良影响已经被研究过，我们可以将该方法的结果与实际的人类安全性结果进行比较。该案例旨在说明如何使用可用和新兴的筛选工具和数据（交叉参照、筛选模型和可用的高通量体外数据）来为决策提供信息，并识别与风险评估相关的一些关键数据差距和不确定性的来源。委员会指出，大多数用于评估化学物质相似性的方法一般都不会选择双氯芬酸，因为双氯芬酸的氯和胺基是其他两种化学物质的化学结构中没有的。委员会只是把双氯芬酸作为案例之一，需要注意的是，在交叉参照中对化学物质的化学结构差异性的要求是有限定的。

化学结构预警

所有含有芳基乙酸的分子均可被酰基葡糖苷酸化，这是哺乳动物对含有芳基乙酸的化学物质的主要代谢结合途径。尽管没有最终结论，但普遍认为酰基葡糖苷酸化能够形成蛋白质加合物，从而对人体产生不良影响（Shipkova等，2003）（见图D-1），常见的毒性作用是肝损伤和超敏反应（Regan等，2010）。因此，通常采用酰基葡糖苷酸化的相对反应性和半衰期来区分产生和可能不产生不良反应的化学物质。其他的研究人员认为，芳基乙酸可以与辅酶A（CoA）结合，从而干扰CoA与脂质代谢以及与其他细胞结合，从而产生毒性作用（Darnell等，2013）。为了减少不确定性，可能需要通过试验来证实代谢机制（Patlewicz 等，2015）。

体外数据

为了保证所研究的化学物质的一致性，本案例仅使用了 ToxCast 网站上的体外数据，见表 D-2（EPA，2016）。只有剂量低于 10μmol/L 的试验才被考虑，主要是考虑到这些试验占到体外试验的 20%，且很可能是产生毒性作用的剂量范围。需要特别注意的是，ToxCast 中试验并不能覆盖与人体健康相关的整个生物过程（即化学物质暴露的所有可能不良反应）。因此，关于这三种化学物质如何在生物系统中相互作用，可能存在一些数据空白。为了给表 D-2 的数据提供一些背景信息，使用斑马鱼进行双氯芬酸毒性测试，得到了产生生物效应的最低剂量为 64μmol/L（Truong 等，2014）。

尽管没有关于异丁芬酸的有用数据，但鉴于其与布洛芬的化学结构相似，且物理化学性质类似，可以认为异丁芬酸的体外活性与布洛芬具有相似性。

表 D-1　化学结构、选择性测量和预测特性

化学结构和名称	Ibuprofen 布洛芬	Ibufenac 异丁芬酸	Diclofenac 双氯芬酸
摩尔质量（g/mol）	206.3	192.3	296.2
log K_{OW} [b]	3.97	3.35	4.51
log K_{AW} [c]	-5.21	-5.33	-9.71
pKa [d]	4.4	4.4	4.2
logD（pH 7.4）[e]	0.45	0.22	1.37
空气半衰期（h）	10.8	12.7	0.78
预测的全身生物转化半衰期（h）（化学相似性得分）	3.6（0.36，低相似性）	2.1（0.24，低相似性）	14.9（0.36，低相似性）

　[a] 物理化学性质来源于美国环境保护署 EPI Suite™（EPA，2011）和 ACD 实验室（ACD，2015）。在这里展示的全身生物转化半衰期是通过使用定量结构-效应关系（QSAR）模型预测得到的（Arnot 等，2014a）。QSAR 预测的适用范围可以使用多种方法确定。在这里，化学相似性得分是基于最邻近算法对预测的化学物质和在训练数据集中的化学物质在结构和性质上的相似性测量（Brown 等，2012）。这三种化学物质具有类似的摩尔质量以及分区和分离特性，吸收率预测是相似的，但不同暴露途径的吸收率会不同。
　[b] log K_{OW}（或 logP）是中性物质的辛醇-水分配系数的对数。
　[c] log K_{AW} 是中性物质的空气-水分配系数的对数。
　[d] pKa 是酸解离常数的对数。
　[e] logD 是 pH 为 7.4 时，中性和离子物质在辛醇和水之间的分配系数的对数。

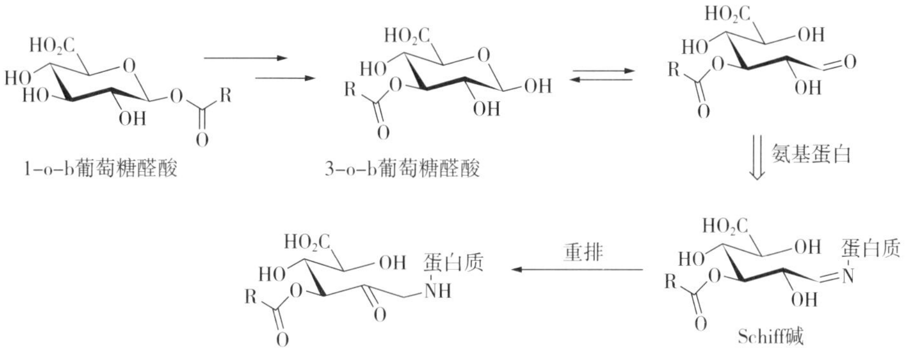

图 D-1　1-O-β-葡萄糖醛酸的代谢（Stepan 等，2011）。

表 D-2　剂量低于 10μmol/L 产生效应的化学物质的体外试验数据

试验效应	平台	双氯芬酸 AC_{50} μmol/L	布洛芬 AC_{50} μmol/L
白细胞介素-8 减少（IL-8）	BioSeek	—	0.002
金属蛋白酶-1 下降（MMP-1）	BioSeek	—	0.003
前列腺素 E_2 分泌抑制（PGE_2）	BioSeek	0.010	1.203
环氧化酶 1（COX1）抑制	NovaScreen	0.163	3.0
环氧化酶 2（COX2）抑制	NovaScreen	0.215	30.0
细胞增殖增加	BioSeek	—	0.251
过氧化物酶体增殖物激活受体 γ（PPARγ）的结合	NovaScreen	0.523	—
Ⅲ型胶原蛋白减少	BioSeek	26.108	3.509
白细胞介素-6（IL-6）减少	BioSeek	—	3.977
血栓调节蛋白增加	BioSeek	4.742	17.674
孕烷 X 受体激活（PXR）	BioSeek	7.438	—
低密度脂蛋白（LDL）受体减少	BioSeek	—	7.637
巨噬细胞集落刺激因子（M-CSF）增加	BioSeek	—	7.639
单核细胞趋化蛋白 1（MCP1）降低	BioSeek	7.704	—
PPAR-γ 活化	Attagene	8.256	39.710
糖皮质激素受体（GR）活化	NovaScreen	8.671	—
雌激素受体激活（ERE）	Attagene	—	9.566
来源：数据来源于 PubChem，参考网站：https://pubchem.ncbi.nlm.nih.gov/。			

抑制前列腺素合成

双氯芬酸是一种强效的环氧合酶 1 和环氧合酶 2 的抑制剂（COX1 和 COX2），可减少前列腺素的生物合成（Vane，1971）。前列腺素 E_2（PGE_2）分泌减少在 Bioseek 平台上已经观测到。布洛芬是一种弱的非特异性的 COX1（IC_{50}，约 18μm）和 COX2（IC_{50}，约 370μm）抑制剂（Noreen 等，1998），但在 Bioseek 平台上也显示出对 PGE_2 也有类似的抑制。PGE_2 与抑制型 T 淋巴细胞受体信号和炎症反应有关（Wiemer 等，2011）。然而，PGE_2 也是血管扩张剂，因此抑制它的分泌可能导致血压升高和心脏毒性（Strong 等，1967）。

抑制 COX1 或 COX2 的药物，如塞来昔布和罗非昔布，已经证实会引起心血管问题（Johnsen 等，2005），并且罗非昔布是选择性 COX2 抑制剂，与心脏病和中风有关联，已经退出美国市场。COX1 抑制剂由于抑制了保护性的前列腺素 PGE_2 和 PGI_2 分泌，会导致溃疡和胃肠道出血（Süleyman 等，2007）。COX1 抑制剂也可能通过改变肾脏血液动力学和肾小球滤过率（GFR）的作用来影响肾脏功能（DuBois 等，1998；Morita，2002）。

Bioseek 平台显示，双氯芬酸和布洛芬会增加血栓调节蛋白（TM）。TM 是一种在血管内皮细胞上凝血酶的细胞表面受体（Gerlitz 等，1993）。TM 的增加可能会增加凝血时间，但可以降低中风和心肌梗死的风险（Esmon 等，1982）。

低密度脂蛋白（LDL）受体可调节 LDL 的内吞作用。血液中 LDL 的累积与动脉粥样硬化的发展有关，动脉粥样硬化是导致心血管疾病的主要原因（Hobbs 等，1992）。对于患动脉粥样硬化或心血管疾病的人群，LDL 受体的减少可能会导致心血管疾病的风险增加。

对肝脏的影响

双氯芬酸可以增加孕烷 X 受体（PXR）的活性。PXR 是一种核受体，在与脂肪酸、脂质和葡萄糖代谢相关的途径中发挥重要的作用（Wada 等，2009）。PXR 还能感知外来物质的存在，并通过上调氧化和清除过程中的蛋白质产生效应（Kliewer，2003），同时也是细胞色素 P450 基因 CYP3A4 的转录调节剂。CYP3A4 是许多药物的主要代谢酶，在肝脏中的表达较高。

双氯芬酸和布洛芬均可激活一种能调节脂肪酸储存和葡萄糖代谢的过氧化物激活受体（PPAR-γ），尽管布洛芬只有在浓度相对较高时有效。被 PPAR-γ 激活的基因会增加脂肪细胞的脂质吸收和脂肪形成（Zou 等，2016）。PPAR-γ 激活剂被用于治疗高血脂症和高血糖症，因此可能会导致健康受试者低血糖症（Spiegelman，1998；Rangwala 等，2004）。一些用于激活 PPAR-γ 的药物与肝毒性（曲格列酮：Watkins，2005）、心血管疾病（罗格列酮：Singh 等，2007）以及膀胱癌（吡格列酮：Ferwana 等，2013）的发病率增加有关。但是，PPAR-γ 的激活与这些不良事件之间还未建立直接的关联。

对免疫反应的影响

双氯芬酸和布洛芬对涉及炎症和组织修复的各种细胞过程均有影响。例如，双氯芬酸可降低单核细胞趋化蛋白 1（MCP1）的表达。MCP1 可促进单核细胞、记忆 T 细胞和树突细胞向炎症部位的运动（Mukaida 等，1998；Xue 等，2015）。

双氯芬酸是糖皮质激素受体（GR）的一种激活剂，该受体几乎在身体的每一个细胞中表达，调节控制发育、新陈代谢和免疫反应的基因（Rhen 等，2005；Lu 等，2006）。激活的 GR 复合物可阻止转录因子从胞浆进入细胞核的运动，导致核抗炎蛋白和胞质蛋白促炎症蛋白的表达发生改变。

在 Bioseek 平台的测量中，布洛芬可降低白细胞介素-8（IL-8）的分泌。IL-8 是由巨噬细胞和其他细胞产生的趋化因子，如上皮细胞、呼吸道平滑肌细胞（Hedges 等，2000）和内皮细胞。IL-8 可诱导中性粒细胞的趋化性，使它们转移到感染部位，并在感染部位促进吞噬作用。IL-8 也是血管生成促进剂，也是先天免疫系统中免疫反应的重要调节剂。此外，布洛芬可降低 IL-6 的分泌，IL-6 可作为促炎细胞因子和抗炎的细胞因子（Schöbitz 等，1994）。

危害识别

在获得的体外数据、化学结构比较和化学结构警告信息的基础上，对这三种化学物质进行危害评估的一个关键点是，它们可通过生成反应性酰基葡糖苷酸或酰基辅酶 A，导致肝脏组织损伤和器官功能受损，酰基结合物的相对反应性在决定肝损伤的危险性中起重要作用。在 α 碳原子位置上有烷基取代的化学物质被证明与蛋白质亲核试剂的反应较低，这提示固有的电子和类固醇的影响会影响酰基葡糖苷酸重排的总体速率（Stepan 等，2011），因此可能对布洛芬的结合物反应作用产生较大的影响（Wang 等，2004；Walker 等，2007；Baba 等，2009）。肝脏受损的风险可能会通过 PXR 激活诱发细胞色素 P450 反应或者通过 PPAR-γ 激活导致脂质功能失常来增强。

抑制前列腺素的分泌可产生心血管毒性，以血压升高、凝血时间增加、肾损伤或胃肠道出血等形式出现，这些病症也是双氯芬酸、布洛芬以及异丁芬酸带来的问题。

正如第三章中所讨论的，对于 G- 蛋白偶联受体的抑制剂，通常可以在体内化学物质血浆浓度达到 IC_{50} 的 3 倍以上可以观察到预期的药理反应（McGinnity 等，2007）。一般的经验法则是，测量细胞试验的 IC_{50} 或测定无细胞试验中抑制常数与循环血浆的 C_{max} free[1] 浓度之间 100 倍的差异，足以产生药物相互作用时的最小毒性。值得注意的是，对于更多的表型细胞反应，如 Bioseek 平台所测量的细胞反应，需要更多的研究来建立体外到体内之间转化。

[1] C_{max} free 是不受血浆蛋白限制的化学成分的最大测量或观察浓度。

暴露评估

在本案例研究中，研究的三种化学物质并没有在商业产品中使用。因此，没有监测数据，也没有排放和使用数据来制定一个典型的风险评估。然而，以上所述的可用的上市前毒性或生物效应数据可为暴露模型构建提供参数，这些模型可以"反向计算"各种与特定风险阈值对应的不同场景的化学使用频率。这种模型的选择阈值可以是布洛芬或双氯芬酸的生物学测定浓度，或者是异丁芬酸的交叉参照值，这个阈值可来自体内、体外、计算毒理学方法，以及无作用阈值法（如毒理学关注阈值法）。

这里描述的一般暴露评估方法类似于在生态评估中临界排放量概念（Arnot 等，2006）以及从体外试验数据推导的经口等效剂量（OED①；mg/kg BW/d）的反向毒代动力学概念（Rotroff 等，2010）。在本案例中，毒代动力学模型与室内转归模型相结合，以反向计算与暴露场景相对应的化学使用率。该模型可以考虑暴露、化学或产品场景等多种假设和背景。在这种模拟中暴露模型的复杂程度主要依据满足所有参数需要的数据量不同而不同。因此，分层建模策略可能会有所帮助。

在本案例中，基于反映主要暴露途径（皮肤、消化道和吸入）以及排泄途径（呼气、肾脏排泄、生物转化、排泄和脱皮）的全身毒代动力学模型，以及代表性

---

① OED 是化学物质吸收率，反映了与体外生物活性有关的稳态血液浓度的假设。

的室内环境，来对三种假设暴露场景的化学物质使用率进行反向推算（Arnot等，2014b）：

- 场景1：在特定室内环境中这种化学物质被释放到空气中。暴露路径包括吸入、皮肤渗透（空气中的被动扩散）和非膳食摄入（从手到表面和从表面到口接触）。
- 场景2：这种化学物质直接被用于皮肤，并假定会无限期地留在皮肤上。暴露路径包括皮肤渗透和吸入（从皮肤搽剂中挥发出化学物质）。
- 场景3：化学物质被摄入。

这些场景简化地假设是稳态计算，并没有考虑带电物质，只是模拟了中性物质。中性物质的假设类似于最新的危害和基于风险的计算（采用ToxCast数据），在这种情况下，化学物质的解离可能性被忽略；也就是说，酸和碱被视为非解离的中性有机物（Rotroff等，2010；Wetmore等，2012；Shin等，2015）。

第一步是将与观察到的生物效应相对应的体外生物分析浓度（$C_{体外}$）转化为体内浓度（$C_{体内}$）。在这里，该委员会所使用的假设与最近在OED计算中使用的ToxCast数据一样：$C_{体内,血液}=C_{体外}$（Rotroff等，2010；Wetmore等，2012；Shin等，2015）。然而，解释体外和体内系统的差异性还需要更明确的计算，例如可以使用自由溶解浓度而不是假设的名义上的体外浓度（即体外试验的给予浓度，具体见第二章的讨论部分）。将血液浓度与全身浓度关联的三种化学物质的稳态分布体积被假定为0.5L/kgBW（即按照人体标准体重70kg来计，为35 L）。当然，分布体积和其他用来区分在组织间和组织内的不同浓度方法的模型也可以被考虑。从可获得的ToxCast试验中选出最低的AC_{50}是作为危害阈值，从而作为暴露模型的参数：布洛芬和异丁芬酸的危害阈值为0.002μmol/L，而双氯芬酸的危害阈值为0.01μmol/L（见表D-2）。

第二步是选择暴露模型所需要的参数来计算不同环境下的化学物质转归。为了说明这个问题，尽管婴儿和儿童的单位体重的呼吸频率较高，委员会在此案例中假设一个成年人单独在一个房间里，评估模型需要以下化学物质的特定信息：K_{OW}、K_{AW}和空气中的降解半衰期（见表D-1）。定量结构－效应关系（QSAR）模型在此用于预测全身生物转化半衰期的数据。半衰期也可以通过将肝细胞的体外试验数据换算到肝脏或全身的半衰期估计值来确定（Rotroff等，2010）。此外，肝、肾或其他特定系统的QSAR模型也可为暴露评估的药代动力学模型提供参数。理想情况下，多个证据（如各种测量和预测估计）将在模型构建的关键信息（化学分组特性和反应半衰期）中具有一致性，而这种一致性将增强人们对评估结果的可信度。如果化学物质被证明具有很高的环境持久性,那么在评估中增加远场情景的人体暴露模型可以更好地解释可能的远场暴露途径(化学物质扩散到食物和水中)。

风险特征描述

表 D-3 汇总了反向推算模拟的结果,计算得出了与选定的体外生物效应测定数据(假设阈值)相对应的室内空气释放(场景 1)、应用(场景 2)和每日摄入(场景 3)数据。该结果可用于每一种化学物质的使用场景的临时指导,以及三种化学物质之间的比较分析。如果假设三种化学物质都等量使用,那么使用频率最低的化学物质及其场景最有可能获得体外生物效应阈值。例如,对于室内环境空气中释放(情景 1),双氯芬酸显示出最高的释放率,因此在这三种化学物质中造成的影响最小。在这三种暴露场景中,情景 3 中三种化学物质的使用和应用率最低。总的来说,这些生物效应阈值的范围并不大,因为这三种化学物质具有类似的分组、反应和生物效应(也就是说,布洛芬和异丁芬酸的基于交叉参照的结果,使用了相似的生物效应阈值)。

表 D-3 并没有显示计算中的不确定性,也没有考虑不同人群的药代动力学和药效动力学之间的个体差异。本部分只是说明了一个案例结果,但是整体概念对于确定上市前化学物质的使用和释放情景是有所帮助的。当化学物质的排放和使用率未知或非常不确定时,使用暴露模型反向推算出与毒性阈值或生物效应相对应的排放和使用率也可用于评估商业化学品。最终,对计算出来的排放和使用率结果的置信度取决于毒性阈值数据和暴露模型估计的可信度和适用性。对于本案例中的三种化学物质,测定的分布容积是假设值的 1/3 ~ 1/2,而成人半衰期是上市前评估中使用值的 1/7 ~ 1/2(Obach 等,2008)。对于基于风险的决策制定,进行不同生命阶段和其他使用场景的额外分析是非常必要的。

为了把表 D-3 的暴露数据与实际使用相关联,典型的含有布洛芬非处方药物的推荐口服剂量是每 4h 服用 200mg ~ 400mg,12 岁以上人群 24 小时内最高剂量为 1 200mg[①]。然而,医生随时可能将剂量开到每日 3 200mg 和单次口服剂量 800mg[②]。同样,布洛芬在欧洲已批准可用于 3 ~ 6 个月的婴儿,起始剂量为 50mg,每日口服 3 次。在孕晚期的妇女禁止使用布洛芬,医生建议孕妇在怀孕前 6 个月,如果可能

---

① 见 https://www.medicines.org.uk/emc/medicine/15681。

② 见 http://www.accessdata.fda.gov/drugsatfda_docs/anda/2001/76-112_Ibuprofen.pdf。

尽量不要服用该药物。

双氯芬酸为处方药，推荐的成人每日口服剂量为150mg；不建议12岁以下儿童服用，孕妇禁用。由于患者服用该药物会引起严重的肝毒性和黄疸。异丁芬酸已退出市场，当时对异丁芬酸的推荐每日最大口服剂量是750mg。

在欧洲，布洛芬和双氯芬酸均被批准作为一种外用凝胶使用（布洛芬5%；双氯芬酸2.32%）。双氯芬酸凝胶的每日最大用量是8g，相当于160mg的活性成分。布洛芬凝胶的推荐每日使用四次，每日最大用量为125mg，相当于25mg的活性成分。然而，皮肤一般的吸收率为22%。与口服途径比较，通过皮肤涂抹布洛芬的血浆暴露水平远低于产生系统性副作用的用量。

在本案例中，经口和皮肤途径的估计暴露量远低于大多数人群的治疗剂量，包括儿童。然而，需要注意的是，在治疗剂量下，可观察到不同发生率的副作用和不良反应（尽管相对较低），这种发生率被认为在环境和职业暴露风险评估中是不能接受的，在进行风险评估时必须考虑大量人群的长期低剂量暴露情况。同样，此时无法得出如下结论：评估的暴露量是否能保证对最敏感的群体—（孕妇）具有保护作用。

表 D-3　与选定的体外生物效应测定数据（假设阈值）相对应的室内空气释放（场景1）、应用（场景2）和每日摄入（场景3）数据

化学物质	场景1：释放入室内空气中	场景2：皮肤直接接触	场景3：摄入
双氯芬酸	10	1.1	0.14
异丁芬酸	1.8	0.15	0.13
布洛芬	1.9	0.16	0.08

参 考 文 献

ACD（Advanced Chemistry Development）. 2015. ACD/Percepta Suite. ACD, Toronto, ON, Canada.

Arnot, J.A., D. Mackay, E. Webster, and J.M. Southwood.2006. Screening level risk assessment model for chemical fate and effects in the environment. Environ. Sci. Technol.40（7）：2316-2323.

Arnot, J.A., T.N. Brown, and F. Wania. 2014a. Estimating screening-level organic chemical half-lives in humans.Environ. Sci. Technol. 48（1）：723-730.

Arnot, J.A., X. Zhang, I. Kircanski, L. Hughes, and J. Armitage.2014b. Develop Sub-module for Direct Human Exposures to Consumer Products. Technical report for the US Environmental Protection Agency, by ARC Arnot Research & Consulting Inc., Toronto, Canada.

Baba, A., and T. Yoshioka. 2009. Structure-activity relationships for the degradation reaction of 1-beta-

O-acyl glucuronides.Part 3: Electronic and steric descriptors predicting the reactivity of aralkyl carboxylic acid 1-beta-O-acyl glucuronides. Chem. Res. Toxicol. 22（12）: 1998-2008.

Brown, T.N., J.A. Arnot, and F. Wania. 2012. Iterative fragment selection: A group contribution approach to predicting fish biotransformation half-lives. Environ. Sci. Technol.46（15）: 8253-8260.

Darnell, M., and L. Weidolf. 2013. Metabolism of xenobiotic carboxylic acids: Focus on coenzyme a conjugation, reactivity, and interference with lipid metabolism. Chem. Res.Toxicol. 26（8）: 1139-1155.

DuBois, R.N., S.B. Abramson, L. Crofford, R.A. Gupta, L.S.Simon, L.B. Van De Putte, and P.E. Lipsky. 1998. Cyclooxygenase in biology and disease. FASEB J. 12（12）: 1063-1073.

EPA（US Environmental Protection Agency）. 2011. Estimation Programs Interface（EPI）Suite for Microsoft® Windows, Version 4.1. US Environmental Protection Agency, Washington, DC.

EPA（US Environmental Protection Agency）. 2016. Toxicity Forecasting: Advancing the Next Generation of Chemical Evaluations[online]. Available: https://www.epa.gov/chemical-research/toxicity-forecasting[accessed July 26, 2016].

Esmon, C.T., N.L. Esmon, and K.W. Harris. 1982. Complex formation between thrombin and thrombomodulin inhibits both thrombin-catalyzed fibrin formation and factor V activation.J. Biol. Chem. 257（14）: 7944-7947.

Ferwana, M., B. Firwana, R. Hasan, M.H. Al-Mallah, S.Kim, V.M. Montori, and M.H. Murad. 2013. Pioglitazone and risk of bladder cancer: A meta-analysis of controlled studies. Diabet. Med. 30（9）: 1026-1032.

Gerlitz, B., T. Hassell, C.J. Vlahos, J.F. Parkinson, N.U.Bang, and B.W. Grinell. 1993. Identification of the predominant glycosaminoglycan-attachment site in soluble recombinant human thrombomodulin: Potential regulation of functionality by glycosyltransferase competition for serine474. Biochem. J. 295（Pt 1）: 131-140.

Hedges, J.C., C.A. Singer, and W.T. Gerthoffer. 2000. Mitogen-activated protein kinases regulate cytokine gene expression in human airway myocytes. Am. J. Respir. Cell Mol. Biol. 23（1）: 86-94.

Hobbs, H.H., M.S. Brown, and J.L. Goldstein. 1992. Molecular genetics of the LDL receptor gene in familial hypercholesterolemia.Hum. Mutat. 1（6）: 445-466.

Johnsen, S.P., H. Larsson, R.E. Tarone, J.K. McLaughlin, B.Nørgård, S. Friis, and H.T Sørensen. 2005. Risk of hospitalization for myocardial infarction among users of rofecoxib, celecoxib, and other NSAIDs: A population-based case-control study. Arch. Intern. Med. 165（9）: 978-984.

Kliewer, A. 2003. The nuclear pregnane X receptor regulates xenobiotic detoxification. J. Nutr. 133（7 Suppl.）: 2444S-2447S.

Lu, N.Z., S.E. Wardell, K.L. Burnstein, D. Defranco, P.J.Fuller, V. Giguere, R.B. Hochberg, L. McKay, J.M. Renoir, N.L. Weigel, E.M. Wilson, D.P. McDonnell, and J.A. Cidlowski.2006. International union of pharmacology.LXV. The pharmacology and classification of the nuclear receptor superfamily: Glucocorticoid, mineralocorti-coid, progesterone, and androgen receptors. Pharmacol. Rev.58（4）: 782-797.

McGinnity, D.F., J. Collington, R.P. Austin, and R.J. Riley.2007. Evaluation of human pharmacokinetics, therapeutic dose and exposure predictions using marketed oral drugs.Curr. Drug

Metab. 8（5）: 463-479.

Morita, I. 2002. Distinct functions of COX-1 and COX-2.Prostag. Oth. Lipid M. 68-69: 165-175.

Mukaida, N., A. Harada, and K. Matsushima. 1998. Interleukin-8（IL-8）and monocyte chemotactic and activating factor（MCAF/MCP-1）, chemokines essentially involved in inflammatory and immune reactions. Cytokine Growth Factor Rev. 9（1）: 9-23.

Noreen, Y., T. Ringbom, P. Perera, H. Danielson, and L.Bohlin. 1998. Development of a radiochemical cyclooxygenase-1 and-2 in vitro assay for identification of natural products as inhibitors of prostaglandin biosynthesis. J.Nat. Prod. 61（1）: 2-7.

Obach, R.S., F. Lombardo, and N.J. Waters. 2008. Trend analysis of a database of intravenous pharmacokinetic parameters in humans for 670 drug compounds. Drug Metab.Dispos. 36（7）: 1385-1405.

Patlewicz, G., N. Ball, P.J. Boogaard, R.A. Becker, and B.Hubesch. 2015. Building scientific confidence in the development and evaluation of read-across. Regul. Toxicol.Pharmacol. 72（1）: 117-133.

Rangwala, S.M., and M.A. Lazar. 2004. Peroxisome proliferator-activated receptor gamma in diabetes and metabolism.Trends Pharmacol. Sci. 25（6）: 331-336.

Regan, S.L., J.L. Maggs, T.G. Hammond, C. Lambert, D.P. Williams, and B.K. Park. 2010. Acyl glucuronides: The good, the bad and the ugly. Biopharm. Drug Dispos.31（7）: 367-395.

Rhen, T., and J.A. Cidlowski. 2005. Antiinflammatory action of glucocorticoids-new mechanisms for old drugs. N.Engl. J. Med. 353（16）: 1711-1723.

Rotroff, D.M., B.A. Wetmore, D.J. Dix, S.S. Ferguson, H.J.Clewell, K.A. Houck, E.L. Lecluyse, M.E. Andersen, R.S.Judson, C.M. Smith, M.A. Sochaski, R.J. Kavlock, F.Boellmann, M.T. Martin, D.M. Reif, J.F. Wambaugh, and R.S. Thomas. 2010. Incorporating human dosimetry and exposure into high-throughput in vitro toxicity screening.Toxicol. Sci. 117（2）: 348-358.

Schöbitz, B., E.R. de Kloet, and F. Holsboer. 1994. Gene expression and function of interleukin I, interleukin 6 and tumor necrosis factor in the brain. Prog. Neurobiol.44（4）: 397-432.

Shin, H.M., A. Ernstoff, J.A. Arnot, B.A.Wetmore, S.A.Csiszar, P. Fantke, X. Zhang, T.E. McKone, O. Jolliet, and D.H. Bennett. 2015. Risk-based high-throughput chemical screening and prioritization using exposure models and in vitro bioactivity assays. Environ. Sci. Technol.49（11）: 6760-6771.

Shipkova, M., V.W. Armstrong, M. Oellerich, and E.Wieland. 2003. Acyl glucuronide drug metabolites: Toxicological and analytical implications. Ther. Drug Monit.25（1）: 1-16.

Singh, S., Y.K. Loke, and C.D. Furberg. 2007. Long-term risk of cardiovascular events with rosiglitazone: A metaanalysis.JAMA 298（10）: 1189-1195.

Spiegelman, B.M. 1998. PPAR-gamma: Adipogenic regulator and thiazolidinedione receptor. Diabetes 47（4）: 507-514.

Stepan, A.F., D.P. Walker, J. Bauman, D.A. Price, T.A. Baillie, A.S. Kalgutkar, and M. Aleo. 2011. Structural alert/reactive metabolite concepts as applied in medicinal chemistry to mitigate the risk of idiosyncratic drug toxicitiy: A perspectove based on the critical examination of trends in the top 200 drugs marketed in the United States. Chem. Res. Toxicol. 24（9）: 1345-1410.

Strong, C.G., and D.F. Bohr. 1967. Effects of prostaglandins E1, E2, A1, and F1-alpha on isolated vascular smooth muscle. Am. J. Physiol. 213（3）: 725-733.

Süleyman, H., B. Demircan, and Y. Karagöz. 2007. Anti-inflammatory and side effects of cyclooxygenase inhibitors.Pharmacol. Rep. 59（3）: 247-258.

Truong, L., D.M. Reif, L. St Mary, M.C. Geier, H.D. Truong, and R.L. Tanguay. 2014. Multidimensional in vivo hazard assessment using zebrafish. Toxicol. Sci. 137（1）: 212-233.

Vane, J.R. 1971. Inhibition of prostaglandin synthesis as a mechanism of action for aspirin-like drugs. Nat. New Biol. 231（25）: 232-235.

Wada, T., J. Gao, and W. Xie. 2009. PXR and CAR in energy metabolism. Trends Endocrinol. Metab. 20（6）: 273-279.

Walker, G.S., J. Atherton, J.Bauman, C. Kohl, W. Lam, M.Reily, Z. Lou, and A. Mutlib. 2007. Determination of degradation pathways and kinetics of acyl glucuronides by NMR spectroscopy. Chem. Res. Toxicol. 20（6）: 876-886.

Wang, J., M. Davis, F. Li, F. Azam, J. Scatina, and R. Talaat. 2004. A novel approach for predicting acyl glucuronide reactivity via Schiff base formation: Development of rapidly formed peptide adducts for LC/MS/MS measurements.Chem. Res. Toxicol. 17（9）: 1206-1216.

Watkins, P.B. 2005. Insight into hepatotoxicity: The troglitazone experience. Hepatology 41（2）: 229-230.

Wetmore, B.A., J.F. Wambaugh, S.S. Ferguson, M.A. Sochaski, D.M. Rotroff, K. Freeman, H.J. Clewell, III, D.J. Dix, M.E. Andersen, K.A. Houck, B. Allen, R.S. Judson, R. Singh, R.J. Kavlock, A.M. Richard, and R.S. Thomas.2012. Integration of dosimetry, exposure, and highthroughput screening data in chemical toxicity assessment.Toxicol. Sci. 125（1）: 157-174.

Wiemer, A.J., S. Hegde, J.E. Gumperz, and A. Huttenlocher.2011. A live imaging cell motility screen identifies prostaglandin E2 as a T Cell stop signal antagonist. J. Immun.187（7）: 3663-3670.

Xue, J., F. Chen, J. Wang, S. Wu, M. Zheng, H. Zhu, Y. Liu, J. He, and Z. Chen. 2015. Emodin protects against concanavalin A-induced hepatitis in mice through inhibiting activation of the p38 MAPK-NF-κB signaling pathway. Cell Physiol. Biochem. 35: 1557-1570.

Zou, Q., W. Hong, Y. Zhou, Q. Ding, J. Wang, W. Jin, J.Gao, G. Hua, and X. Xu. 2016. Bone marrow stem cell dysfunction in radiation-induced abscopal bone loss. J.Orthop. Surg. Res. 11: 3.

附录 E 贝叶斯案例：通过高通量数据和化学结构预测剂量－反应关系

本附录说明了在分析高通量数据时使用贝叶斯方法解决常见问题的方法，这些数据具有相对较大的测量误差，目的是描述剂量－反应关系。贝叶斯方法在数据整合和不确定性量化中有很好的应用价值。为了说明贝叶斯方法对于具有不同特性的数据集的应用，委员会提供了一种分析方法，将两种不同的数据集中采集的两种不同类型的数据连接在一起。

第一个数据集包含了一个特定观察终点上有 969 种化学物质的剂量－反应关系的测量值，这个观察终点与核孕烷 X 受体（PXR）通路的激活有关。PXR 参与了人体代谢外来物质的反应和启动，并在体内脂质平衡中发挥作用。PXR 通路的激活与机体有效和有害过程相关联，并且对 PXR 激活的测量可以提供化学物质生物效应的信息。PXR 激活数据来源于美国环境保护署 ToxCast 二期数据中的 AttaGene 测试系统，这个系统使用 HepG2 人类肝癌细胞株通过基因表达测定转录因子活性（Judson 等，2010a，b）。

第二个数据集包含待测化学物质的化学结构信息。它根据 39 个特征对每种化学结构进行表征，这些特征是由 Mold2 程序生成的 770 个化学描述符提取的主要特征（Hong 等，2008）。这些特性描述了数据集中的 969 种化学物质的化学结构。这项活动涉及将化学结构与剂量－反应曲线相关联的定量结构－效应关系（QSAR）。该信息可用于减少化学物质的 PXR 激活的剂量－反应关系的不确定性，并预测一种未经测试的化学物质的剂量－反应关系。

将化学结构与剂量－反应曲线相关联的任务是具有挑战性的，因为目前有大量潜在相关化学特性，但缺乏与剂量－反应曲线相关的经验知识（如 PXR 活化）。简单统计的 QSAR 模型尚不允许化学结构特性之间存在交互作用，预测性能较差，且可能会低估预测中的不确定性。相比之下，更复杂的统计方法，如灵活的贝叶斯模型，允许不同类型的数据之间的关系事先未知，同时借用信息，并允许学习低维化学结构。通过将单个贝叶斯层次模型与整个化学结构描述符和剂量－反应曲线拟合，该模型可以对不确定性的宽度进行相应的调整，从而准确地反映出可用信息的范围。因此。完整的贝叶斯方法拓展了标准 QSAR 的应用范围，并为不确定性提供了灵活的适应性强的测量方法。

图 E-1 显示了所考虑的化学物质的 PXR 激活的原始剂量-反应数据。化学结构不同的化学物质的剂量-反应关系是不同的。针对一种新的化学物质，仅仅依靠其化学结构来预测剂量-反应曲线时，必须在评估过程中考虑其不确定性。预测的准确性在一定程度上取决于训练数据集里的化学物质是否与正在评估的新的化学物质的化学结构相似。

为了捕捉剂量和反应之间的非线性关系，以及不同化学结构与剂量-反应曲线形状的关联，提出了两个假设：每个剂量-反应曲线是连续的（即"无跳跃"），当两个化学物质的化学结构相似（被定义为距离度量）时，它们的剂量-反应曲线是相似的。

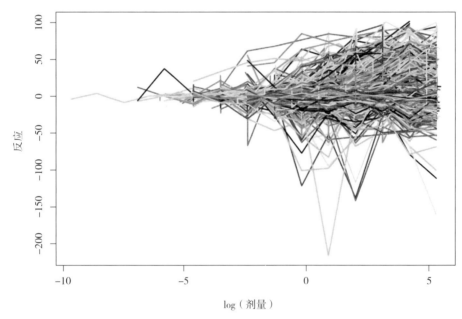

图 E-1 AttaGeneToxCast 第二期数据中的 969 种化学物质的 PXR 激活的剂量-反应数据。剂量用浓度（μmol/L）表示，反应用转录中增加或减少的倍数来表示。

非参数贝叶斯方法为这两种假设应用于剂量-反应曲线评估提供了一个很好的框架。具体来说，剂量-反应曲线可以是完全未知的，而不是我们假设曲线遵循特定的参数，例如希尔方程。这是通过为整个曲线选择一个先验概率分布来完成的。关于这个方面的文献非常丰富，高斯过程（GP）提供了一个通常用于许多试验的常用选择。例如，在流行病学研究中经常使用全球定位系统来收集关于空间位置的信息，以纳入"随机效应"，即未测量的空间索引协变量的特征，这些协变量可能作为混杂因素。

在目前的设定中，选择了一个能够允许剂量-反应曲线根据化学物质剂量和化学结构特性灵活变化的 GP 先验条件。在使用贝叶斯非参数模型中，假设当剂量相似且化学结构相似时，两个反应的测量值是高度相关的，并且随着剂量和化学结构特征的进一步分离，相关性逐渐衰减。选择 GP 先验是为了在将信息纳入数据库之前，允许未知曲线上存在较大的不确定性。如果从先前的样本中产生一个样本，可信区间（贝叶斯版的可信区间）就会很宽。但是，如果先验分布与完整数据集中的信息同步更新（不仅仅是针对单个化学物质，而是所有 969 种化学物质），就会获得更精确的曲线估计和更窄的可信区间。

图 E-2 显示了模型拟合后，某一化学物质观察终点 PXR 的剂量-反应曲线和 95% 可信区间。从图中可以看出，预估的曲线与试验数据相吻合，且不确定性的范围较窄。该预估曲线与其他仅以化学物质的数据（未显示）为基础的非参数性预估的剂量-反应曲线不同，特别是其不确定区间更小，并且曲线上每一剂量的简单推导值均略有偏移。这些特性显示了从具有类似化学结构的化学物质中借用信息的过程。

该方法除了对有直接剂量-反应数据的化学物质的剂量-反应曲线的预估进行改进外，还可以预测只有化学结构信息的化学物质的剂量-反应曲线。对于已知化学结构，但缺乏剂量-反应数据的化学物质，可以用基于模型的统计预测来代替实际的试验数据。对于数据库中有类似化学结构的化学物质，这种预测会更加准确。

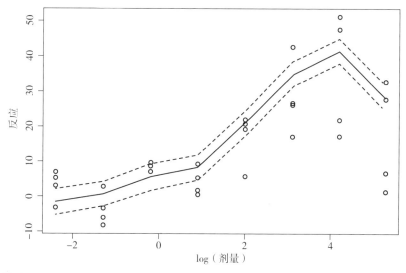

图 E-2　某种化学物质的 PXR 激活的剂量-反应曲线（实线）及其 95% 可信区间（虚线）。可信区间是指平均曲线，所以不需要包含大部分数据点（圆圈）。剂量-反应曲线的预测主要基于图中数据点，以及 969 种化学物质的 QSAR 和 PXR 数据集。剂量以浓度表示（μmol/L），反应以上升或下降倍数来表示。

为了演示贝叶斯模型的性能，委员会使用了 800 种化学物质的数据作为数据训练集，以此为基础，运用贝叶斯层级模型，建立化学结构和 PXR 剂量－反应关系。委员会并没有使用另外 169 种化学物质的化学结构和 PXR 剂量－反应数据（保留数据）。为了说明预测的准确性，委员会将预测的曲线和可信区间与保留数据进行了比较。

图 E-3 显示了未在贝叶斯预测模型开发中使用的 169 种化学物质中的 2 种化学物质的 PXR 剂量－反应关系。因此，图中所示的数据并点没有用于预测剂量－反应曲线和估计不确定性区间。需要注意的是，图 E-3 的不确定性区间比图 E-2 的更宽，这是可以预计的，因为图 E-2 中的不确定性区间包括对剂量－反应曲线的直接观察，而图 E-3 中的剂量－反应关系预测是基于化学结构信息。图 E-3 中首先显示的一个化学物质为例，其剂量和 PXR 激活之间没有很强的关联，因此预测的剂量－反应关系也相应地反映出，至少在低剂量的情况下，无显著的剂量－反应关系。第二个化学物质的剂量－反应关系较为明确，即使没有绘制剂量－反应曲线，也可通过直接观察发现存在剂量－反应关系，而且曲线和可信区间对观察结果有较好的拟合度。

尽管图 E-3 仅展示了 2 种化学物质，但实际已经在 169 种"测试的"化学物质中得到很好的应用。当预测的剂量－反应曲线具有较宽的不确定区间时，表明预测存在不确定性，这些不确定性区间足够宽，可以涵盖与化学物质观测数据拟合较好的曲线。

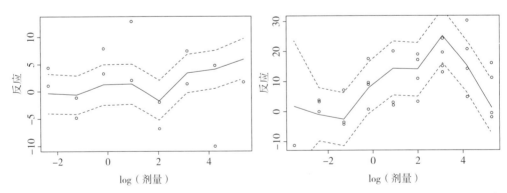

图 E-3　两种化学物质的 PXR 激活预测的剂量－反应曲线（实线）和 95% 置信区间（虚线）。剂量用浓度表示（μM），反应用上升和下降的倍数表示。只基于化学结构的假设与观察到的反应（圆圈）相吻合。也就是说，所示的化学物质的数据并没有被用来构建贝叶斯模型以进行预测。

这个案例说明了贝叶斯方法在数据整合中的作用。主要优点是灵活性，从不同类型的数据中借用信息的能力和对不确定性的量化。委员会使用了 GP 先验的非参数贝叶斯方法；通过类似方法进行不同应用的文献越来越多，将 GP 为基础的模型应用于实践的常规方法目前也开发了很多（Vanhatalo 等，2013）。正如本案例所示，灵活的贝叶斯分层建模避免了过于严格的参数假设（这种假设在生物学上可能是不合理的），同时能从不同数据源中适应性的整合信息。在这种情况下，适应性意味着人们需要了解数据源的相似性，以及在不确定性区间中如何使用这些数据源才有意义。涵盖大量不同试验和化学物质的结果的大型数据库可以为当前的分析和解释提供信息，并且随着化学物质之间的关系和不同观察终点越来越多地被我们理解并用于良好的预测模型中，未来化学物质需要采集的数据也会越来越少。

参 考 文 献

Hong，H.，Q. Xie，W. Ge，F. Qian，H. Fang，L. Shi，Z. Su，R. Perkins，and W. Tong. 2008. Mold（2），molecular descriptors from 2D structures for chemoinformatics and toxicoinformatics. J. Chem. Inf. Model. 48（7）：1337-1344.

Judson，R.S.，M.T. Martin，D.M. Reif，K.A. Houck，T.B.Knudsen，D.M. Rotroff，M. Xia，S. Sakamuru，R. Huang，P. Shinn，C.P. Austin，R.J. Kavlock，and D.J. Dixon. 2010a.Analysis of eight oil spill dispersants using rapid, in vitro tests for endocrine and other biological activity. Environ.Sci. Technol. 44（15）：5979-5985.

Judson，R.S.，K.A. Houck，R.J. Kavlock，T.B. Knudsen，M.T. Martin，H.M. Mortensen，D.M. Reif，D.M. Rotroff，I. Shah，A.M. Richard，and D.J. Dix. 2010b. In vitro screening of environmental chemicals for targeted testing prioritization：The ToxCast project-Supplemental Information. Environmental Health Perspect. 118（4）：485-492［online］. Available：http：//ehp.niehs.nih.gov/wp-content/uploads/118/4/ehp.0901392.s001.pdf［accessed November15, 2016］.

Vanhatalo，J.，J. Riihimäki，J. Hartikainen，P. Jylänki，V.Tolvanen，and A. Vehtari. 2013. GPstuff：Bayesian modeling with Gaussian processes. J. Mach. Learn. Res.14：1175-1179.